广州市部门志行业志丛书

广州市气象志

2001—2017

广州市气象局 编

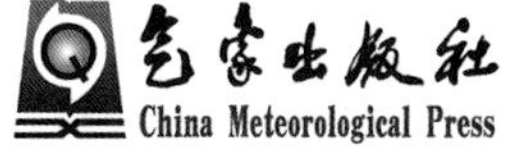
气象出版社
China Meteorological Press

内容简介

《广州市气象志（2001—2017）》全面、系统、准确地记述了广州气象事业在2001—2017年间的新面貌、新成就、新特色，客观地体现出气象与经济、气象与社会民生的密切关系，详述出气象科技在社会经济发展中所具有的基础性、先导性作用，包括组织机构、气象规划、气象观测、气象信息网络、气象预报预警、气象服务、气象法治建设、气象科技等部分，内容丰富、资料翔实、重点突出、特色鲜明，具有浓烈的地方特色、专业特色、时代特征和较强的科学性、实用性。

图书在版编目（CIP）数据

广州市气象志. 2001—2017 / 广州市气象局编. -- 北京 : 气象出版社, 2022.12

ISBN 978-7-5029-7865-5

Ⅰ. ①广… Ⅱ. ①广… Ⅲ. ①气象－工作概况－广州－2001-2017 Ⅳ. ①P468.265.1

中国版本图书馆CIP数据核字(2022)第221405号

广州市气象志（2001—2017）

Guangzhou Shi Qixiang Zhi

出版发行：气象出版社

地　　址：北京市海淀区中关村南大街46号　　邮　　编：100081

电　　话：010-68407112（总编室）　010-68408042（发行部）

网　　址：http://www.qxcbs.com　　E-mail：qxcbs@cma.gov.cn

责任编辑：张　斌　　终　　审：吴晓鹏

责任校对：张硕杰　　责任技编：赵相宁

封面设计：创溢文化

印　　刷：北京地大彩印有限公司

开　　本：787 mm×1092 mm　1/16　　印　　张：19.5

字　　数：467千字

版　　次：2022年12月第1版　　印　　次：2022年12月第1次印刷

定　　价：200.00元

广州市地方志编纂委员会

主　　任： 郭永航

副 主 任： 陈向新　边立明　唐航浩　谭　萍　姚建明　赖志鸿　黄小晶

成　　员（按姓氏笔画为序）**：**

丁志强　马红安　王　健　王宏伟
王桂林　王海滨　毛松柏　邓中文
邓毛颖　邓佑满　邓建富　叶珊瑚
朱来山　刘瑜梅　孙秀清　纪凯钦
苏　佩　李世通　李晓东　李海洲
杨　柳　杨正根　杨伟强　杨炳升
吴　扬　邱亿通　汪茂铸　沈　颖
沈小革　张　健　张文扬　陆志强
陈　爽　陈小华　陈建荣　陈晓嘉
陈容秋　陈雄桥　陈德俊　林　平
罗光华　周　军　赵　龙　赵军明
钟广静　洪　谦　冼银崧　姚汉钟
高裕跃　陶镇广　曾伟玉　谢　明
詹德村　蔡　胜　蔡　辉　谭明鹤
黎子良　潘志军　霍　阳　魏国华

《广州市气象志（2001—2017）》终审验收小组

组　　长：　黄小晶

副 组 长：　廖惠霞

成　　员：　杨松裕　董永春　贺红卫　李启伦　陈　蕾　郝红英　袁　菁　刘德敏　王艺霖

《广州市气象志（2001—2017）》编纂委员会

主　　编：　刘锦銮

副 主 编：　胡斯团　贾天清　肖永彪

委　　员：（按姓氏笔画为序）

王蓓蕾　邓春林　何溪澄　张　勇

陈炳洪　陈晓宇　林志强　徐晓君

欧善国　颜　志　谌志刚　郭　腾

撰 稿 人：（按姓氏笔画为序）

王亚静　邓春林　冯厚文　吕勇平

朱义烨　问楠臻　李沁舒　林惠娜

陈泽华　胡　婷　罗赐麟　欧善国

程　玲　高亭亭　黄校贵

专职编辑：　林惠娜

前　言

地方志作为中华民族传统文化的重要组成部分和记载历史的特殊载体，是权威的资料性文献。跨入千禧年以来，广州市各行业、各部门在深化改革、扩大开放、城乡建设、社会治理、民生保障、公共服务、文化建设等领域成绩显著，形成了不少有广州特色的经验。及时将这些领域的决策措施、发展历程及其成就经验，以部门志、行业志的形式记载下来，为当前经济社会发展服务，为后人提供历史借鉴，为第三轮修志做好基础工作，具有十分重要的现实意义和历史价值。

党的十八大以来，党和国家对地方志工作提出新任务新要求，强调要高度重视修史修志，把历史智慧告诉人民。为贯彻落实中央精神、及时保存城市历史，广州市委、市政府高度重视部门志、行业志编纂工作，于2015年9月印发《关于进一步加强地方志工作的意见》(穗文〔2015〕12号)，要求“大力推动部门志、行业志编纂，广州市‘十三五’规划实施期间，全市重要部门、行业应启动部门志、行业志编纂，为2018年启动第三轮修志试点、2020年启动第三轮修志奠定基础”。2016年5月，经市政府同意，广州市人民政府地方志办公室印发《〈广州市部门志行业志丛书〉编纂工作方案》，启动全市重点部门和行业的部门志、行业志编纂。这批志书，涵盖了政治、经济、文化、社会、生态等各个领域，记述时限大体为2001年至2018年，反映了广州城市建设及重点行业事业的具体发展历程以及新时代广州的特色和亮点。《广州市部门志行业志丛书》的编纂出版，具有丰富的地方文献价值，也能更好地为当下政府部门、企事业单位决策发挥新型智库的作用，为广州市建设独具特色、文化鲜明的国际一流城市提供服务。

这套丛书的编纂领导机构是广州市地方志编纂委员会。编纂单位和主编是各部门各行业。广州市人民政府地方志办公室负责组织实施，包括制定编纂工作方案、确定编纂单位、落实编纂任务、制定质量要求、开展业务指导，以及组织志书终审与验收工作。

组织开展《广州市部门志行业志丛书》编纂出版工作，是一项庞大、复杂、艰巨的文化工程，也是历史赋予我们的重要使命。幸赖各部门志、行业志编纂单位通力合作，终于完成编纂任务，陆续出版。由于资料不全，人力不足，难免存在众多缺憾，恳请社会各界提出宝贵意见。

中共广州市委党史文献研究室

（广州市人民政府地方志办公室）

二〇一九年一月

凡　例

一、以辩证唯物主义和历史唯物主义为指导，存真求实，全面系统、真实客观地记述广州市各部门、各行业发展历程和现状，力求突出时代特色、地方特点、行业特点。

二、列入本丛书的各部志书独立出版。各部志书以部门（全称）或行业（事业）命名，属续修的行业（事业）志、部门志应在书名上标明记述时限。如《广州医药集团有限公司志》《广州市体育志（2001—2017）》。

三、记述上限原则上为2001年，下限原则上为2017年12月31日。个别部门、行业根据记述需要，可适当上溯下延。

四、记述范围为2017年广州市行政区域。

五、采用述、记、志、传、图、表、录、索引等体裁，以志为主。

述：志首设概述，概括事物发展全貌和特点。

记：包括大事记、大事纪略。大事记采用编年体，大事纪略采用纪事本末体。

志：采用章节体，篇目层次为章、节、目，章下设无题序。

人物：包括人物传、人物简介、人物表。人物传按照“生不立传”原则处理。

图：包括地图、示意图，志首图照、随文图照。

录：收载重要文献和有存史价值的原始资料。

索引：包括表格索引、图照索引、人物索引。

六、采用规范的语体文、记述体。除引文原文外，均以第三人称记述。文字、标点、数字、计量单位等均按照国家颁布的统一规范书写。

七、行文涉及的组织机构、会议、文件、职务、地名等专有名词，按当时规范名称记述；需使用简称的，应在第一次出现时使用全称，括注规范简称。各类译名以新华通讯社译名为准。广州市的机构、单位名称应按规范简称表述，如广州市工业和信息化委员会简称“市工信委”，广州市文化广电新闻出版局简称“市文广新局”。

八、志中简称的“党”均指中国共产党，简称的省委、市委、县委、区委，均指中国共产党的地方组织。简称的省政府、市政府指广东省人民政府、广州市人民政府。

九、入志资料均经各编纂单位考证、核实，并经主编单位审查。除引用重要史料以脚注注明出处外，入志资料（含数字）一般不再注明出处。

十、各项数据采用国家统计部门数据；统计部门数据缺乏的，采用业务主管部门或主办单位正式提供的数据。

十一、需要特别说明的事项，由牵头承修单位在编辑说明中予以明确。

业务活动

彩图 1　2005 年 6 月 24 日，市气象局北江抗洪救灾气象服务保障现场
（摄影：广州市气象局工作人员）

彩图 2　2005 年 7 月 19 日，市气象局业务人员冒着酷暑上街进行路面高温测量
（摄影：广州市气象局工作人员）

彩图 3　2006 年 4 月 7 日，市气象局、市教育局联合举行学校安全气象预警系统启动仪式（摄影：广州市气象局工作人员）

彩图 4　2007 年 11 月 10 日，召开第八届全国少数民族传统体育运动会气象服务工作动员会（摄影：广州市气象局工作人员）

彩图 5　2008 年 5 月 7 日，气象保障小组在现场开展奥运火炬传递气象保障服务（摄影：广州市气象局工作人员）

彩图 6　2008 年 11 月 12 日，在“2010 年广州亚运会倒计时 2 周年”之际，市气象局在从化马术赛场进行气象保障应急演习（摄影：广州市气象局工作人员）

彩图 7　2010 年 11 月 5 日，广州亚运气象服务中心在“广州塔”上 526 米、454 米和 121 米的高度布设了三套自动气象观测仪器（摄影：广州市气象局工作人员）

彩图 8　2010 年 11 月 18 日，市气象局为亚运赛事提供特别天气预报图，直观显示风向对水上赛道的影响（摄影：广州市气象局工作人员）

彩图 9　2010 年 11 月 22 日，广州亚运会竞赛总指挥部分析天气对赛事可能造成的影响（摄影：广州市气象局工作人员）

彩图 10　2011 年 5 月 7 日，气象部门工作人员获亚运会先进工作者表彰（摄影：广州市气象局工作人员）

彩图 11　2011 年 10 月 11 日，广州国家基本气象站历史资料移交萝岗观测站（摄影：广州市气象局工作人员）

彩图 12　2013 年 2 月 4 日，市气象局联手 @ 中国广州发布，在新浪、腾讯两大互联网平台举办名为“春节幸福回家路，广州天气伴你行”的微访谈（摄影：林惠娜）

彩图 13　2013 年 8 月 13 日，首次利用广州塔发布气象预警信号，广州塔成为世界最高气象预警塔（摄影：何溪澄）

彩图 14　2013 年，广州首个海洋观测站——舢板洲海洋气象观测站建成投入使用（摄影：广州市气象局工作人员）

彩图 15　2014 年 6 月 10 日，市气象局联合市港务局召开“广州港风球升降新规则媒体通气会”（摄影：林惠娜）

彩图 16　2015 年 1 月 9 日，市气象局、市环保局签署空气质量预报预警合作协议
（摄影：林惠娜）

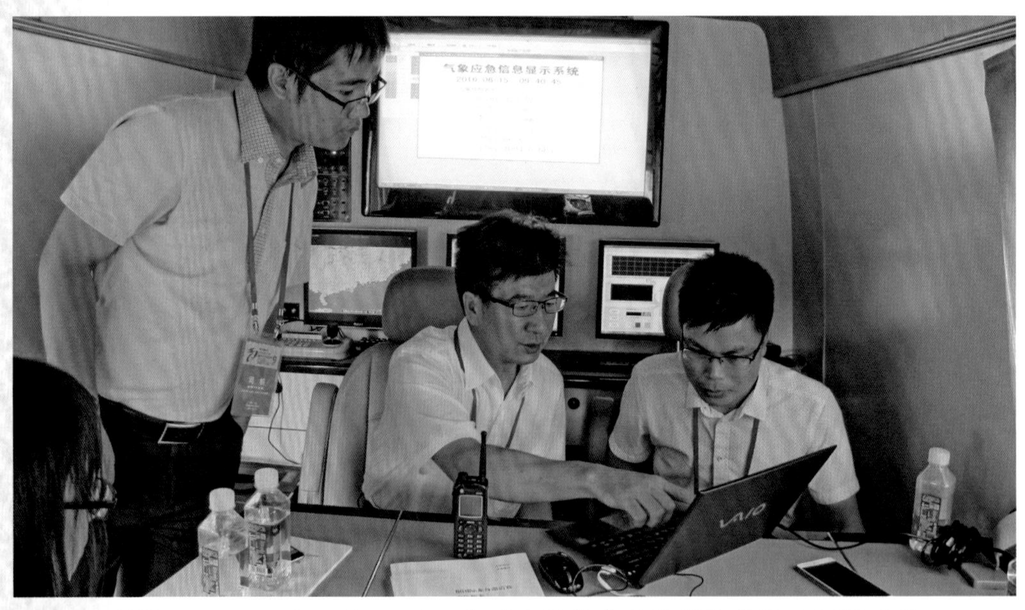

彩图 17　2016 年 6 月 15 日，广州国际龙舟邀请赛气象服务保障现场
（摄影：广州市气象局工作人员）

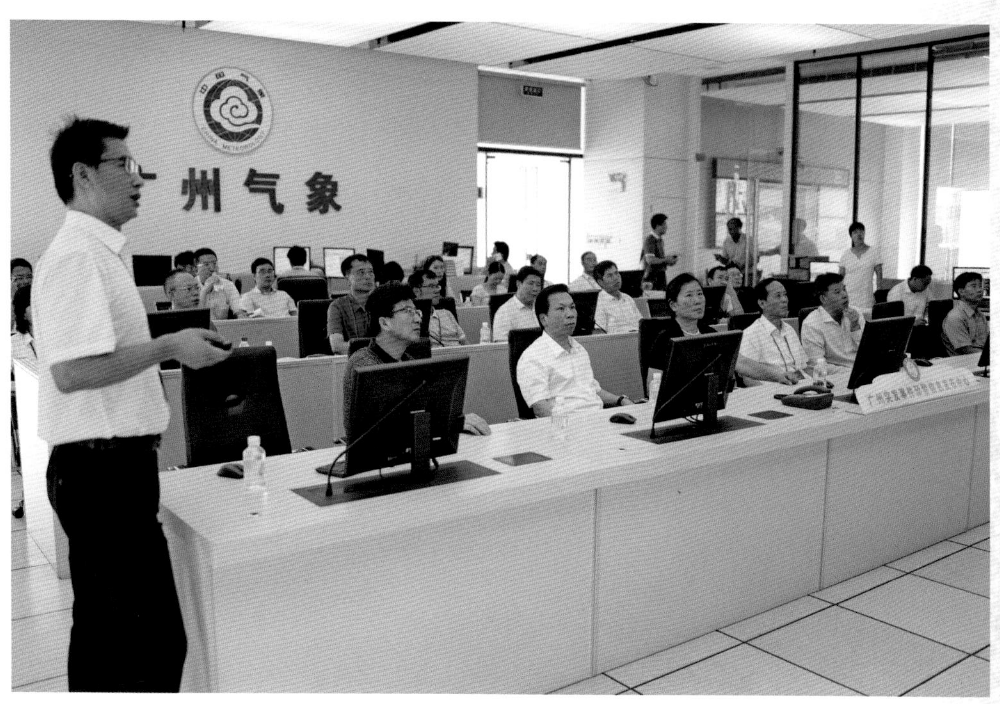

彩图 18　2016 年 6 月 23 日，市人大代表对突发事件预警信息发布体系建设情况进行集中视察（摄影：林惠娜）

彩图 19　2016 年 9 月 28 日，市气象局首次成功开展气象观测无人机试飞实验（摄影：广州市气象局工作人员）

局站风貌

彩图 20　广州市气象监测预警中心（摄影：广州市气象局工作人员）

彩图 21　广州市气象监测预警中心预报预警发布大厅
（摄影：广州市气象局工作人员）

彩图 22　海珠区气象局（摄影：海珠区气象局工作人员）

彩图 23　白云区气象局（摄影：白云区气象局工作人员）

彩图 24　黄埔广州国家气象观测站（摄影：黄埔区气象局工作人员）

彩图 25　花都区气象局（摄影：花都区气象局工作人员）

彩图 26　番禺区气象局（摄影：番禺区气象局工作人员）

彩图 27　南沙气象探测基地（摄影：南沙区气象局工作人员）

彩图 28　从化区气象局（摄影：从化区气象局工作人员）

彩图 29　增城区气象局（摄影：增城区气象局工作人员）

目　　录

概　述 …………………… 1

大事记 …………………… 4

第一章　组织机构 ………… 13

第一节　机构设置 ………… 13
第二节　机构职能 ………… 16
第三节　人员队伍 ………… 17
第四节　区气象局 ………… 19
一、海珠区气象局 ………… 19
二、荔湾区气象局 ………… 20
三、白云区气象局 ………… 21
四、黄埔区（含前萝岗区）气象局 ………… 22
五、花都区气象局 ………… 23
六、番禺区气象局 ………… 25
七、南沙区气象局 ………… 26
八、从化区气象局 ………… 27
九、增城区气象局 ………… 28
第五节　气象学会 ………… 30
一、市气象学会基本信息 ………… 30
二、气象学术交流情况 ………… 31
三、教育培训活动 ………… 31
四、气象科普宣传 ………… 31

第二章　气象规划 ………… 34

第一节　广州市气象建设方案 ………… 34
一、出台背景 ………… 34
二、内容特色 ………… 36
第二节　市气象事业发展“十二五”规划 ………… 37
一、出台背景 ………… 37
二、内容特色 ………… 39
第三节　市气象事业发展“十三五”规划 ………… 41
一、出台背景 ………… 41
二、内容特色 ………… 42

第三章　气象观测 ………… 48

第一节　地面气象观测 ………… 48
一、地面气象观测站 ………… 48
二、观测项目、时次 ………… 49
三、观测仪器设备 ………… 50
四、地面气象电报与记录报表 ………… 50
第二节　自动气象观测 ………… 51
一、区域自动气象站 ………… 51

二、国家地面天气站……51
第三节　高空雷达探测……52
一、天气雷达……52
二、风廓线雷达……53
三、X 波段相控阵天气雷达……53
第四节　应用气象观测……54
一、农业气象观测……54
二、大气成分观测……54
三、雷电监测……55
四、回南天气象观测……56
五、生物舒适度观测……56
六、负离子观测……56
七、辐射观测……56

第四章　气象信息网络……58

第一节　通信网络……58
一、气象业务网……58
二、广州市电子政务网……58
三、同城业务网……59
四、无线通信与卫星通信……59
五、数字集群……60
第二节　高性能计算机……61
一、气象 IBM 高性能计算机……61
二、"天河二号"高性能计算机……62
三、云计算……63
第三节　数据管理与应用……63
第四节　视频会商系统……64
一、气象视频会商系统……64
二、外部门视频会商系统……64

第五章　气象预报预警……65

第一节　天气预报……65
一、短时临近预报……65
二、短期天气预报……67
三、中期天气预报……69
四、专项预报……70
第二节　天气预警……76

第六章　气象服务……78

第一节　决策气象服务……78
一、重大灾害天气决策服务……78
二、重大活动、节假日气象服务……79
第二节　公众气象服务……85
一、电话气象服务……85
二、广播电视气象服务……86
三、报刊气象服务……87
四、手机短信气象服务……87
五、网站气象服务……88
六、广州天气微信气象服务……88
七、广州天气微博气象服务……88
第三节　专业专项气象服务……89
一、防雷安全服务……89
二、农业气象服务……92
三、交通气象服务……93

第七章　气象法治……94

第一节　气象立法……94
一、立法背景和必要性……94
二、制定的过程……96
三、内容特色……97
第二节　气象行政审批……99
第三节　气象行政执法……100
一、施放气球管理……100
二、防雷安全监管……100
三、气象灾害防御重点单位监管……101

四、气象探测环境保护管理……102
五、人工影响天气管理……102
六、气象信息发布管理……103

第八章　气象科技……104

第一节　气象业务系统……104
一、监测预报系统……104
二、预报制作发布系统……108
三、气象服务系统……111
第二节　气象科研……113
一、科研组织……113
二、科研成果……115

第九章　广州气候……119

第一节　气候要素……119
一、气温与热量资源……119
二、降水与降水资源……122
三、风与风能资源……124
四、日照与太阳能资源……128
五、空气湿度与蒸发……130
第二节　气候监测预测……132
一、气候监测……132
二、气候预测……133
第三节　气象灾害……133
一、台风……133
二、暴雨洪涝……136
三、高温……139
四、强对流天气……141
五、干旱……142
六、低温冷害……143
七、雾与霾……145
八、雷电……146
第四节　气候事件……147
一、2001 年主要气候事件……147
二、2002 年主要气候事件……148
三、2003 年主要气候事件……149
四、2004 年主要气候事件……150
五、2005 年主要气候事件……152
六、2006 年主要气候事件……153
七、2007 年主要气候事件……154
八、2008 年主要气候事件……154
九、2009 年主要气候事件……157
十、2010 年主要气候事件……159
十一、2011 年主要气候事件……161
十二、2012 年主要气候事件……162
十三、2013 年主要气候事件……163
十四、2014 年主要气候事件……164
十五、2015 年主要气候事件……166
十六、2016 年主要气候事件……167
十七、2017 年主要气候事件……169

第十章　气象基础设施……171

第一节　市气象监测预警中心……171
一、选址立项过程……172
二、建设过程……172
三、建筑特色……172
第二节　市突发事件预警信息发布中心……173

第十一章　人物……176

大事纪略……181

广州亚运会亚残运会气象服务保障……181
一、确定开幕日期气象服务……181
二、开、闭幕式气象服务……181
三、赛事气象服务……184

附　录……………………187

附录一　广州市气象灾害防御规定……………… 187

附录二　广州市气象灾害应急预案……………… 195

附录三　广州市公众应对主要气象灾害指引……… 257

彩图索引…………………274

表格索引…………………276

插图索引…………………278

编后记……………………281

概　述

广州地处南亚热带，是全球北回归线上唯一的超大城市，海洋和大陆对广州气候都有非常明显的影响，属于海洋性亚热带季风气候。广州年平均气温为21.5℃—22.2℃，全市平均年降水量1800毫米左右，平均年降水日数在150天左右。广州雨热同季，季节性极强，4—9月降水量占全年的80%左右。广州主要气象灾害有台风、暴雨、寒冷、强对流、雷电、高温、干旱等，这些气象灾害除了带来直接经济损失和人员伤亡外，还给人们的日常工作、生活和身体健康带来严重影响。

气象是研究大气运行规律的科学，气象事业是党领导下的科技型、基础性、先导性社会公益事业。广州市气象局的前身是广州气象站。1976年市气象台成立，属市革委会建制，由市革委会与省气象局双重领导。1977年市气象台领导体制下放给市政府管理，台领导和行政管理人员由市政府派出，业务管理人员由省气象局派出。1979年3月，市气象台管理体制收归垂直管理，成立广州气象管理处。1985年10月升格为市气象局。1992年6月，市气象局与省气象台合署办公。2002年市气象系统进行新一轮机构改革，根据中国气象局批准的《广州市国家气象系统机构改革方案》、市机构编制委员会印发的《广州市国家气象系统机构改革实施方案》的规定，市气象局为副省级市气象局。

2001年以来，广州市气象局牢牢把握科学发展主题和转变发展方式主线，坚持党对气象工作的领导，坚持改革、开放、创新，认真做好气象防灾减灾服务，努力落实事业发展规划重大项目，进一步完善事业发展长效机制，气象现代化水平快速提升，气象事业持续保持健康发展势头，在防灾减灾、趋利避害、服务经济社会发展和人民安全福祉中做出重要贡献。

气象防灾减灾作用凸显

广州气象工作以服务经济社会发展、服务民生、服务政府决策为核心。

初步形成“党委领导、政府主导、部门联动、社会参与”的气象灾害防御机制，《广州市气象灾害应急预案》实现与27个部门应急预案无缝衔接，气象灾害防御体系进一步完善。在防抗“山竹”台风，应对防范2008年罕见的低温雨雪冰冻，做好暴雨、洪涝、灰霾、地质灾害等气象灾害及次生灾害的监测预报预警，保障广州2010

年亚运会、亚残运会和2017年广州《财富》全球论坛等大型活动的气象服务中发挥了重要作用，在保障经济社会发展、人民福祉安康和应对气候变化工作中做出突出贡献，气象灾害对GDP的影响率持续低于0.8%的目标值。

气象观测预报预警和服务能力不断增强

2001年以来，通过组织落实《广州市气象建设方案》，以及广州市气象事业发展“十二五”规划、“十三五”规划，气象现代化水平得以快速提升。

气象观测能力和信息网络水平不断提升。综合气象观测有了跨越式发展，陆续开展了自动气象观测、雷达观测、应用气象观测等，已经建成由地面气象观测、自动气象观测、高空雷达观测、应用气象观测等组成的规范化的综合观测体系，建成X波段相控阵天气雷达、5部风廓线雷达，完成S波段多普勒天气雷达双偏振升级改造，建成343个区域自动气象站，实现了对灾害性天气特别是中小尺度灾害性天气的实时监测和资料数据传输自动化。

气象预报预测能力不断增强。气象服务产品逐年增多，准确率明显提高。实现由传统的“单点预报”向“网格预报”转变，建立起“网格编辑—数字转换—模板生成—自动分发—服务公众”的精细化天气预报服务流程。晴雨预报准确率达到85%，暴雨预警提前55分钟，强对流天气预警提前67分钟。短期气候预测特别是汛期预测已成为市政府防汛抗旱的重要科学决策依据。建立了农业与生态、城市气象、海洋气象、森林火险、地质灾害、雷电、交通、风资源利用、大气成分等预报预警业务。编制发布气候公报、城市热岛监测公报，持续开展城市适应气候变化评估。

公共气象服务能力与时俱进。气象服务已经覆盖工业、农业、能源、交通、林业、地质、水利、海洋、渔业、环境、体育、卫生、旅游等领域。服务时效性逐渐增强，服务手段更加丰富，微博、微信、电视、网站、12121电话、短信、传真、报纸、地铁电视、气象电子显示屏、多媒体显示终端等多种气象服务方式投入业务运转。率先实现气象应急频道在广州市有线电视网的高清落地。创建全国首个交互式气象微门户。全市超过170个街镇建立了气象服务站，建成了一支超过2.4万名气象信息员队伍。气象信息公众覆盖率达到95%以上。广州气象服务满意率位居全省前列。

气象科技水平持续提升

组建和完善了气象科研机构，成立了气象科技团队。坚持问题导向，坚持理论联系实际，以业务需求带动科学技术发展，以科技进步推动业务能力的提升，致力于“业务—科研—再业务”的良性循环，开展了天气预报、气候预测、气象观测等方面的科学研究，进行了广泛的学术交流，产出了丰富的科技成果，培养了一批业务和科研骨干，造就了一支高水平的气象科技队伍。

气象法治建设稳步推进

广州市气象系统贯彻落实《中华人民共和国气象法》(1999年)、《广东省气象管理规定》(1997年)、《广东省防御雷电灾害管理规定》(1999年)、《广东省突发气象灾害预警信号发布规定》(2006年)、《广东省气象灾害防御条例》(2014年)，推动广州气象灾害防御工作进入法治化、规范化的新阶段。全面推进防雷减灾体制改革，全面清理规范气象行政审批中介服务，大幅度取消、下放行政审批事项，实现行政审批更加便民高效，企业减负所得更加“真金白银”，防雷安全监管责任进一步强化。

经过16年的努力开拓，广州气象人谱写出气象事业适应时代发展的新篇章。在新的时期，广州气象人将继续坚持以人民为中心的发展思想，以满足人民群众对美好生活的向往为目标，扎实推进气象服务供给侧结构性改革，全面提高气象服务供给能力，努力为人民群众提供更精细、智能、贴心的气象服务。

大事记

2001 年

市气象台李晓娟被中国气象局评为 2001 年度全国优秀预报员；市气象局林志强被授予“全国科普先进工作者”称号。

2002 年

2 月 6 日，成立广州市气象局筹建领导小组，筹建副省级市气象局。

8 月 19 日，中国气象局批准广州市气象局机构改革方案。

10 月 29 日，杨少杰任广州市气象局党组书记、局长。

11 月 11 日，市机构编制委员会印发《关于转发〈广州市国家气象系统机构改革实施方案〉的通知》(穗编字〔2002〕258 号) 文件，市气象系统机构改革工作正式开始。

2003 年

1 月 3—29 日，番禺区、花都区、从化市、增城市气象局机构改革方案获得上级批准。

1 月 24 日，举行广州市气象局，番禺、花都区气象局和增城、从化市气象局领导班子竞争上岗活动。

3 月 27 日，成立南沙、白云、黄埔、海珠、芳村气象局筹建领导小组。

7 月 29 日，经市政府批准，市气象台在国内率先对外发布高温预警信号。

9 月 2 日，《广州市气象建设方案》项目咨询会在北京举行，中国工程院院士陈联寿等专家和领导对方案提出意见和建议。

10 月 8 日，召开市气象局机关大会，投票选举出市气象局机关党支部委员会委员共 5 名及市气象局机关工会委员会委员共 5 名。

10 月 22 日，市气象局成立广州大学城气象服务领导小组，并派出技术人员进驻广州大学城，开展大学城建设气象服务和防雷减灾工作。

12 月 8 日，市气象局气象行政执法办第一次举办行政处罚听证会。

12 月 11 日，中国气象局副局长许小峰视察番禺区气象局。

12 月 24—28 日，全国雷电防护技术标准化委员会会议在广州召开。

是年初，番禺区气象局 1680 平方米的新业务大楼建成投入使用。

2004 年

3 月 17 日，番禺区气象局安装 VAISALA 自动气象站。这是全省气象部门引进的第一个进口高性能自动气象站。

5 月 13 日，番禺区气象局开展陆－气相互作用及城市群灰霾观测试验。

7 月 1 日晚，广州市气象局为广州申办亚运会成功庆典活动提供气象保障服务。

9 月 23 日，召开《广州市气象建设方案》专家论证会。

9 月 25 日，番禺区气象局成为广州市第一个“四个一流”（一流的装备、一流的技术、一流的人才、一流的台站）新型台站。

11 月 22 日，第九届省会城市气象局长会议在广州召开。

12 月 28 日，番禺区气象局有主持人的电视天气预报节目正式开播，开创了全省区县气象局的先河。

是年，广州市气象局获广州市委、广州市政府颁发“文明单位”。

2005 年

3 月 17 日，增城市气象局新业务大楼土建工程正式开工。

4 月 4 日，市政府常务会议同意实施《广州市气象建设方案》。

4 月 8 日，市气象局办公网络接入市电子政务内网一期工程。

6 月 18 日，市气象局对市国际龙舟邀请赛决赛日开展现场气象服务。

6 月 29 日，广州野外雷电试验基地项目选址专家论证会在从化召开，专家组认为从化市是建设野外雷电试验场的合适地点。

7 月 11 日，在市气象局的建议下，市政府发出《关于做好防暑降温工作的紧急通知》。

7 月 27 日，市气象局被市政府授予“05・6”抗洪抢险先进集体，杨少杰、毛绍荣被授予“先进个人”荣誉称号。

11 月 22 日，增城市气象局防灾减灾新业务大楼竣工投入使用。

11 月 27—28 日，全国防雷工作会议在广州召开。

12 月 17 日，广州市特大危险化学品应急事故救援演习在广州举行，市气象局设立气象指挥部提供保障服务。

12 月 29 日，花都区气象局新业务大楼建成并投入使用。

是年，广州市行政区划进行调整。市气象局的区级气象机构也相应进行调整，全市新设海珠、白云、荔湾、南沙、萝岗共 5 个区级气象机构，不再设黄埔、芳村区气象机构。

2006 年

1 月 6 日，市人大领导和部分代表视察番禺、花都区气象局，对市气象部门在防灾减灾工作中做出的贡献表示肯定。

4 月 3 日，市气象局常越参加市直机关工委举办的“巾帼风采”演讲比赛，获二等奖和最佳撰稿奖，市气象局获最佳组织奖。

4 月 7 日，市学校安全气象预警系统启动仪式在市气象局举行。

6 月 15—16 日，珠江三角洲可持续发展气象保障研讨会在花都区召开。

9 月 16 日，为“羊城天盾”防空演习提供气象保障服务。

10 月 11 日，萝岗区气象局举行成立挂牌仪式。

2007 年

1 月 9 日，增城市气象局有主持人节目《增城市天气预报》正式开播。

1 月 31 日，从化市气象局新预警中心落成。

2 月 8 日上午，白云区气象局在新市街的海云大厦举行挂牌仪式。

3 月 20 日，省气象局通报表彰：增城市气象局测报组获广东省气象局“先进测报组”称号；6 名观测人员全部获中国气象局“质量优秀测报员”称号。

3 月 23 日，番禺区气象局电视天气预报节目《番禺气象》（粤语版）首次开播。

6 月 14 日，增城市气象局获广东省气象系统“‘四个一流’新型台站”称号。

6—8 月，中国气象局野外雷电试验在从化市光联村设立试验点。研究人员总共发射火箭 26 枚，成功 12 枚。南方电视台 1 频道《今日一线》、中央电视台 10 频道《走近科学》和中国气象局华风影视先后前来采访并报道。

7 月 10 日，副市长陈国率队赴市气象局视察工作。

7 月 12—26 日，为第八届全国大学生运动会提供气象保障服务，并在 16 日派出气象应急车在大运会开幕式会场进行气象监测保障服务工作。

8 月 28 日，位于珠江管理区七涌北侧的南沙气象探测基地正式动工建设。

9 月 11 日，世界气象组织（WMO）考察团到番禺区气象局参观访问。

11 月 10 日，第八届全国少数民族传统体育运动会开幕式在广州举行，市气象局全程提供民运会气象保障服务。

12 月 11 日，市气象局参加第 16 届亚运会开闭幕式日期选择办公会，并做《关于 2010 年广州亚运会比赛日期的气候分析和建议》的报告，为亚运会开幕式和比赛选定最佳日期。

2008 年

1 月 1 日，南沙气象探测基地正式投入业务使用，开始获取南沙的基准气象数据。

1 月下旬至 2 月中旬，受北方南下强冷空气和西南暖湿气流的影响，中国南方大部分地区出现了极端低温雨雪冰冻灾害，广州市各地也出现了连续 20 天日平均气温低于 10℃，连续 8 天日平均气温低于 7℃的低温寒冷和连阴雨天气，其低温连续时间之长为历史罕见。市气象局对极端异常低温阴雨天气预报准确、报告及时，并提出有针对性的建议，为市委、市政府主动积极应对异常天气，及时采取措施防寒抗冻和灾后复产减少损失等一系列工作提供了重要的、关键的依据。

4 月，市气象局和市卫生局联合起草编写《广州市高温中暑事件卫生应急预案》，经市政府同意，该预案于 2008 年 6 月 30 日正式印发并开始实施。

5 月 3—10 日，市气象局圆满完成奥运火炬传递接力活动广州站的气象保障服务工作。

5月26日至6月18日，广州市大部分地区出现了持续暴雨至大暴雨，个别地区还出现了特大暴雨，部分地区伴有8级—10级短时雷雨大风等强对流天气。这次“龙舟水”过程全市平均降水量达到666毫米，较常年偏多1.6倍（其中，广州、增城偏多2倍，累计雨量分别达到705毫米和909毫米，破历史同期最高纪录），是1951年以来最强“龙舟水”。

5月27日，市气象技术装备中心获一项实用新型专利，国家知识产权局正式授权公告，并颁发《实用新型专利证书》。

6月20日，市气象灾害应急响应平台项目通过验收。

8月27日，市气象台的“新一代天气预报业务流程系统的推广应用”项目通过省科技厅验收。

8月27日，市气象局和南沙区政府在珠江管理区举行广州南沙气象探测基地落成剪彩暨揭牌仪式。

9月22日，《珠江三角洲地区改革发展规划纲要》国家编制调研组到市气象局调研。

11月12日，在“2010年广州亚运会倒计时2周年”之际，市气象局在从化马术比赛场进行了气象保障应急演习。

12月10日，由市气候与农业气象中心主持完成的“广州市城市热岛监测显示评估系统”项目通过验收。

12月25日，市气象学会成立，杨少杰当选为首届理事长。

2009年

1月4日，荔湾区气象局筹建组进驻荔湾区办公，开始开展气象服务工作。

1月24日，《广州市气象灾害应急预案》经市政府批准后印发。

2月6日，许永锞任广州市气象局党组书记、局长。

6月30日，广州亚运气象服务中心正式成立。

7月1日，萝岗区气象观测基地正式投入对比试运行。

7月3日，中国气象局2010年广州亚运会气象服务工作领导小组第一次会议在市气象局召开。

7月8—10日，第四届全省电视气象节目观摩评比会议在广州举行。番禺区气象局选送了《番禺气象》普通话版参评，获得了全省区县级有主持人节目综合一等奖以及主持人艺术二等奖。

7月18—19日，受2009年第6号台风“莫拉菲”影响，广州市出现了9级—11级大风和暴雨、局部大暴雨的灾害性天气。全市各级气象部门提前预报，为党政机关和公众提供气象预报服务，将“莫拉菲”可能造成的损失降到最低程度。

7月23日，市气象局圆满完成2009年横渡珠江活动气象保障服务。

8月1—3日，市气象灾害应急指挥部于8月2日12时启动防御高温气象灾害Ⅳ

级应急响应，8 月 4 日 11 时 30 分解除。这是自 2009 年年初实施《广州市气象灾害应急预案》以来首次启动气象灾害应急响应。

11 月 2 日，市气象局联合市统计咨询中心，首次在全市范围内开展气象服务满意度抽样调查。

11 月 28 日，华南地区第一部对流层风廓线雷达在萝岗区气象局观测场落成。

2010 年

2 月 25 日，市气象监测预警中心举行奠基仪式。

3 月 4—5 日，市气象局参赛队伍获“广州市迎亚运文明礼仪形象大赛一等奖”。

3 月，中国气象频道在广州落地试播，4 月 12 日 14 时 30 分，开始插播广州本地气象服务节目。

5 月 7 日，全市平均降雨量为 170.1 毫米，有 79 个自动气象站录得大暴雨，有 45 个站录得暴雨，其中南湖乐园自动气象站录得 244.3 毫米的全市最大雨量，增城小楼镇政府自动站录得 24.1 米 / 秒的瞬时最大风速。这次暴雨过程具有“三个历史罕见”的特点：雨量之多历史罕见、雨强之大历史罕见、范围之广历史罕见。

8 月 3 日，市气象局召开广州气象频道正式开播暨亚运气象服务十件实事启动仪式。

9 月 29 日，在萝岗区气象局观测场召开观测场整体终验会，标志着观测场土建工程全面竣工。

10 月 12 日，中国天气网南方站上线暨广州亚运气象服务无线网启动仪式在广州市举行。

10 月 28 日，白云区气象防灾减灾监测预警中心正式落成。

11 月 1 日，南沙区气象局自主研发的基于全景天空拍摄的蓝天观测自动分析系统正式投入业务运行。

11—12 月，市气象局为亚运会亚残运会火炬接力传递、开闭幕式、赛事举办、城市运行等提供了全方位、精细化的气象服务。

12 月 31 日 23 时，萝岗区观测场作为“萝岗广州观象台”发布第一份全球交换报文。

2011 年

1 月 27 日，梁建茵任广州市气象局党组书记、局长。

3 月 3 日，市气象局计划财务处被评为广州市“巾帼文明岗”。

4 月 17 日，雷雨大风天气过程影响较大。受弱冷空气影响，4 月 17 日 10—14 时广州市自北向南出现了中雷雨局部暴雨的降水过程，并伴有短时雷雨大风、冰雹等强对流天气。这次雷雨大风天气过程历时短，所到之处历时不到 1 小时；强度强，此次过程雨强大、风速大，南沙区 1 小时最大雨量达到 60.2 毫米，全市最大瞬时风力达到 14 级（42.5 米 / 秒），相当于强台风中心附近最大风速；造成灾情较严重，雷雨大风天气导致番禺、南沙等地出现了不同程度的人员伤亡和财产损失。

8 月 8 日，市气象局分别在腾讯、新浪两大互联网平台开通了名为“广州天气”的官方气象微博。

9 月 1 日起，广州市民拨打本地气象语音电话免收信息费。

10 月 11 日，广州国家基本气象站历史资料移交萝岗观测站。

是年，与市发展改革委联合印发《广州市气象事业发展“十二五”规划》。

2012 年

1 月 12 日，在全国综合防灾减灾示范社区——番禺区南村镇华南碧桂园社区建立了首个“气象信息服务站”。

3 月 24 日，花都区气象天文科普馆正式开馆。

8 月 6 日，市气象监测预警中心建成投入使用。

10 月，市机构编制委员会下发《关于广州市气象局及其所属事业单位分类改革方案的批复》（穗编字〔2012〕142 号），批准市气象局及所属事业单位分类改革方案。

11 月 19 日，花都区气象天文科普馆被命名为“全国气象科普教育基地”，这是全市首家全国性气象科普教育基地。

12 月 3 日，海珠区机构编制委员会印发《广州市海珠区气象局主要任务、内设机构和人员编制方案的通知》（海机编〔2012〕32 号），批准海珠区气象局主要任务、内设机构和人员编制。

2013 年

1 月 9 日，中国气象局副局长沈晓农赴市气象局调研气象现代化事业的推进情况，要求着眼广州未来城市发展对气象服务的需求，做好短时临近和短期预报，加快广州率先实现气象现代化的步伐。

1 月 29 日，市气象局召开党员大会选举成立首届机关党委。

1 月，番禺区气象局被中国气象局授予“2011—2012 年度全国气象部门文明台站标兵”荣誉称号。

3 月，市气象监测预警中心建设项目获“两岸四地建筑设计大奖”银奖。

3 月，市气象局人事处被市妇女联合会授予广州市“巾帼文明岗”称号。

5 月 31 日，市政府召开广州气象现代化建设工作协调会议。

7 月 8 日，市政府办公厅出台《关于加快建设步伐率先实现广州市气象现代化的意见》。

8 月 13 日，海珠区气象局正式挂牌成立。

11 月 15 日，中国气象局副局长宇如聪率队赴市气象监测预警中心检查指导工作。

11 月 28 日，市长陈建华在市气象监测预警中心会见来穗调研的中国气象局党组书记、局长郑国光一行，双方就广州气象现代化建设、气象防灾减灾等情况做了深入交流。

12 月 12 日，南沙区海洋气象观测站建成并投入业务试运行，这是广州市唯一的海洋气象观测站。

是年，冬季广州全市平均气温 13.0℃，较常年同期偏低 1.6℃，为近 30 年同期最低值。

2014 年

1 月 8 日，广州应急气象高清频道在市有线电视网成功落地，增加受众约 30 万户。

1 月 18 日，中国气象局副局长矫梅燕率队赴市气象监测预警中心检查指导工作。

3 月 20 日，市政府召开第一次率先实现气象现代化工作联席会议。

5 月 30 日，市气象局高性能计算机系统建设项目通过验收。

6 月 15 日，市气象局联合广州港务局和广州海事局，正式启用广州港风球升降新规则。新规则将广州港预报区域由 2 个更精细划分为 4 个。

8 月 2 日，“广州天气”微信公众号改版，创建全国首个交互式气象服务微门户。

9 月 11 日，市气象局代表队获得首届公民科学素质知识竞赛全市总冠军。

9 月 29 日，海珠区突发事件预警信息发布中心正式获批成立。

10 月 15 日，市政府 14 届 136 次常务会议传达省全面深化气象管理体制改革试点工作部署会议精神。

11 月 12 日，中国气象局副局长宇如聪率队赴广州海珠湿地公园，调研城市生态气象服务工作。

12 月 12 日，市政府召开 2014 年第二次全市率先实现气象现代化工作联席会议。

12 月，市气象局、市政府应急办与广州移动、广州电信和广州联通签署了《建立重大预警信息发布绿色通道合作协议》。

2015 年

1 月 9 日，市气象局与市环保局签订空气质量预报预警合作协议。

1 月 12 日，市政府常务会议审议并通过《广州市城市气象防灾减灾和公共气象服务体系建设方案》。3 月 5 日正式出台。

3 月 6 日，经市政府同意，《广州市贯彻落实〈广东省全面深化气象管理体制改革实施方案〉细则》正式出台。

8 月 12 日，制定出台《广州市公众应对主要气象灾害指引》。

9 月 24 日，市气象局与广州新电视塔建设有限公司联合召开广州塔气象科普基地新闻发布会，广州塔气象科普馆正式对公众开放。

9 月 29 日，庄旭东任广州市气象局党组书记、局长。

10 月 19 日，第 45 期世界气象组织多国别考察团到市气象监测预警中心参观交流。

12 月 30 日，市气象局召开气象信息升级优化服务手段通气会暨“2015 年十大气候事件”通气会。

2016 年

1 月 20 日，“广州天气”微博获全国十大气象政务微博影响力第二名。

1 月 24 日凌晨，全市出现大范围雨夹霰天气，城区飘雪花则为新中国成立以来首次。

2 月 23 日，市政府调研指导市气象局工作。

2 月 26 日，市人大常委会农村农业工作委员会调研广州气象工作，实地考察了广州气象卫星站 B 站业务值班平台和气象卫星科普馆。

3 月 8 日，市气象局与广州海事局签订水上交通气象服务合作协议。

3 月 19 日，依靠本月升级改造为双偏振的广州雷达，发布 2016 年首个冰雹橙色预警，准确预警了此次冰雹天气过程。

3 月 24 日，召开全市防雷减灾体制改革推进会。

5 月 5 日，刘锦銮任广州市气象局党组书记、局长。

6 月 23 日，市人大常委会组织市人大代表农村农业专业小组对市突发事件预警信息发布体系建设情况进行集中视察。

7 月 7—8 日，市气象局选手获得首届广东省气象部门办公综合业务技能竞赛团体一等奖、PPT 制作二等奖、个人全能三等奖。

8 月 1 日，为防御台风“妮妲”，发布近 16 年来首个台风红色预警信号。

8 月 8 日，在中国石油广州大厦（高度 150 米至 200 米）完成本市第一个城市冠层气象观测站的建设、调试与数据上传。

8 月 18 日，中国气象局副局长许小峰检查指导市气象局工作。

9 月 28 日，市气象局举办国内首次城市内涝气象防灾减灾服务研讨会。

9 月 28 日，市气象局首次成功开展气象观测无人机试飞实验。

10 月 28 日，市突发事件预警信息发布中心工程封顶。

11 月 2 日，市突发事件预警信息发布工作推进会在番禺区突发事件预警信息发布中心指挥大厅召开。

11 月 17 日，市气象局和市发展改革委联合印发《广州市气象发展“十三五”规划》。

11 月 25 日，市长温国辉与中国气象局局长郑国光共商广州气象工作发展。

12 月 16 日，“广州天气”获首届气象微博影响力研讨会“最佳内容奖”。

市气象科普教育基地被省科学技术协会命名为“广东省科普教育基地”。

2017 年

1 月 24 日，市政府走访调研市气象局。

2 月 28 日，省区域数值天气预报重点实验室、市气象局和中山大学国家超算广州中心签署协议，联合发展区域精细数值天气预报模式。

3 月 31 日，市气象局率先在全国气象部门中，在官方网站“晒出”2016 年部门行政执法数据。

4月25日，市气象局与广州联通在市气象监测预警中心签订了《推进“互联网+气象”战略合作框架协议》。

4月26日，“广州天气”微信公众号被评为“2016年度广州城市治理榜最活跃公共服务新媒体”。

4月28日，市气象局选手曾琳在市政府举办的“讲科学、秀科普”大赛中获得一等奖。

5月20日，中国气象局局长刘雅鸣、市长温国辉到市气象局、番禺区突发事件预警信息发布中心视察工作。

5月24日，市气象局与广州市电视台新闻频道建立战略合作伙伴关系，并签署合作协议。

5月25日，市气象局与市供销合作总社签订《联合推进为农气象服务合作协议》。

5月25日，“广州天气”官方微博取得了2017年第一季度广东地区天气微博影响力第二名的好成绩。

7月11日，省人大常委会副主任黄业斌率队赴市气象局执法检查。

7月29日，《广州市人民政府办公厅关于加快全面推进我市气象现代化的实施意见》正式印发。

8月17日，市气象局组织召开市气象预警部门联动联席会议。

8月23日，市突发事件预警信息发布中心工程竣工验收会在新落成的预警中心大楼指挥区会议室举行。

9月20—21日，市气象局在第六届广东省天气预报竞赛中获得团体和个人全能两项第一名。

10月10日，市人力资源和社会保障局发文，明确将高级别的台风、暴雨预警信号停工机制写入劳动合同范本。

10月30日，市气象局召开传达贯彻大会，部署学习宣传贯彻党的十九大精神工作。

第一章　组织机构

2001—2017 年，市气象局历经机构成立以及两次重大的机构编制事项调整。以提升气象公共服务能力和基层台站持续发展能力为核心，全市共设海珠、荔湾、白云、黄埔、花都、番禺、南沙、从化、增城等 9 个区一级气象机构。经过逐步完善管理体制，优化职能、精干队伍，推动广州市气象事业稳步发展。

第一节　机构设置

2001 年 7 月 14 日，中央机构编制委员会印发《地方国家气象系统机构改革方案》，全国气象部门、地方国家气象系统机构正式实施机构改革。该文件规定，地方国家气象系统各级管理机构为事业单位性质，实行上级气象主管机构与本级人民政府双重领导，以气象主管机构领导为主的管理体制。根据该文件精神，2001 年 12 月 31 日，省机构编制委员会印发了《广东省机构编制委员会关于转发〈中央机构编制委员会关于印发〈地方国家气象系统机构改革方案〉的通知〉和〈中国气象局关于印发〈广东省国家气象系统机构改革方案〉的通知〉的通知》（粤机编〔2001〕54 号），规定按照国家气象由国家投入，地方气象由地方各级政府投入的原则，一些与地方社会经济发展密切相关的气象机构编制，由气象部门根据工作需要提出，报当地机构编制部门按程序审批，所需经费由地方列入预算予以财政核拨或核补。同时，决定广东省设广州市气象局和深圳市气象局两个副省级市气象局。市的国家气象系统的机构改革方案，由市气象局报经市机构编制委员会办公室审核后另行报上级气象主管机构审批。

2002 年 11 月 11 日，市机构编制委员会印发《关于转发〈广州市国家气象系统机构改革实施方案〉的通知》（穗编字〔2002〕258 号）。该文件的出台标志着市气象系统的机构改革正式进入了实质性阶段。该文件明确：市气象局及所辖各区、县级市气象局实行以上级气象主管机构为主与本级人民政府双重领导的管理体制，各级气象管理机构既是上

图 1-1　广州市气象局办公旧址，位于越秀区福今路 6 号院内

级气象部门的下属单位，又是同级人民政府主管气象工作的部门，承担本行政区域内气象工作的政府行政管理职能，依法履行本级气象主管机构的各项职责。市气象局由原来的正处级事业单位升格为广州市局级（副厅级）。至此，市气象局从省气象台正式分离，成为广州市的正局级单位。全市配属国家气象系统事业编制人员 325 名，其中国家气象事业编制人员 207 名、地方事业编制人员 118 名（含原配的地方事业编制 52 名，经费均由市财政核拨）。

2002 年市气象局机构设置一览表

表 1-1

机关内设处（室）	办公室（广州市气象局行政执法办公室、监察审计室与其合署办公）、业务科技处、计划财务处、人事教育处
直属事业单位	广州市气象台（挂广州市气象预警信号发布中心牌子）、广州市气候与农业气象中心（挂广州市遥感与环境气象中心牌子）、广州市气象技术装备中心、广州市防雷设施检测所和广州市防雷减灾管理办公室，均为正处级
区（县级市）气象局	海珠、白云、芳村、黄埔、南沙、番禺、花都 7 个区级气象局（台），均为区正局级，区级气象局（台）全称为广州市 ×× 区气象局（台）；设从化、增城市气象局（台），均为县级市正局级。其中，番禺区气象局、花都区气象局、增城市气象局和从化市气象局等 4 个局为原有的气象机构。番禺区气象局和花都区气象局是区正局（正处局）。其他新设区级气象机构按照《关于转发〈广州市国家气象系统机构改革实施方案〉的通知》的要求进行筹建 备注：经国务院批准，2005 年广州市行政区划进行了调整。经市机构编制委员会批准同意，市气象局的区级气象机构也相应进行了调整，除原有的四个气象机构外，全市新设海珠、白云、荔湾、南沙、萝岗共 5 个区级气象机构，不再设黄埔、芳村区气象机构

2012 年，根据《中华人民共和国气象法》和国家关于事业单位改革的相关精神，市机构编制委员会印发《关于广州市气象局及其所属事业单位分类改革方案的批复》（穗编字〔2012〕142 号），明确市气象局设 5 个内设机构，分别是办公室（与纪检监察审计室合署）、应急减灾处（与政策法规处合署）、观测预报处、计划财务处和人事教育处；下设 5 个直属事业单位，分别是广州市气象台（撤销广州市气象预警信号发布中心牌子）、广州市气候与农业气象中心（挂广州市灰霾监测中心牌子）、广州市气象信息网络中心（由原广州市气象技术装备中心更名，挂广州市突发事件预警信息发布中心牌子）、广州市防雷减灾管理办公室、广州市防雷设施检测所。

2015 年 5 月，根据《广东省全面深化气象管理体制改革实施方案》（粤府函〔2014〕185 号）和《广东省气象局关于广州市气象局所属部分国家气象事业单位机构编制事项调整的批复》（粤气复〔2015〕99 号）等文件，撤销广州市防雷设施检测所，按照“撤一建一”原则，设立广州市气象公共服务中心。

2017年，根据市机构编制委员会《关于市气象局系统机构编制事项调整的批复》（穗编字〔2017〕184号）的规定，市气象局调整内设机构为6个，分别是办公室（与纪检监察审计室合署）、观测预报处、计划财务处、人事教育处、应急减灾处（预警信息管理处）和政策法规处（审批管理处）；其直属单位市气象信息网络中心（市突发事件预警信息发布中心）更名为市突发事件预警信息发布中心（市气象探测数据中心），其余直属单位不变。至2017年，市气象局下辖9个区级气象机构：①海珠区气象局、②荔湾区气象局、③白云区气象局、④黄埔区气象局（2015年萝岗区气象局更名为黄埔区气象局）、⑤花都区气象局、⑥番禺区气象局、⑦南沙区气象局、⑧从化区气象局、⑨增城区气象局。

2012—2017年市气象局机构调整变化一览表

表1-2

机构名称	年份	机构设置	文件依据
机关处室	2012	办公室（与纪检监察审计室合署）、应急减灾处（与政策法规处合署）、观测预报处、计划财务处、人事教育处	《关于广州市气象局及其所属事业单位分类改革方案的批复》（穗编字〔2012〕142号）
	2017	办公室（与纪检监察审计室合署）、观测预报处、计划财务处、人事教育处、应急减灾处（预警信息管理处）和政策法规处（审批管理处）	《关于市气象局系统机构编制事项调整的批复》（穗编字〔2017〕184号）
直属事业单位	2012	广州市气象台（撤销广州市气象预警信号发布中心牌子）、广州市气候与农业气象中心（挂广州市灰霾监测中心牌子）、广州市气象信息网络中心（原广州市气象技术装备中心，挂广州市突发事件预警信息发布中心牌子）、广州市防雷减灾管理办公室、广州市防雷设施检测所	《关于广州市气象局及其所属事业单位分类改革方案的批复》（穗编字〔2012〕142号）
	2015	广州市防雷设施检测所撤销，设立广州市气象公共服务中心	《广东省全面深化气象管理体制改革实施方案》（粤府函〔2014〕185号）和《广东省气象局关于广州市气象局所属部分国家气象事业单位机构编制事项调整的批复》（粤气复〔2015〕99号）
	2017	市气象信息网络中心（市突发事件预警信息发布中心），更名为市突发事件预警信息发布中心（市气象探测数据中心），其余直属单位不变	《关于市气象局系统机构编制事项调整的批复》（穗编字〔2017〕184号）

第二节 机构职能

2002年机构改革后，市气象局的机构规格为市局级（副厅级），其主要职责是：

（1）制定本行政区域气象事业发展规划、计划，并负责本行政区域内气象事业发展规划、计划及气象业务建设的组织实施；对本行政区域内的气象活动进行指导、监督和行业管理。

（2）负责本行政区域内气象监测网络工作的管理，依法保护气象探测环境；管理本行政区域内公益气象预报、灾害性天气警报以及农业气象预报、城市环境气象预报、火险气象等级预报等专业气象预报的发布；及时提出气象灾害防御措施，并对重大气象灾害做出评估，为本级人民政府组织防御气象灾害提供决策依据。

（3）制定人工影响天气作业方案，并在本级人民政府的领导和协调下，管理、指导和组织实施人工影响天气作业；组织管理雷电灾害防御工作，贯彻执行《广东省防御雷电灾害管理规定》，负责本行政区域内防雷设施的设计审核、施工监督、竣工验收和定期检测、雷电灾害调查及事故鉴定等工作。

（4）负责向本级人民政府和同级有关部门提出利用、保护气候资源和推广应用气候资源区划等成果的建议；组织对气候资源开发利用项目进行气候可行性论证。

（5）组织开展气象法制宣传教育，负责监督有关气象法规的实施，对违反《中华人民共和国气象法》有关规定的行为依法进行处罚，承担有关行政复议和行政诉讼。

（6）统一领导和管理本行政区域内气象部门的计划财务、人事劳动、科研和培训以及业务建设等工作；会同区、县级市人民政府对所辖气象机构实施以部门为主的双重管理；会同地方党委和人民政府做好当地气象部门的精神文明建设和思想政治工作。

（7）承担广东省气象局和广州市人民政府交办的其他事项。

2012年，根据《广州市气象局及其所属事业单位分类改革方案》（穗编字〔2012〕142号），对两项任务进行了调整：增加突发事件预警信息发布平台建设和管理工作；加强气象灾害防御、气象公共服务工作。主要任务具体为：

（1）贯彻落实中央和省、市有关气象工作的方针政策和法律法规，负责全市气象事业发展规划的制定和组织实施，对本行政区域内的气象活动进行指导、监督和行业管理。

（2）负责气象监测网络工作的管理，保护气象探测环境；管理本行政区域内气象预报警报的发布，组织协调气象应急工作，统筹突发事件预警信息发布系统工作；负责对重大气象灾害的评估工作。

（3）负责本行政区域内气候预测及气候资源利用、保护工作；组织重大建设项目、气候资源开发利用项目气候可行性论证等工作，为政府应对气候变化和减缓气候变化影响提供决策依据。

（4）负责管理、实施人工影响天气有关工作。

（5）负责组织、管理气象灾害防御工作，负责本行政区域内防雷设施的设计审核、施工监督、竣工验收和定期检测、雷电灾害风险评估、调查及事故鉴定等工作。

（6）负责监督有关气象法律法规的实施，依法对违反气象法律法规的行为进行处罚，承担有关行政复议和行政诉讼。

（7）会同区、县级市人民政府对所辖气象机构实施以部门为主的双重管理，健全和完善双重领导管理体制。

（8）承办省气象局和市委、市政府交办的其他事项。

第三节　人员队伍

（一）编制情况

2001年11月9日，人事部印发《关于同意地方国家气象系统副省级市及地（市）级气象管理机构依照国家公务员制度管理的复函》，批准同意地方国家气象系统副省级市气象管理机构（含广州市气象局）及地（市）级气象管理机构列入依照国家公务员制度管理范围。2003年1月24日，省人事厅印发《关于同意广州市气象局机关工作人员过渡为国家公务员的复函》，批准同意市气象局工作人员过渡为国家公务员。2004年4月15日，市人事局印发《关于广州市气象局开设人事户头的复函》，同意市气象局开设人事工作户头。至此，市气象局的人事工作正式与地方政府对口联系，双重领导的管理体制得到落实。

2004年6月24日，市人事局印发《关于广州市气象局列入依照公务员制度管理的函》，批准同意市气象局列入市依照国家公务员制度管理的事业单位。2004年9月27日，市人事局、市财政局印发《关于实行统发工资和统一工作岗位津贴的通知》，批准同意市气象局机关工作人员实行统发工资和统一工作岗位津贴，并于2005年1月起正式实行。

截至2017年，市气象部门编内人员包括公务员和事业单位人员。公务员有国家参公、地方参公两类，事业单位人员有国家编制、地方编制两类。

2017年市气象局编制情况表

表1-3

人员类别	公务员	事业人员	总计
地方编制	84	85	169
国家编制	42	118	160
总计	126	203	329

（二）年龄结构

全市气象在职在编工作人员中，平均年龄为 38 岁。市气象局机关、市防雷办，以及花都、番禺、南沙、从化、增城等区气象局人员平均年龄较大，超过 40 岁。

2017 年市气象局人员年龄结构表

表 1-4

单位名称	35 岁以下	35—40 岁	40—45 岁	45—50 岁	50 岁以上
市局机关	25%	33%	5%	5%	32%
防雷办	20%	13%	30%	17%	20%
气象台	74%	18%	8%		
气候中心	56%	19%	6%	6%	13%
预警中心	67%	4%	8%	8%	13%
公服中心	24%	52%	14%	10%	
番禺局	22%	6%	39%		33%
花都局	18%	6%	41%	23%	12%
从化局	11%	22%	17%	22%	28%
增城局	20%	20%	20%	20%	20%
白云局	43%	24%	5%	10%	18%
南沙局	18%	27%	19%	9%	27%
黄埔局	29%	43%	7%		21%
海珠局	36%	52%	4%	4%	4%
荔湾局	19%	64%	13%		6%

（三）学历结构

全市气象工作人员中，本科和硕士研究生学历层次人员占大多数。在职在编人员中，个人最高学历为大学本科的占 71%，硕士研究生占 22%，博士研究生占 2%。大专、中专学历人员共占 5%。

2017 年市气象局人员学历结构表

表 1-5

单位类型	博士		硕士		本科		大专		中专	
	人数	占比	人数	占比	人数	占比	人数	占比	人数	占比
市局机关	1	3%	12	30%	27	67%				
直属单位	5	4%	41	32%	78	60%	1	1%	4	3%
区气象局			21	13%	128	80%	9	6%	2	1%

（四）职称结构

全市气象工作人员中，正高级职称人员3人，占1%；高级职称人员52人，占16%；中级职称人员134人，占41%；初级职称人员92人，占28%；无职称人员47人，占14%。在各类职称人员中，有33人为非气象专业技术资格，其中初级职称13人，中级职称17人，高级职称3人。

2017年市气象局人员职称情况表

表1-6

单位类型	正高级		高级		中级		初级		无职称	
	人数	占比	人数	占比	人数	占比	人数	占比	人数	占比
直属单位	3	2%	23	18%	54	42%	35	27%	14	11%
区气象局			21	13%	68	43%	44	28%	26	16%

（五）专业结构

全市气象人员中，个人气象专业学历最高为本科的有130人，硕士研究生45人，二者共占总人数的53%。其他专业背景的在职在编人员141人，占总人数的43%，这部分人员主要在行政管理、人事管理、财务管理、防雷业务、装备保障、信息服务、计算机硬件和网络管理等岗位。

（六）政治面貌

市气象部门的人员主体为中共党员，约占64%。民主党派人员主要有民盟盟员4人，九三学社社员2人，民建会员1人，中国农工民主党员1人。

第四节　区气象局

一、海珠区气象局

2012年12月3日，海珠区编委会印发《广州市海珠区气象局主要任务、内设机构和人员编制方案》，同意成立广州市海珠区气象局，为正处级事业单位，列入区财政一级预算。2013年8月13日，海珠区气象局正式成立，并挂广州市海珠区气象台和广州市海珠区突发事件气象预警信息发布中心牌子。2014年9月，广州市海珠区突发事件气象预警信息发布中心更名为“广州市海珠区突发事件预警信息发布中心”。

海珠区气象局实行上级气象主管部门与海珠区人民政府双重领导以上级气象部门为主的管理体制，既是广州市气象局下属事业单位，又是海珠区人民政府主管气象事业的工作部门，承担本行政区域内气象工作的政府行政管理职能，依法履行本级气象主管部门的各项职责。2012年，海珠区气象局下设办公室、应急减灾科（挂防雷减灾管理办公室牌子）、观测预报科3个内设机构，下属正科级事业单位广州市海珠区防雷设施检测所为公益一类事业单位。2016年5月，广州市海珠区防雷设施检测所更名为“广州市海珠区气象公共服务中心”。2016年6月，经广州市海珠区机构编制委员会同意，海珠区气象局内设机构由原来3个调整为4个，分别是办公室、审批管理科（气象减灾科、防雷减灾管理办公室）、观测预报科、突发事件预警信息发布管理科。

图1-2　2013年8月13日，海珠区气象局正式挂牌成立

2012—2017年海珠区气象局负责人录

表1-7

单位名称	时间	负责人
广州市海珠区气象局	2012年12月—2016年4月	邹冠武
广州市海珠区气象局	2016年4月—2017年12月	林镇国

二、荔湾区气象局

根据市机构编制委员会出台的关于设立区级气象局以及设立荔湾区气象局的文件要求，市气象局于2005年10月30日首次成立荔湾区气象局筹建小组，2007年9月成立由市气象局和荔湾区政府等8个部门组成的筹建工作领导小组。2017年年底，省气象局正式批准成立荔湾区气象局。

图1-3　荔湾区气象局值班场所

荔湾区气象局实行上级气象主管部门与荔湾区政府双重领导的管理体制。机构规格为正处级，人员编制18名。荔湾区气象局加挂广州市荔湾区气象台、广州市荔湾区突发事件预警信息发布中心牌子，下设气象灾害防御管理办公室（与应急

减灾科合署)、办公室(与发展改革与财务管理科、人力资源科合署)、观测预报科(与站网管理科合署)、行政法规科(与防雷减灾管理办公室合署)4个科室。

2005—2017年荔湾区气象局筹建小组人员名录

表1-8

时间	领导集体	负责人	备注
2005年10月—2007年1月	毛绍荣、刘壮华、林奕峰	毛绍荣	筹建
2007年2月—2007年7月	林志强、陈昌、李文飞	林志强	筹建
2007年8月—2007年8月	林志强、陈昌、李季、李文飞	林志强	筹建
2007年9月—2009年2月	郭兴荣、邱智炜、姚秀嫦、谢旭东、方学举、胡秀珍、赵放明、吴智华、甘振光、刘漫漫、林志强	郭兴荣	筹建
2009年3月—2010年2月	林志强、何亮、李季	林志强	筹建
2010年3月—2016年1月	李曼、杨子涛、何亮	李曼	筹建
2016年2月—2017年12月	陈泽华、邓远红、黄振航、何亮	陈泽华	筹建

三、白云区气象局

市气象局于2003年下半年启动筹建工作。2005年9月，白云区机构编制委员会正式发文批准设立广州市白云区气象局。2006年8月，白云区机构编制委员会出台《关于印发〈广州市白云区气象局(台)职能配置、内设机构和人员编制规定〉的通知》，标志着白云区气象局的机构编制方案正式出台。2008年10月21日，正式批复白云区气象局为参照公务员法管理单位。2017年2月，经广州市白云区机构编制委员会批准，正式成立广州市白云区突发事件预警信息发布中心，增加一个内设机构——突发事件预警信息科。

图1-4　2007年2月8日，白云区气象局在海云大厦揭牌成立

2004—2017 年白云区气象局负责人录

表 1-9

时间	领导集体	负责人	备注
2004 年 7 月—2005 年 4 月	邓春林、刘壮华	邓春林	筹建
2005 年 5 月—2006 年 6 月	毛绍荣、刘壮华	毛绍荣	筹建
2006 年 7 月—2007 年 10 月	毛绍荣、姚集建、邱新润、刘壮华	毛绍荣	
2007 年 11 月—2008 年 12 月	毛绍荣、王志煜、李立坤、张志光	毛绍荣	
2009 年 1 月—2014 年 10 月	毛绍荣、王志煜、李立坤	毛绍荣	
2014 年 11 月—2016 年 4 月	毛绍荣、王志煜、徐永辉	毛绍荣	
2016 年 5 月—2016 年 7 月	毛绍荣、王志煜、徐永辉、杨素安	毛绍荣	
2016 年 8 月—2017 年 12 月	林继生、王志煜、徐永辉、杨素安、郭腾（挂职副局长）	林继生	

四、黄埔区（含前萝岗区）气象局

市气象局于 2005 年 9 月成立广州市萝岗区气象局筹建组。2006 年 4 月初，萝岗区编委办复函市气象局同意成立广州市萝岗区气象局。2006 年 5 月 17 日，区编委下发《转发〈关于〈广州市萝岗区气象局职能配置、内设机构和人员编制方案〉的批复〉的通知》，萝岗区气象局于 2006 年 10 月 11 日正式挂牌成立，办公地址暂设在萝岗区青年路 17 号北塔三楼。2016 年 4 月，由于行政区划调整，根据《关于印发〈广州市黄埔区气象局机构编制方案〉的通知》，广州市萝岗区气象局更名为广州市黄埔区气象局，挂广州市黄埔区气象台、广州市黄埔区突发事件预警信息发布中心两块牌子，原广州市萝岗区气象局工作职责划入广州市黄埔区气象局，办公地址设在广州市黄埔区科学城水西路 12 号凯达楼 C 栋 3 楼。2017 年 12 月，根据市编委《关于印发〈关于调整、优化黄埔区、广州开发区各部门职能及机构设置方案〉的通知》和广州市黄埔区机构编制委员会《关于印发〈广州市黄埔区气象局机构编制方案〉的通知》，同意设立广州市黄埔区气象局，重新确定了黄埔区气象局的级别、性质、内设机构和领导职数以及领导班子的管理和经费来源渠道，办公地址不变。

图 1-5　2006 年 10 月 11 日，萝岗区气象局（黄埔区气象局前身）挂牌成立

2005—2017 年黄埔区（含前萝岗区）气象局负责人录

表 1-10

时间	领导集体	负责人	备注
2005 年 9 月—2006 年 10 月	常越、巢汉波		筹建
2006 年 10 月—2011 年 5 月	常越、巢汉波	常越	
2011 年 5 月—2014 年 4 月	常越、林奕峰	常越	
2014 年 4 月—2016 年 10 月	李少群、林奕峰、王四化、林蟒	李少群	
2016 年 10 月—2017 年 12 月	李少群、谢智勇、林奕峰、王四化、林蟒	李少群	

五、花都区气象局

1958 年 10 月，花县气象站成立，站址在花县新华镇东郊郊外。1960 年 3 月，改称花县气象服务站。1961 年 4 月，迁站至花县新华镇东郊河西村。1962 年 8 月，改称花县气象站。1980 年 4 月，改称广东省花县气象局。1993 年 6 月，改称广东省花都市气象局。2000 年 7 月，更名为广州市花都区气象局。2005 年 12 月 28 日，办公地点由花都区新华镇横潭河西村迁至花都区新华街曙光路 15 号。2011 年 1 月 1 日，花都区国家气象观测站由原来位于花都区新华街东郊河西村搬迁至花都区平石东路矮脚岭，属于气象观测国家一般站。

图 1-6　20 世纪 90 年代花都区气象局业务楼

自建站至 1958 年 12 月，属花县人民委员会建制，由佛山专署水利处水文气象科领导。1960 年 6 月，改归广州市农林水气象科领导。1962 年 8 月，由广东省气象局与花县人民委员会双重领导，以省气象局领导为主。1969 年 1 月，改归花县农业服务站领导。1970 年 11 月，改归花县人民武装部与部队双重领导，以部队领导为主。1973 年 9 月改归花县革委会建制，由农林水办公室领导。1981 年 1 月，改归省气象局与当地政府双重领导，以省气象局领导为主。2007 年 4 月起 8 名地方气象事业编制人员经费由花都区财政核拨补助改为财政核拨，收入纳入花都区财政收支两条线管理。

2008 年 10 月，花都区气象局列入花都区参照公务员法管理范围的第三批单位名单。2009 年 8—9 月，11 名人员顺利完成公务员登记手续。2010 年下半年起，全局在职在编人员的工资福利待遇、退休人员的退休费和生活补贴均纳入花都区财政统一发放。

2016 年 10 月，根据《关于转发〈广州市花都区气象局机构编制设置方案〉的通知》，花都区气象局的内设机构由 3 个增至 4 个，即由办公室、业务科、防雷减灾管理办公室整合调整为办公室、观测预报科、气象灾害防御管理办公室（与应急减灾科合署办公）、法规监督科（与审批管理科合署办公）。花都区防雷设施检测所更名为花都区突发事件预警信息发布中心（挂区气象公共服务中心牌子）。

根据《广东省机构编制委员会办公室 广东省气象局转发〈广东省国家气象系统全面深化气象改革机构优化调整实施方案〉的通知》等文件精神，广州市花都区气象局（挂广州市花都区气象台牌子，不再挂广州市花都区气象预警信号发布中心牌子）实行以上级气象主管机构为主与花都区人民政府双重领导的管理体制，既是广州市气象局的下属单位，又是花都区人民政府主管气象工作的部门。

1958—2017 年花都区气象局负责人录

表 1-11

单位名称	时间	负责人
花县气象站	1958 年 10 月—1959 年 4 月	周　烈
花县气象站	1959 年 5 月—1959 年 6 月	毕灼远
花县气象服务站	1960 年 2 月—1961 年 7 月	曾志聪
花县气象站	1962 年 3 月—1963 年 4 月	刘史祯
花县气象站	1964 年 5 月—1971 年 2 月	香潭友
花县气象站	1971 年 3 月—1972 年 10 月	刘雪云
花县气象站	1973 年 10 月—1984 年 8 月	何照养
花县气象局	1984 年 10 月—1988 年 10 月	江允沾
花县气象局	1988 年 11 月—1992 年 1 月	黄按华
花县气象局	1992 年 1 月—1993 年 6 月	黄贤湛
花都市气象局	1993 年 6 月—2000 年 7 月	黄贤湛
花都区气象局	2000 年 7 月—2003 年 2 月	黄贤湛
花都区气象局	2003 年 2 月—2006 年 4 月	张锦华
花都区气象局	2006 年 5 月—2009 年 2 月	谢斌
花都区气象局	2009 年 2 月—2012 年 7 月	徐永辉
花都区气象局	2012 年 7 月—2016 年 12 月	邓春林
花都区气象局	2016 年 12 月—2017 年 12 月	肖伟军

六、番禺区气象局

图 1-7　番禺区气象局旧预报室

1959 年 8 月，番禺县气象站为股级建制，隶属番禺县人民政府领导。1960 年 8 月，定名为广东省番禺县气象服务站，归属番禺县人民政府和佛山地区气象局领导。1970 年 11 月，气象站归属番禺县人民武装部与番禺县革委会双重领导，以武装部领导为主，业务归属佛山地区气象局管理。1973 年 6 月实行番禺县革委会和佛山地区气象局的双重领导体制。1975 年，划归广东省气象局领导，归广州市气象管理处管理。1982 年 12 月 29 日，批准成立番禺县气象局（正科级），并实现体制回收，由省气象局和县政府双重领导，以省气象局领导为主。1992 年 5 月，更名为番禺市气象局。1992 年 11 月，经批准，成立番禺市避雷设施检测所。2000 年 7 月 10 日，更名为广州市番禺区气象局（正处级），实行广州市气象局和番禺区人民政府双重领导的管理体制。

2003 年 1 月，番禺区气象局进行机构改革，设立了办公室、业务科、防雷减灾管理办公室，下设事业单位番禺区防雷设施检测所。2013 年 6 月，进行机构改革，内设办公室、观测预报科、防雷管理办公室、突发事件预警信息发布管理科（加挂应急减灾科牌子）；下设 1 个直属事业单位——番禺区防雷设施检测所（正科级）。2016 年 9 月，番禺区防雷设施检测所更名为广州市番禺区气象公共服务中心，调整相应职能。

1959—2017 年番禺区气象局负责人录

表 1-12

单位名称	时间	负责人
番禺县气象站	1959 年 6 月—1960 年 1 月	黎树辉
番禺县水文气象科（站）	1960 年 1 月—1960 年 3 月	黎树辉
广东省番禺县气象服务站	1960 年 4 月—1965 年 8 月	黎树辉
广东省番禺县气象服务站	1965 年 8 月—1971 年 3 月	罗进交
广东省番禺县气象站	1971 年 3 月—1981 年 1 月	邝良金
广东省番禺县气象局（站）	1981 年 2 月—1984 年 8 月	邝良金
广东省番禺县气象局（站）	1984 年 8 月—1990 年 8 月	邝良金
广东省番禺县气象局（站）	1990 年 8 月—1992 年 4 月	区达铭

续表 1-12

单位名称	时间	负责人
广东省番禺市气象局（站）	1992 年 5 月—2000 年 6 月	区达铭
广州市番禺区气象局（台）	2000 年 7 月—2001 年 5 月	区达铭
广州市番禺区气象局（台）	2001 年 5 月—2002 年 2 月	朱建军
广东省广州市番禺区气象局（台）	2002 年 4 月—2006 年 5 月	朱建军
广东省广州市番禺区气象局（台）	2006 年 5 月—2017 年 12 月	张锦华

七、南沙区气象局

图 1-8　2003 年 5 月成立南沙气象工作组

2003 年 5 月 19 日，市气象局派出数名业务骨干组成广州市气象局南沙工作组，开始为南沙的开发建设提供预报服务。2006 年 3 月，广州市南沙区机构编制委员会同意成立广州市南沙区气象局（台）。2006 年 5 月，广州市南沙区机构编制委员会印发《关于转发〈广州市南沙区气象局职能配置、内设机构和人员编制方案〉的通知》。2008 年 10 月，经广东省人事厅批准，广州市南沙区气象局被列为参照公务员法管理单位。2017 年 9 月 14 日，根据市编委《关于广州市南沙区气象局加挂广州市南沙区突发事件预警信息发布中心牌子的批复》同意，广州市南沙区气象局加挂广州市南沙区突发事件预警信息发布中心牌子，不再挂广州市南沙区气象预警信号发布中心牌子。

2003—2017 年南沙区气象局负责人录

表 1-13

名称	时间	负责人
广州市气象局南沙工作组	2003 年 5 月—2006 年 4 月	朱建军
广州市南沙区气象局	2006 年 5 月—2012 年 7 月	朱建军
广州市南沙区气象局	2012 年 8 月—2012 年 11 月	郑明辉
广州市南沙区气象局	2012 年 12 月—2016 年 7 月	林继生
广州市南沙区气象局	2016 年 8 月—2016 年 12 月	郑明辉
广州市南沙区气象局	2016 年 12 月—2017 年 12 月	钱湘红

八、从化区气象局

1958 年 10 月，从化县气象站成立，站址在从化县西北郊沙垅埔。1960 年 3 月，更名为从化县气象服务站。1962 年 8 月 1 日，迁至从化县棋杆公社南村附近，更名为广东省气象局农业气象试验站。1964 年 1 月 1 日，由从化县棋杆公社南村迁回从化县西北郊沙垅埔，更名为广东省从化县气象服务站。1969 年 2 月，更名为从化县农林水管理服务站，1969 年 11 月，更名为从化县农林水战线革命委员会气象站。1970 年 11 月，更名为广东省从化县气象站。1975 年 8 月至 1978 年 12 月，全县建立较正规的公社气象哨 8 个，直到 1985 年全部停止活动。1981 年 3 月，从化县气象站更名为从化县气象局。1994 年 4 月，从化县气象局更名为从化市气象局。2007 年 1 月 31 日，从化市气象局搬迁至从化市江埔街江头村，站址为从化市环市东路 232 号。2008 年 1 月 1 日，新观测场启用，观测场面积为 25 米 × 35 米。2016 年 4 月，从化市气象局更名为广州市从化区气象局，地址更改为广州市从化区江埔街环市东路 828 号。

图 1-9　从化区气象局旧办公楼

图 1-10　从化区气象局旧业务楼

1958 年 10 月建站至 1958 年 12 月，由广东省气象局领导。1958 年 12 月，改由从化县人民委员会和佛山专区水利处水文气象科双重领导。1960 年 6 月，改由从化县人民委员会和广州市农林水利局气象科双重领导。1962 年 7 月，改由广东省气象局领导。1964 年 1 月改由从化县人民政府和广东省气象局双重领导。1969 年 1 月，改由从化县农林水利战线革委会领导。1971 年 1 月，改由从化县人民武装部领导。1973 年 10 月，改由从化县人民政府和广州市天河观测站双重领导。1975 年，改由从化县人民政府和广州市农林水利局气象科双重领导。1976 年，改由从化县人民政府和广州市气象台双重领导。1980 年，改由从化县人民政府和广州市气象管理处双重领导。1985 年 10 月，改由广州市气象局和从化县人民政府双重领导，以广州市气象局领导为主。1994 年 4 月，改由广州市气象局和从化市人民政府双重领导，以广州市气象局领导为主。2015 年 8 月，改由广州市气象局和广州市从化区人民政府双重领导，以广州市气象局领导为主。

1958—2017年从化区气象局负责人录

表 1-14

名称	时间	负责人
从化县气象站	1958—1961 年	冯榕林
从化县气象站	1961—1962 年	戴树荣
广东省气象局农业气象试验站	1963—1964 年	郝晓权
广东省从化县气象服务站	1964—1968 年	潘春蔼
从化县农林水管理服务站	1969 年 2 月—1969 年 11 月	徐沛昌
从化县农林水战线革命委员会气象站	1969 年 11 月—1970 年 11 月	徐沛昌
广东省从化县气象站	1970 年 11 月—1974 年 2 月	徐沛昌
广东省从化县气象站（从化县气象局）	1974 年 4 月—1984 年 11 月	林秋南
从化县气象局	1984 年 11 月—1987 年 11 月	钟广成
从化县气象局	1987 年 11 月—1991 年 1 月	谢国材
从化县气象局	1991 年 1 月—1994 年 4 月	李绪谦
从化市气象局	1994 年 5 月—1995 年 11 月	李绪谦
从化市气象局	1995 年 11 月—2003 年 2 月	巢汉波
从化市气象局（台）	2003 年 2 月—2016 年 4 月	罗靖民
广州市从化区气象局（台）	2016 年 4 月—2017 年 12 月	罗靖民

九、增城区气象局

1958 年下半年筹建增城县气象站，站址位于增城县荔城镇西郊。12 月 1 日正式开始观测记录及做报表。1989 年，开始建设增城国家基准气候站。1990 年 1 月 1 日新观测场搬迁至原观测场北面约 250 米处并正式投入使用，其经纬度没有变化，观测场海拔高度为 8.8 米。1991 年 5 月，位于增城市荔城镇新汤村附近的新办公楼落成并投入使用。1993 年 12 月 8 日，增城县撤县设市，增城县气象局更名为增城市气象局。1995 年，因城市发展，观测场已不符合《地面气象观测规范》要求，经上级批准，增城国家基准气候站搬迁至荔城镇棠村。2000 年 12 月 31 日 20 时起正式投入使用。2003 年气象系统机构改革后，更名为增城市气象局（台），机构规格为县级市正局级（正科级）。2005 年 11 月 22 日，局办公地址搬迁至增城市荔城街通园路 4 号。

2015 年 8 月 23 日，经广东省气象局同意，增城市气象局正式更名为广东省广州市增城区气象局。2016 年，广州市增城区气象局机构规格升为正处级。

图 1-11　1991 年，位于增城市荔城镇新汤村附近的办公楼

图 1-12　2000 年，位于荔城镇棠村的增城国家基准气候站投入使用

1958 年，成立增城县人民委员会气象站，隶属增城县人民委员会。1960 年，更名为增城县气象服务站，业务管理归广州市农林水气象科负责。1962 年 8 月 1 日起，由省气象局和增城县人民委员会双重领导，以省气象局领导为主，更名为增城县气象站。1969 年 3 月，增城县气象站体制下放，归属增城县革委会领导，与水文站合并，更名为增城县气象水文服务站。1970 年 11 月起，归属增城县人民武装部与增城县革委会双重领导，以部队领导为主。1971 年，增城县气象水文服务站改归增城县革委会建制，更名为增城县气象站，业务管理以省气象局为主。根据省政府，1982 年 12 月成立增城县气象局，由省气象局和县政府双重领导，以省气象局领导为主。1990 年 1 月 1 日起，更名为增城国家基准气候站。1990 年，为了加强防雷减灾管理工作，增城县机构编制委员会发文（增编〔1990〕28 号）成立增城市避雷设施检测所。1993 年 12 月 8 日，增城县撤县设市，增城县气象局更名为增城市气象局。2003 年 12 月，根据增城市机构编制委员会文件（增编〔2003〕28 号）的要求，完成机构改革，更名为增城市气象局（台），机构规格为县级市正局级（正科级），内设办公室、业务科、防雷减灾管理办公室 3 个股级机构；下设直属事业单位（股级）——增城市避雷设施检测所。2012 年 12 月，经增城市机构编制委员会批准（增编〔2012〕43 号），事业单位分类改革后，增城市避雷设施检测所为增城市气象局所属公益一类正股级事业单位。2015 年 8 月 23 日，根据省气象局批复（粤气复〔2015〕126 号），增城市气象局更名为广东省广州市增城区气象局。2016 年 4 月 21 日，经增城区机构编制委员会发文（增编〔2016〕22 号）批准，实行以上级气象主管机构为主与广州市增城区人民政府双重领导的管理体制，机构规格为正处级，内设办公室、气象灾害防御管理办公室、观测预报科、防雷减灾管理办公室 4 个机构；加挂广州市增城区气象台牌子；广州市增城区避雷设施检测所更名为广州市增城区气象公共服务中心，为区气象局下属公益一类正科级事业单位。2017 年 4 月 25 日，经增城区机构编制委

员会发文（增编〔2017〕43号）同意，区突发事件预警信息发布的有关工作任务划转到区气象局下属事业单位区气象公共服务中心承担，区气象公共服务中心加挂区突发事件预警发布中心牌子。

1958—2017年增城区气象局负责人录

表1-15

姓名	职务	任职时间
张文淦	站长（水利局副局长兼任）	1958年11月—1959年6月
高自坚	站长	1959年6月—1961年7月
潘　成	副站长	1961年8月—1962年8月
黎国添	主持工作	1962年8月—1964年10月
叶达强	站长	1964年10月—1970年8月
汤来发	站长	1970年8月—1971年8月
何秋强	站长（副局长）	1971年8月—1985年8月
何秋强	局长	1985年8月—1994年9月
姚怀萱	局长	1994年9月—1996年8月
杨康基	局长	1996年8月—2003年3月
徐永辉	局长	2003年3月—2005年3月
谢　斌	局长	2005年3月—2006年5月
李　斌	局长	2006年6月—2009年3月
王和权	副局长（主持工作）	2009年3月—2012年10月
王和权	局长	2012年10月—2017年12月

第五节　气象学会

一、市气象学会基本信息

市气象学会成立于2008年12月23日，是由广州地区从事气象工作和研究的科学技术工作者自愿参与组成的学术性非营利社会组织，共有会员近300名。市气象学会接受业务主管单位——市气象局、市民政局（社团登记管理机关）的业务指导和监督管理。2009 年 12 月 16 日，学会 4 个分支机构（气象科普委员会、天气气候专业委员会、雷电和施放气球安全防护委员会、信息与探测技术委员会）获市民政局批准成立。自 2008 年成立以来，市气象学会在气象学术活动、科普宣传、教育培训、技术服务、刊物出版、承接政府转移的社会管理职能、项目论证评估、成果鉴定、表彰奖励、从业资格认证等方面开展了大量工作。

二、气象学术交流情况

每年均举办学术交流暨汛期服务总结会。会后对学术交流论文进行评选，编印学术交流文集。2014 年汇集会员 1997—2014 年在专业学术期刊发表的论文，印刷出版《广州市气象部门学术论文汇编》，并对科技论文进行评奖。所有学术交流文章、科研项目简介都上传到学会网站“论文汇编”“科研汇聚”栏目，供会员学习参考。

成功举办高端学术交流会。2008—2012 年，市气象学会与市气象局业务处室共同举办 3 次市气象部门的学术交流会。2016 年 9 月 28 日在广州大厦举办城市内涝气象防灾减灾服务研讨会，邀请国家气候中心、香港特别行政区、北京、上海、广东及深圳、广州的气象专家分享城市内涝成因、气象预警防灾减灾建设上取得的成功经验，并就未来大城市如何应对内涝等气象灾害做深入的研讨。

举办其他交流活动。自 2016 年开始，每月邀请各行业的专家为会员作讲座。2012 年 8 月 29 日举办市气象行业测报技能竞赛以及广州市第二届气象行业公共服务技能竞赛。多次为市三防办提供气象防灾减灾技术咨询服务，为市水务研究所提供流溪河流域气象防灾减灾技术咨询服务等。

三、教育培训活动

2010 年 9 月 15 日，《广州市人民政府关于公布保留取消调整行政审批备案事项的决定》（市政府令第 38 号）公布实施，明确规定“升放无人驾驶自由气球、系留气球单位资质认定”项目属市气象学会实行行业自律管理的行政许可事项。2011 年 3 月 14 日，市气象学会成立市施放气球资质评审委员会。2012 年 4 月，与市防雷办共同制定了《广州市施放气球资质申请须知》。市气象学会与市防雷减灾办公室联合举办 3 期施放气球资格培训班和考试，共有 91 名人员接受了培训，其中 50 名学员考试合格获得市气象学会颁发的“施放气球资格证书”。

四、气象科普宣传

市气象学会以市气象科普基地为依托，采取“迎进来，走出去”的方式，充分发挥网站、移动终端、微博、微信等新媒体的作用，开展线上、线下相结合的气象

图 1-13　2016 年 5 月 21 日，市气象局、市气象学会在市气象科普教育基地联合举办年度科技活动周气象科普宣传活动

科普宣传活动，每年气象科普直接受众达 2 万多人次。市气象科普教育基地被评定为“全国气象科普教育基地”“广东省科普教育基地”“广州市科学技术普及基地”“广州市直属机关关心下一代教育活动基地”。市气象部门被市科协评为 2015 年、2016 年广州基层科普工作先进集体。

（1）打造气象科普品牌活动。2010 年 5 月 15—16 日，市气象学会协助市气象局参加由市科技和信息化局在广东科学中心室内展馆举办的 2010 年广州科技活动周科技亚运成果展。2011 年 5 月 10 日，市气象学会派代表出席在市人民公园南广场举行的 2011 年广东省暨广州市“防灾减灾日”宣传周活动启动仪式。自 2012 年开始，市气象科普教育基地多次举办世界气象日、科技活动周、全国科普日等大型有影响力的科普宣传活动，承办市科协组织开展的“广州科普游自由行”“广州科普一日游”“科普大讲堂”“社区全民科学素质知识竞赛”等多项活动。

（2）气象科普进校园活动。赴 47 中、98 中、宝玉直实验小学、汾水中学、5 中、41 中、南沙东涌中学、97 中、广州市少年宫、海珠区少年宫、华南碧桂园翠云山幼儿园、广州军区联勤部幼儿园、广州市第二幼儿园等中小学、幼儿园开展气象科普宣传进校园活动。举办海珠区初中学生气象与生活科普知识竞赛，与协和中学、第 97 中学开展全国独创的校园气象探究活动。

（3）气象科普信息化。建设市气象学会网站，提供丰富的气象科普内容资源和有趣的线上互动活动。网站设有科普知识、气象人文、微谈天气、综观天下、科普视频、各地撷英等栏目，还设置“科普基地参观预约”“专家科普讲座预约”“微信功能体验”“知识竞赛”“每日竞答”“互问互答”“满意度调查”“基地活动问答”“网站建议”“科普游戏”“随手拍图”“作品分享”等互动栏目。在 2016 年世界气象日活动期间，利用该网站举办南沙东涌中学气象知识竞赛、47 中气象科普活动现场摄影作品比赛、市少年宫红领巾成长小记者活动新闻稿比赛。

（4）开发气象科普互动游戏。结合中小学课本内容，开发十多个互动项目，包括地球五带知识竞答、气象知识飞行棋游戏、中国地理知识大比拼、广州气候规律玩玩学、二十四节气竞猜、气象天气成语填空、降水等级飞镖乐、天气小主播、100道现场气象知识有奖问答题等。

（5）编写气象科普资料。2011 年 12 月 1 日，市气象学会订制了 80 块气象科普宣传展板，为今后开展气象科普宣传活动做好准备。编写《小学生参观科普基地答题文案》，制作“气象科普知识有奖问答”PPT 文件，编制《广州市气象监测预警中心建筑设计特点简介》，拍摄《屹立大地的智慧》科普宣传片。制作《广州气象宣传册》《广州天气微信使用宝典》《学生课程表》等。为广州市急救医疗指挥中心编写《广州地区急救医疗指挥调度员培训教材》。根据公众关注热点编写制作了“什么是低碳生活”“拒绝‘锁在车里’酿成的悲剧”“看到这些信号别忙着去学习”等气象科普知识展板。

第二章 气象规划

2001—2017 年，市气象局在全面研究广州气象事业发展的全局性、前瞻性、关键性重大问题基础上，认真谋划一系列重大工程项目、重大政策和重大改革举措，共组织制定三个长期规划，分别为：2004 年制定出台的《广州市气象建设方案》，该方案实施周期为2005—2007 年；2011 年制定出台的市气象事业发展“十二五”规划，以及 2016 年制定出台的“十三五”规划。这些方案、规划的制定及出台实施，对于做好较长时期气象工作具有重要的指导意义，成为指导未来数年气象事业发展的纲领性文件。

第一节 广州市气象建设方案

一、出台背景

21 世纪初，广州市气象基础设施建设相对滞后，灰霾、浓雾监测和气候变化监测等方面都还停留在较低的水平，与香港、北京、上海等城市相比存在较大差距，这与广州社会经济发展的要求很不适应，与广州市作为国际化大都市的地位极不相称。2004 年 4 月，市气象局联合市计委（市发展改革委前身）、财政局、农业局的领导和专家，赴上海、浙江等地调研后即组织编写了《广州市气象建设方案》。同年 9 月 23 日，市气象局在广州举行了《广州市气象建设方案》技术论证会。该方案建设周期为 3 年。随着方案建设任务的完成，市气象部门的台站面貌、服务面貌、业务面貌等都实现了跨越式进步，气象部门在老百姓和政府各部门中的形象得到极大提升。

（一）落实“十项民心工程”的需要

2003 年 5 月 17 日，中共中央政治局委员、广东省委书记张德江同志在获悉广东省部分地区遭受暴雨袭击后，立即批示：“要建立健全气象、水文预报体系，把可能发生的灾害性天气和水文情况及时通报有关地区，让这些地区的各级领导和群众及时做好预防工作。”为此，省政府和市政府都将加强气象防灾减灾能力建设作为实施“十项民心工程”的一项重要内容。

（二）提高城市防灾减灾能力的需要

随着社会经济的不断发展，气象灾害影响日益严重。以台风为例，1950 年以来，登陆珠江三角洲地区的台风平均每年有 1.2 个。2003 年的“杜鹃”台风在正面登陆广州南沙地区时，阵风超过 12 级，一些建筑物屋顶被狂风掀翻，大树被连根拔起，香蕉地成片被毁，经济损失 4.3 亿元。1996 年 9 月登陆广东吴川市的 9615 号台风造成粤西 6 市 930 万人受灾，死亡 216 人，倒塌房屋 26.8 万间，农作物受灾面积 44.4 万公顷，直接经济损失 175.7 亿元。为了减轻广州遭受类似“杜鹃”和 9615 号这样的强台风袭击的损失，必须加强气象基础设施的建设和气象服务网的建设，进一步提高台风登陆地点、登陆时间和台风带来的风雨预报的准确度，更有效地将台风预警信号传送到千家万户、各行各业。

（三）加强为城市发展和市民生活服务的需要

2002—2004 年，随着广州新一代天气雷达系统和城市自动气象站投入使用，天气预报预警的准确率有了一定程度的提高。但政府和公众对气象预报的要求也日益增高，对日常天气预报“定时、定点、定量”的要求也更加迫切。为了更好地满足政府和社会对气象预报服务的各种需求，广州市迫切需要加强气象基础设施建设，以获取更多、更全面的气象信息资料，用于气象监测和预报服务工作。

（四）改变广州市气象基础设施落后现状的需要

1. 历史原因造成广州气象基础设施建设相当落后

市气象局的前身是 1985 年 10 月 26 日省气象局设立的“广州市气象管理处”，多年来一直作为省气象局下属的一个处级单位，负责广州地区所辖气象台站的业务管理工作。市本级气象机构没有独立的防灾减灾服务实体，也没有独立的业务值班场所，为广州市党政机关、经济建设和市民的气象服务工作一直由省气象台代为承担。这种建制阻碍了广州地区气象现代化建设的布局和发展，制约了业务服务工作有针对性地开展，满足不了市委、市政府指挥防灾减灾的需要，也满足不了人民群众日益提高的生活质量对气象信息的需求。中央机构编制委员会在中编发〔2001〕1 号文中明确：省和副省级市分别设立气象管理机构，地方气象由地方政府投入。按照这一要求，市机构编制委员会也发文明确广州市气象局为广州市正局级单位，作为市政府主管气象工作的部门，要求加大对气象事业的投入，充分发挥气象部门在社会经济发展和防灾减灾等工作中的作用。截至 2004 年，市气象局机关和直属单位的机构改革工作已全部完成，但市气象局尚没有自己独立的业务值班场所，气象探测设备也落后于国内其他大城市，这对发展广州市气象事业非常不利。

2. 广州气象建设落后于国外和国内其他大城市

经济社会越发展，气象工作的重要性就越显著，这已经成为人们的共识，经济发达国家和地区都十分重视气象基础设施建设。如美国和日本，都拥有空间分布密集的天气监测网和快捷的信息处理能力与高速的信息通信网络，这为气象部门向政府和公众做好高质量的气象灾害监测和预报服务提供了强有力的支持。

2000 年开始，上海市气象局在地方政府的大力支持下，投资建设了多普勒天气雷达、边界层风廓线仪等大气探测设备，还建设了用于气象信息加工处理用的超级计算机和台站间的远程可视会商系统。上海市政府在 2004—2007 年投资建设上海气象科技园和上海海洋气象台，还购置 2 部对流层风廓线仪、1 部激光雷达，并对上海市气象局环境进行全面改造。

北京等地在当地政府的大力支持下，气象事业也同样得到了很大的发展。而广州市气象部门的建设现状与广州社会经济地位相比则显得不相称。广州市无探空雷达和风廓线仪，大气能见度、雾、霾和雷电的监测仍停留在很低的水平上，业务上仍在使用人工耳听目视的方式和 20 世纪 50 年代的规范，这与广州市作为国际化大都市的地位极不相符。

气象作为基础性公益事业，自身拥有的各种资源与产品主要用于向党政机关提供决策服务和向社会提供公益服务，而不是进入市场取得回报，因而若要改变广州市气象部门基础设施落后的局面，需要政府加大对气象的投入力度。

二、内容特色

按照广州市委、市政府在实施“十项民心工程”中提出的加强气象防灾减灾能力建设的要求，气象建设分为风雨监测网、灰霾和雾监测网、雷电监测网、气候监测基地和气象预警中心 5 个部分。

（一）风雨监测网

基于广州市的风雨监测网建成后，首先，将大幅度改善广州市探空资料的严重不足，提高探空监测的自动化水平，为广州市天气预报提供重要的本地高空气象信息资料；其次，可以在空间和时间上实现对天气系统的加密观测，有效增加地面观测资料的信息量，为开展短时强对流天气预报、发布高温预警信号和加强农业气象服务打下坚实基础；最后，还将为广州市委、市政府的重大庆典、大型体育赛事、大型户外展览等活动提供更有效的第一手现场气象信息资料，更好地为各项大型户外活动提供气象保障服务。

（二）灰霾和雾监测网

灰霾和雾监测网能监测大气能见度的变化以及大气边界层中逆温层的变化，为城市能见度和雾、霾的监测预报提供条件。

（三）雷电监测网

广州是雷暴高发地区，雷电灾害事故频繁发生，建成雷电监测网后，将开展雷暴监测、预警业务，使得广州市防雷减灾安全生产工作再上一个新的台阶。同时，该监测网可以对雷电灾害调查、火灾起因调查等提供参考资料。

（四）气候监测基地

在广州市郊区建设广州气候监测基地，既是广州市区城市热岛的对比站，又是广州区域太阳能和风能资源随高度变化的参考站，也是广州区域各类卫星遥感资料的校准站。通过集中管理各项气候监测、陆气和近地层热量、水汽通量观测等业务，发挥在区域气候变化监测、气候资源利用等方面的综合功能。

气候监测基地的建立便于观测设备的整合、统一通信线路、提高投资和工作效率，也便于随着社会、经济需求的增长增设新的观测设备和开展新的业务。

（五）气象预警中心

围绕提高天气预报准确率这一目标，完善现有的预报服务流程，建立适合广州地区的精细化天气预报服务系统，包括台风、短时强降水、雷雨大风、高温预报业务系统和气象资料数据库等；解决气象信息的通信、监控、存储等问题。

预警中心建成后，将大大提高广州市对灾害性天气的预报预警水平，为政府防御气象灾害提供更加精细的气象服务产品；同时，气象预警中心也将是广州气象部门防灾减灾的业务中心和通信枢纽，也是对外发布天气气候信息的窗口。

第二节　市气象事业发展“十二五”规划

一、出台背景

根据《国务院关于加快气象事业发展的若干意见》《珠江三角洲地区改革发展规划纲要（2008—2020年）》《广东省气象事业发展“十二五”规划》《广州市国民经济和社会发展“十二五”规划》《中共广州市委 广州市人民政府关于学习贯彻汪洋同志视察广州防汛排涝和治水工作重要讲话精神的意见》等编制市气象事业发展“十二五”规划，是“十二五”时期全市气象事业发展的战略性、综合性专项规划。

（一）突发气象灾害应急响应机制有待完善

气象防灾减灾和公共气象服务能力与建设国家中心城市的需求不相适应，公共服务的针对性、时效性、覆盖面尚不能满足经济社会发展日益增长的需求。由于全球气候变暖导致极端气候事件频繁发生，如2008年低温雨雪冰冻灾害，广州地区连续出现了长时间的低温寒冷和连阴雨天气过程，给城市运行、人民生活造成极大影响；2010年汛期发生多次暴雨天气过程，引发了城市内涝、泥石流等严重的自然灾害。特别是“5・7”特大暴雨，雨量之多、雨强之大、范围之广为历史罕见，远远超过广州的排涝能力，造成了影响严重的“水浸街”“水浸车”事件。虽然气象部门及时发布了较为准确的预报预警信息，但是由于突发气象灾害应急响应机制不够完善、气象预报预警信息传播渠道存在“瓶颈”、应急处置能力薄弱等，影响了气象服务效益的发挥。

（二）提高机构建设的整体水平任重道远

气象灾害及其衍生灾害的监测、预报预警水平与其他国家中心城市相比存在差距。由于广州市气象局成立时间短，与其他国家中心城市相比，在气象灾害监测、预报预警能力等方面存在较大的差距。气象预报准确率和精细化水平尚不能满足科学防灾减灾的需要，无缝隙、精细化预报预测业务体系有待进一步完善，数值预报释用能力需进一步提高。如“5・7”特大暴雨过程明显存在预报的量级偏小、精细程度不高，预警的提前时间不够长、针对性不强等问题，上述矛盾的化解都必须紧紧依靠加强机构建设。

（三）综合气象观测系统有待强化

综合气象观测网的密度及布局、自动化观测水平和多种观测数据的综合应用尚不能满足精细化、个性化预报服务发展的需求。广州市虽然已建有自动气象观测站225个，但仍未实现每个街镇均有布设的目标，特别是一些重要区域，如人口密集区和地质灾害易发区仍未完成自动气象站的建设任务，因此不利于在空间上对暴雨、强对流等天气进行连续监测；云量和云高、雨强等尚不能实现自动观测；雷电、闪电定位、电场仪、风廓线、GPS/MET水汽总量以及为广州“天更蓝”提供技术支撑的大气化学成分监测等尚属起步阶段；气象数据质量控制体系尚不够健全和完整；技术和装备保障体系有待进一步健全；气象探测环境保护的形势严峻。

（四）气象灾害防御联动机制有待建立

气象灾害防御是一项复杂的系统工程，只有建立起分工明确、责任落实、高效联动气象灾害防御体系，才能有效地减少气象灾害造成的损失。截至“十一五”末，海珠、荔湾、越秀、天河、黄埔区未设置相应的气象管理机构。此外，由于社区、街道等末端环节没有设置相应的气象信息员和责任人，在各级气象部门发布了预警信息后，无法及时传递至城乡居民并实现自防自救，必须加快市、区（县级市）、街镇、社区四级联动体系建设。

二、内容特色

（一）完善公共气象服务系统，努力实现更优质服务

建成功能比较完备的公共气象服务体系，提高公共气象服务质量，提供优质公共气象服务，打造国家中心城市公共气象服务品牌。加快气象预报服务系统建设，制作更加精细化、更有针对性的预报服务产品。发展气象灾害专业业务系统，重点是城市内涝（水浸街）预警和风险评估系统、地质灾害预警系统和都市农业气象服务系统等。分灾种开展城市气象灾害风险评估和风险区划以及高影响天气对城市运行及重大活动的影响过程分析与评估业务。

构建和完善农业气象监测体系，加快农业气象观测自动化能力建设，加强都市农业、休闲观光农业气象服务；加强农业气象灾害监测、预警、评估、防御系统建设，切实提高气象为农服务能力和效益。加强天气高敏感、高影响行业（交通、水务、环境、建设等）的气象条件监测预警服务。开拓海洋气象保障服务领域，提高海洋气象保障服务能力。制定气候可行性论证和气象灾害风险评估等非行政许可事项审批条件和程序，依法推进气候可行性论证和气象灾害风险评估工作的有序开展。

（二）构建先进预报预测系统，努力实现更准确预报

依托气象基本业务系统，引进或开发先进预报预测系统，构建无缝隙、精细化气象预报预测体系，大力提高气象预报预警准确率，努力实现天气预报更准确。加强中尺度气象信息的综合分析，特别是发挥雷达、卫星、自动站、风廓线、GPS/MET 等资料在短时临近预报中的作用，提高中尺度系统的分析、预报能力；加强各种数值预报产品的综合应用，提高定量预报能力；继续优化广州城市精细化预报业务平台，提高分区定量预报的能力；开发中尺度气象信息综合分析工具，发展强对流（强降水）专业业务平台，提高强天气发生地点、强度、持续时间等预报能力，使预报预警时效更提前；不断改进集约化的综合业务平台，提高业务系统和业务产品的可用性；加快预报员队伍成长步伐，通过对重大灾害性天气过程的研究和总结，把握天气气候变化的内在规律，提升预报员的预报能力；优化预报业务流程，提高预报工作的效率。

（三）优化综合气象观测系统，努力实现更提前预警

建设布局合理、自动化程度高、稳定可靠的覆盖广州全市的综合气象观测系统，提高对灾害性天气的监测能力，努力实现灾害性天气预警更提前。建设和完善区域自动气象站网、大气成分监测网和移动气象观测系统；加强地基的垂直探测，加密雷电监测站和 GPS/MET 水汽总量探测站，升级改造广州天气雷达和风廓线仪，提升中小尺度天气系统的短时预报能力；优化区域自动气象站布局，增强站点的代表性，在气象灾害高风险区、旅游区、交通道路等重点区域加密站点，逐步更新 2005 年以前建设的区域自动气象站，提高灾害天气的临近预警能力；全市遥测站实现观测自动化并改成

双套运行，提高观测准确度和运行稳定性；完善专业专项观测系统，开发暑热压力仪，加强大气成分、温室气体观测，为城市气象服务提供专项数据；加强观测系统的监控，建设与自动化观测业务发展相适应的综合观测应用系统，建立观测数据统一收集、处理和共享平台，强化观测数据质量控制和数据融合，充分发挥观测系统的效益；完善气象灾害应急移动系统；开展海洋气象监测；完善技术装备保障体系，建立专职设备维护队伍，推进社会公司参与装备的维护，提升气象技术装备保障能力。

（四）提高应对气候变化能力，努力实现广州“天更蓝”

开展温室气体监测、碳排放估算业务系统建设；大力配合有关单位共建广州应对气候变化工作综合协调平台；积极参与低碳经济发展规划编制、低碳发展体制机制研究，为广州转变经济发展方式、发展低碳经济提供更有力的气象科技支撑。引进或开发气候变化影响评估方法和模型，开展气候变化对城市能源、交通、电力、农业等的影响评估；建设气候可行性论证业务系统，开展气候可行性论证和气象灾害风险评估工作，满足城乡规划、重点领域和区域发展规划、建设的需要。依托广州番禺大气成分观测主站建立广州区域大气成分中心站，增加温室气体、气溶胶等大气成分监测设备；建设广州区域大气成分预报预警平台，完善区域灰霾天气的监测、预报、预警、评估体系；加强部门合作，积极探索缓解极端不利气象条件的措施，努力实现广州“天更蓝”。

（五）完成应急发布系统建设，努力实现更迅速发布

根据《广州市突发事件信息发布管理规定》，构建权威、畅通、有效的覆盖全市的突发事件信息发布系统，实现更迅速发布全市突发事件预警信息和突发事件处置信息。通过打造广州特色的中国气象频道，建立视频媒体气象信息制作发布综合平台，优化广州气象预报预警信息网站，构建基于网络的互动天气社区网站，在人员密集场所增设气象信息显示屏，开通官方微博发布气象信息，与通信部门建立快速通道增强短信发送能力，加密与电台连线直播，开通气象预报预警信息咨询电话等，进一步提高气象灾害预警信息的时效性和覆盖面。

完善《广州市突发事件信息发布管理规定实施办法》，进一步规范全市突发事件信息的发布，明确发布流程、落实发布责任，保障公众知情权，最大限度地预防和减少突发事件的发生及其造成的危害，维护公共安全和社会稳定。

（六）加强气象法规体系建设，努力实现更有效联动

加快《广州市实施〈气象灾害防御条例〉办法》的立法工作，编制气象灾害防御规划，修订《广州市气象灾害应急预案》，明确气象灾害防御工作中各级政府、职能部门及社会公众职责，努力实现防御应对气象灾害更有效联动。加强与技术标准主管部门的联系和相关部门的合作，加快制定各类气象灾害和极端天气气候事件的监测、评估、工程防护设计的标准、技术规程和规范。

充分发挥广州市气象灾害应急指挥部作用，完善“政府主导、部门联动、社会参与”的气象灾害防御工作机制。重点加强与水务部门、国土部门、环保部门、农业部门的联动，推进信息共享、预报预警会商、人员交流、科技合作常态化；与广州市政府推进街道、社区服务管理改革创新相结合，积极创建气象安全社区（村），加强气象信息员、气象灾害防御责任人队伍建设，建立健全气象灾害应急管理体制机制，完善气象应急服务链。

（七）提高科技和人才软实力，努力实现可持续发展

加强气象科技创新体系和气象人才体系建设，促进广州气象事业持续发展。组建定位为技术开发型的气象科研机构——广州气象预报预警技术研发中心。以市、区（县）级业务单位为基础，组建科技创新团队，造就一批具有较高水平的学术带头人。加强对各种先进实用技术、成果的引进、吸收、消化。从机制上鼓励科研和业务单位分工协作，气象科研成果向业务服务转化。积极推动多部门间的合作，大力推进技术支撑和技术集成工作。加强气象科技项目规范化管理，加强专利申报、软件登记和标准制订。完善人才激励机制，加大人才吸引力度，建设一支适应现代气象业务发展需要的学科带头人、业务科研骨干人才和高素质领导人才队伍。

（八）加强基层基础设施建设，努力实现更有力保障

建立越秀、荔湾、海珠、天河、黄埔等5区气象管理服务机构，健全市、区（县）、街镇、社区（村）四级联动机制。改造增城、萝岗、番禺国家气象站。加强包括局域网、广域网、网络交换机、防火墙和网络数据库服务器、网络运行监测和保障系统等的业务信息网络建设，形成安全稳定、实时传输、快速处理的业务信息网络环境。建设气象信息数据中心和气象高性能计算机系统，提高数据处理和共享能力。继续推进广州气象预报预警技术研发中心、广州市防雷产品测试中心、气象防灾减灾科普基地等广州气象预警中心二期工程建设，为气象事业发展提供更稳固保障。

第三节　市气象事业发展“十三五”规划

一、出台背景

根据《广东省气象灾害防御条例》《中国气象局 广东省人民政府全面推进气象现代化合作备忘录（2016—2020年）》《广东气象发展“十三五”规划》《广州市城市总体规划（2011—2020年）》《广州市国民经济与社会发展第十三个五年规划纲要》《广州城市气象防灾减灾和公共气象服务体系建设方案》和《广州市贯彻落实〈广东

省全面深化气象管理体制改革实施方案〉细则》等编制市气象事业发展“十三五”规划，是“十三五”时期广州气象发展的指导性文件与行动纲领。

（一）气象服务保障能力与国家重要的中心城市地位不相适应

气象服务能力与经济社会和人民群众日益增长的需求不相适应的矛盾依然存在，城市气象服务体系还不能满足广州作为珠江三角洲城市群中心以及国家重要中心城市的需求。龙卷、冰雹等小尺度灾害性天气监测预警能力不足。城市安全运行对气象影响预报及风险预警服务的需求日渐突出，科学发布台风、暴雨等预警信号，有效保障交通安全、城市内涝、空气质量的能力需进一步提高。

（二）气象现代化实力与世界先进水平仍有差距

广州极端天气气候事件监测、预报和预警等能力还不够，短时强对流监测预报准确率和时效性需要提高，天气预报精细化程度距离精准、精确的要求还较远。气象核心业务技术与国际先进水平的差距比较明显。气象预报关键性技术的发展创新、新技术的应用还不能满足社会对气象预报的需求。气象人才队伍与气象现代化的要求不相适应，整体人才队伍素质与能力还有差距，高层次人才和领军人才不足。

（三）气象事业协调有序发展的体制机制有待完善

气象法规以及标准化建设工作滞后于新常态下社会经济发展的新需求，大城市气象灾害防御管理不够完善，自贸试验区气象服务等体制机制还未建立。气象业务科技体制与现代信息技术、创新驱动发展不相适应。气象行政管理机制体制障碍与全面正确履职的矛盾依然突出，急需通过全面深化气象改革加以解决，激发内生动力，更加科学融入广州经济社会发展大局。

二、内容特色

（一）提升核心业务技术支撑能力

1. 优化城市气象智能观测系统

在全省率先完成云量、能见度、天气现象、日照等气象要素观测自动化。完善广州（黄埔）综合探测基地建设。完善风廓线雷达和微波辐射计监测网，新建小尺度天气雷达网和南沙自动探空系统，增加城市边界层梯度观测和龙卷视频监控点，完成广州双偏振雷达和自动气象站网升级，初步形成大城市龙卷、冰雹等小尺度灾害性天气立体监测网，实现每 6 分钟风、温、湿观测廓线产品。健全都市、农村和海洋生态气象观测以及环境、交通、旅游、人体健康等专业气象观测系统，建设花都交通枢纽安全气象观测基地。发展气象智能观测体系，应用物联网、穿戴技术、云技术，增强城市大气体征获取能力。开发全市统一的实时在线观测监控平台和观测装备智能系统。建立观测资料敏感试验平台，提高资料的质量控制水平。

2. 发展基于数值预报的应用技术

坚持“数值预报+”的技术方向，利用区域GRAPES模式和集合预报的新成果，优化数值模式用于精细化预报的解释应用方案，发展基于对流尺度集合预报和大数据挖掘的灾害性天气精细化预警预报技术。加强双偏振雷达等新型观测资料在强对流天气预报中的应用研发，提高中小尺度天气预报能力和灾害天气预警能力，提高灾害性天气预报预警时效，使强对流天气预报技术达到国内领先水平。优化未来10天无缝衔接的格点精细化预报业务流程，提高降水、气温、风、能见度等气象要素定点、定时、定量预报水平。进一步提升山洪、地质灾害、森林火险、城市内涝等专业气象监测预报预警能力。完善从化山洪地质灾害预报预警平台和野外雷电试验基地建设。加强雷电预警预报技术方法研究和系统开发，建立雷电天气、雷击落区和危害等级等雷电监测分析和精细格点化预报警报业务。培养和引进气象科技领军人才，推动人才体制机制创新，优化人才发展环境，加强人才队伍和高水平创新团队建设。

3. 开展城市适应气候变化服务

加强延伸期（10—30天）天气趋势预报技术研究和业务平台建设，提高极端天气过程的预测能力。加强气候变化监测，全面评估气候变化对城市敏感脆弱领域、区域和人群的影响和风险，包括水资源、交通、能源、建筑、卫生、旅游等行业。加强气候可行性论证，构建城市规划气候可行性论证指标体系，建设城市气候分析与应用综合服务平台。与中山大学联合在增城开展华南气候环境变化综合观测试验，加强应对气候变化的策略研究，夯实城市适应气候变化科技支撑能力。开展城市规划中城市热岛、通风廊道、气候承载力等气候环境效应评估，强化气候资源的开发利用。编写《广州市气象灾害风险区划》。

4. 发展生态安全气象保障技术

建立城市群、森林、海岸湿地、农田等生态脆弱区和重点生态功能区的生态气象监测站网，建设海珠国家级湿地公园综合气象观测基地。开展城市冠层模式、环境气象模式研究，加强污染气象条件预报关键技术研究，提高灰霾、重污染天气监测预报预警能力。研究重大工程生态效益预（后）评估技术、不同污染源减排方案效果评估技术、城市化发展对城市生态影响评估技术，为大气污染防治、应急减排、城市规划、工业布局等提供决策支持。建立生态气象监测预警与评估业务平台，开展养生气象、人体健康气象服务和城市生态环境宜居性评估。

（二）推进气象大数据信息化建设

1. 强化气象信息化基础设施建设

促进气象专网与互联网的深度融合，形成气象业务、服务、科研、培训、政务管理等的“云端部署、终端应用”模式。打造集约、可视化的气象信息全网在线监控管理平台，实现探测、网络、存储、数据监控全覆盖。推进市、区两级基础设施资源集中管理与共享，整合计算及存储资源，建立满足不同业务应用场景的基础资源池，实现资源优化、动态调配、按需供给、可视化监控。提升实时业务信息主干网网速，市到县网速提升至 100 M 以上。增强高性能计算机能力，与超算中心深度合作，用好“天河二号”高性能计算机，支撑区域数值预报业务、科研工作。

2. 提升气象数据开放共享水平

建立以核心气象业务为主体的气象云，利用电子政务云和社会公有云资源，面向社会提供气象服务。促进气象与各行业数据共享融合，推进气象公共数据资源向社会开放。大力拓展气象数据与经济社会各领域融合的广度和深度。优化气象数据结构，重点整合综合探测设备数据、各类预报预警产品及公共服务产品，通过多种技术采集气象行业结合度高的跨行业数据，加强数据挖掘能力研究，通过大数据分析形成社会型数据，并实现在公共气象服务和城市防灾减灾中的应用。

3. 提升智慧气象服务水平

大力推动新一代信息技术与气象信息服务融合发展与创新应用，加快实施“互联网 + 气象服务”战略，打造便捷高效的智慧气象服务体系。构建全媒体气象服务平台，加速传统气象服务方式的互联网化转型，建立基于市民生活行为的大数据平台，研发更符合消费者习惯的气象产品，建立智能气象产品库，满足大流量用户的个性化需求。推进现代企业气象服务平台建设。

4. 完善气象信息安全体系

完善广州市气象信息网络技术规范，建立应用系统安全准入系统和全网统一用户身份管理制度，完善气象信息系统运行维护体系，确保信息化气象业务服务系统稳定运行。实现气象数据安全存储，建设省气象局的同城备份中心，实现网络、业务系统和数据备份。

（三）加大气象公共服务惠民力度

1. 构建公众气象服务新模式

丰富与公众工作、生活、健康等息息相关的气象服务产品。开展部门合作，发布空气质量、污染物浓度预报预测信息，搭建气象产品云，实现气象服务云端部署、终端应用。加强多媒体技术应用，统一用户管理，形成覆盖微信、网站、手机客户端、桌面插件等多渠道融合的服务体系，实现跨渠道的个性化定制和按需服务。构建时空精细化、多要素、无缝隙的气象服务基础数据云平台，建立智能化服务引擎，建设用户请求精准响应、渠道产品自动适配的一体化气象服务系统。到 2020 年，建成“互联网 + 气象”个性化、智能化全市气象服务体系。

2. 提升气象服务“三农”能力

深化广州都市农业气象服务体系和农村气象灾害防御体系建设，建设白云都市现代农业气象服务和从化生态农业气象服务创新基地，完善农业气象灾害监测、物候观测和农田生态监测网。研发重大农业气象灾害监测预警评估技术，开展特色农产品气候品牌论证、重大农业工程气候可行性论证与生态效益评估，研发种源农业、生态农业等精准气象服务产品。拓宽农业气象服务信息发布渠道，应用互联网、手机 APP 等技术手段，深入开展面向新型农业经营主体的直通式气象服务。

3. 增强海洋经济气象服务功能

对接广东“平安海洋”气象保障工程，积极推动广东气象科技园区在广州市落户和建设，建成南海海洋气象监测预警中心和相控阵天气雷达站。完善海洋气象观测网，开展海洋气象影响预报、风险预警和海洋航运导航业务。联合海事部门，融合海事信息，优化广州港区气象综合业务系统，提升“海上丝绸之路”气象保障服务能力。

4. 提升交通枢纽气象保障服务

探索建设与广州国际航空中心和物流中心相匹配的气象保障服务体系。优化航空气象观测网，构建国际航空枢纽气象保障服务平台；以广州高铁站为中心，完善高铁沿线气象观测网，构建铁路枢纽气象保障服务平台；加强高速公路及城市道路气象灾害监测，优化公路交通枢纽气象监测服务平台；探索气象条件对地铁及城市轨道交通的影响，构建城市轨道交通枢纽气象监测服务平台。

5. 提高气象科普水平

充分发挥社会力量和资源，通过“互联网 +”方式，借助气象大数据，打造数字气象科普精品，开展形式多样的科普宣传活动。建成番禺防灾减灾科普基地，打造全市气象科普基地群，强化气象生态资源环境国情和生态价值观教育，培养公民环境保护意识，提高青少年大气科学探究兴趣。打造一批具有特色的气象科普示范学校、镇街、村社，树立广州气象科普品牌。

（四）加强气象灾害风险管理建设

1. 提升城市安全运行气象保障能力

加强对城市气象灾害链、灾害机理、灾害区划、灾害评估的综合研究，建立气象灾害风险全过程的监控和预警机制，开发城市运行、生产以及气象因素致灾等影响预报和风险预警技术，推进灾害影响预报业务化，完善与用户决策相融合的风险预警服务系统。进一步推动健全以台风、暴雨预警信号为先导的停课停工制度和防山洪地质灾害、防风、防汛、农业防灾减灾机制。增强气象服务公共应急保障能力，加强气象公共应急设施建设，完善气象灾害应急预案和气象灾害防御指引，实现重大气象灾害应急预案与各相关部门应急处置预案的无缝对接，为用户采取应对措施提供支撑。

2. 提升突发事件预警信息发布能力

加强预警信息发布体系建设，与应急委成员单位通力协作，积极构建“政府主导、部门联动、统一发布、分级负责、纵向到底”的发布机制，及时、准确发布多种类、跨领域的突发事件预警信息。完成市、区两级突发事件预警信息发布中心建设，打造番禺综合应急管理示范平台，建成权威、统一、智能的预警信息发布体系，广泛利用社会资源，做到全网发布、分区（乡镇）预警、目标人群接收，让社会公众得到更方便快捷贴身的服务。积极应用最新发布技术，提升“一键式”发布能力。健全预警信息发布机制，逐步接入多部门预警信息，提高预警发布覆盖面。建设防灾减灾决策辅助平台，集成气象融合多部门防灾减灾救灾信息的大数据库和实时分析模型，提升气象灾害治理和应对突发公共事件的气象决策服务支撑。

3. 提高镇街、村社气象灾害风险管理能力

依托政府社会管理架构，构建覆盖市、区、镇街、村社、网格的五级气象服务组织体系，推动气象服务融入城乡“网格化”管理平台，完善镇街气象信息服务体系，建立镇街气象风险预警系统，开展内涝影响预报和风险预警业务，提高城乡气象服务保障能力。多部门联合制定村社防灾减灾服务点建设标准，开展村社承灾体暴露度和脆弱性普查，建立气象安全村社认证制度，提高村社气象灾害风险管理能力。

4. 推进巨灾保险气象服务

加强气象与保险行业协调合作，为建立气象巨灾保险制度提供技术支撑，建立气象保险大数据分析应用平台，推动气象和保险行业信息资源共享，提升风险甄别水平和风险管理能力。开拓保险专业服务领域，建立气象保险专业预报服务平台，开发气象保险灾害风险预警系统，完善气象灾害保险专项预警机制。

（五）促进气象服务社会化新发展

1. 形成多元气象服务格局

着力提升气象服务民生、服务生产、服务决策的能力，努力构建政府主导、社会参与的多元气象服务新机制，让社会力量积极、有序参与气象服务。提升公共气象服务供给能力，建立健全政府购买公共气象服务机制，对由政府购买、市场主体提供服务的公共气象服务实行目录清单管理。积极培育气象服务市场，大力发展气象信息增值服务，逐步实现气象信息增值服务市场化。引导和鼓励社会资本、技术和人才等资源参与气象服务，激发气象服务发展活力。

2. 发展气象服务社会组织

发展气象行业协会，鼓励行业协会参与承接政府购买公共气象服务。支持基层防灾减灾社会组织，充分发挥基层村社在气象防灾减灾中的作用，提高基层村社对气象灾害的自理能力。引导扶持社会志愿者群体，鼓励参与气象科学研究和防灾避

险科普宣传。

3. 优化气象服务市场环境

建立有利于市场主体有序参与气象服务的竞争机制，创造公开、公平、公正的政策环境。健全气象服务单位备案管理制度、信用管理制度，建立气象服务市场管理平台，加强气象服务事中、事后监管。坚持社会效益和经济效益相结合的原则，建立标准化气象服务质量管理体系。加强与安监、工商、通信管理、规划等部门合作，推进气象服务监管融入综合监管执法体系。

（六）提高气象治理的法制化水平

1. 健全气象法规制度和标准体系

加强气象灾害防御立法储备研究，制定相应的地方法规、政府规章或规范性文件，推进《广州市气象灾害防御管理规定》等地方立法进程，调整气象灾害风险区划、评估、设施建设、预警信息播发、应急联动与社会响应的职责分工等。积极开展气象标准修订工作，主持制定 2 项以上地方气象标准、1 项行业标准。强化气象标准实施应用，提高气象综合观测、预报、服务统一性、科学性和效益性。

2. 落实《广东省气象灾害防御条例》

推进《广东省气象灾害防御条例》有效施行，建立广州市气象灾害数据库以及风险阈值库，公布气象灾害风险区划及防御重点区域。组织开展气象灾害防御重点单位认定。促进工业、农业、交通、环境保护等专项规划与气象灾害防御规划相协调。完善和实施暴雨、台风停工停课机制。加强农村学校、雷电灾害敏感村民集中居住点防雷装置建设。

3. 推进行政审批制度改革

大力推行简政放权，强化气象部门权力责任清单管理，完善气象网上办事窗口。规范气象社会服务事项。加强市场主体诚信体系建设，建立市场主体失信“黑名单”制度，营造竞争有序的气象服务市场环境。

4. 制定自贸试验区南沙新区片区气象服务市场管理办法

探索建立自贸试验区南沙新区片区气象服务国际化市场管理制度，制定自贸试验区南沙新区片区气象行政管理和社会服务事项“权力清单”，为自贸区气象服务市场营造公平、公正和便利的投资环境。建立市场化的气象服务标准体系，实现以标准引领市场、以标准管理市场。加强自贸区气象服务孵化基地建设。

第三章　气象观测

2001—2017 年，广州地区的综合气象观测实现了跨越式发展。随着现代技术的采用和气象科技进步，广州地区陆续开展了自动气象观测、雷达观测、应用气象观测等。2003 年起全市国家级气象观测站逐步以使用自动气象站为主、人工观测为辅开展地面气象观测，全市地面气象观测工作逐步由自动观测代替人工观测。气象记录从手工编报到自动气象站的推广应用，从定时观测发报到实现 24 小时整点数据上传，从单一的地面发报业务拓展到高空遥感观测，使观测体系向天基、地基一体化的观测系统转变。自动化观测不仅减轻了气象观测人员的劳动强度，同时极大地提高了观测时效和观测质量，气象要素的观测精度达到了世界气象组织的要求。

至 2017 年，广州地区已经建成由地面气象观测、自动气象观测、高空雷达观测、应用气象观测等组成的规范化的综合观测体系，实现了对灾害性天气特别是中小尺度灾害性天气的实时监测和资料数据传输自动化，使得自动气象站资料以及其他观测资料均实现了实时收集与上报传输，为气象预报预警业务和气象科研工作打下了坚实基础。

第一节　地面气象观测

一、地面气象观测站

广州市共有 5 个国家级地面气象观测站，分别是增城国家基准气候站、广州国家基本气象站、花都国家一般气象站、从化国家一般气象站和番禺国家一般气象站。2001—2017 年，除增城站外，其他 4 站均完成了迁站，观测站名称在 2007—2008 年进行了短期调整。

2001—2017 年广州市国家级地面气象观测站历史沿革

表 3-1

台站	时间	站名	站址
广州	2001—2006 年	广州国家基本气象站	天河区东莞庄路 280 号
	2007—2008 年	广州国家气候观象台	天河区东莞庄路 280 号

续表 3-1

台站	时间	站名	站址
广州	2009—2010 年	广州国家基本气象站	天河区东莞庄路 280 号
	2011—2017 年	广州国家基本气象站	黄埔区萝岗街水西村长平坳山头
增城	2001—2006 年	增城国家基准气候站	增城区荔城街棠村蟹仔塘山
	2007—2008 年	增城国家气象观测站一级站	增城区荔城街棠村蟹仔塘山
	2009—2017 年	增城国家基准气候站	增城区荔城街棠村蟹仔塘山
番禺	2001—2002 年	番禺国家一般气象站	番禺区市桥镇平康路六巷 7 号崩砂岗
	2003—2006 年	番禺国家一般气象站	番禺区沙头街景观大道 5 号
	2007—2008 年	番禺国家气象观测站二级站	番禺区沙头街景观大道 5 号
	2009—2017 年	番禺国家一般气象站	番禺区沙头街景观大道 5 号
从化	2001—2006 年	从化国家一般气象站	从化街口镇新村北路 62 号（原地址：从化县西北郊沙垅埔）
	2007—2007 年	从化国家气象观测站二级站	从化街口镇新村北路 62 号
	2008—2008 年	从化国家气象观测站二级站	从化江埔街环市东路 828 号“郊外”
	2009—2017 年	从化国家一般气象站	从化江埔街环市东路 828 号“郊外”
花都	2001—2006 年	花都国家一般气象站	花都区新华镇东郊河西村
	2007—2008 年	花都国家气象观测站二级站	花都区新华镇东郊河西村
	2009—2010 年	花都国家一般气象站	花都区新华镇东郊河西村
	2011—2017 年	花都国家一般气象站	花都区新华街平石路以南三东村矮脚岭

二、观测项目、时次

2001 年起，广州地区各气象台站地面气象观测延续执行全国统一规定的项目有云、能见度、天气现象、气压、气温、湿度、风向、风速、降水量、雪深、雪压、蒸发、日照、地面温度、浅层地温和深层地温。广州国家基本气象站还承担酸雨、辐射观测任务。根据省气象局要求，自 2012 年 1 月 1 日起停止自记仪器降水观测，自 2013 年 7 月 1 日起取消地面 20 时自动与人工对比观测任务。根据中国气象局综合观测司《地面气象观测改革调整业务规定（试行）》，从 2013 年 10 月 16 日起，从化、花都、番禺一般站取消云和蒸发的观测，增城国家基准站和广州国家基本站取消云状观测、保留云高和云量观测；取消包括雷暴、闪电等 13 种天气现象的记录；新增自动能见度观测项目。2014 年 1 月 1 日定时降水量使用自动气象站观测，同时根据《中国气象局综合观测司关于做好全国地面气象观测业务调整工作的通知》要求，1 日起取消 08 时、20 时定时降水量的人工观测。根据《观测处预报处关于调整雾、灰霾天气现象观测规定的通知》要求，2014 年 1 月 24 日起对雾、灰霾的观测规定及相关业务进行调整。2015 年 1 月 1 日起，根据《广东省观测处关于做好地面气象观测业务调整工作的通知》要求，正式启用新型自动气象站业务，原Ⅱ型自动气象站作为备份站并行运行；人工能见度和日照等观测业务不变，保留现用人工观测方法；取消气温（包括干球、湿球、最高、最低气温和浅层地温）、风向风速、水银气压表等人工观测任务。撤除气温、相对湿度、气压、风向风速、人工雨量、地温表等人工观测设备并由台站保管，以备应急之需。2016 年 1 月 1 日起，取消能见度与视程障碍类天气现象的人工观测与识别，改为由软件自动判别。

2001—2011 年，增城国家基准气候站每天开展 24 次整点逐小时观测，2012—2013 年开展 8 次（02 时、05 时、08 时、11 时、14 时、17 时、20 时、23 时）定时观测，2013 年以后改为 5 次（08 时、11 时、14 时、17 时、20 时）定时观测。广州国家基本气象站 2001—2013 年开展 8 次定时观测，2013 年以后改为 5 次（08 时、11 时、14 时、17 时、20 时）定时观测。花都、从化国家一般气象站 2001—2017 年保持 3 次（08 时、14 时、20 时）定时观测。

三、观测仪器设备

2001—2011 年，广州地区各气象台站主要使用的地面观测人工仪器有干（湿）球温度表、毛发湿度表、最高温度表、最低温度表、温度计、湿度计、地面温度表、地面最高温度表、地面最低温度表、曲管地温表（5 厘米、10 厘米、15 厘米、20 厘米）、雨量器、虹吸雨量计、蒸发皿、EL 型风向风速器（仪）、EN 型风向风速处理仪、气压表、气压计、日照计等；部分台站还配有直管地温表（40 厘米、80 厘米、160 厘米、320 厘米）。百叶箱分为木质和玻璃钢两种。

从 2004—2008 年，全市 5 个国家级气象观测站陆续安装 CAWS600 型或 DZZ1-2 型自动气象站，最初安装自动站的 2 年开展人工站与自动站并轨运行，随后开展自动气象站单轨业务运行。自动气象站的使用，大大减轻了气象观测员的工作强度，提高了观测资料的实时性，但因自动站偶尔会出现故障，故人工观测仍然进行。2011 年起，全市 5 个国家级气象观测站陆续开始安装双套自动气象站，2012 年开始按中国气象局观测业务调整的安排，逐渐取消部分人工观测任务，人工站仪器也分批拆除。2013—2015 年，全市 5 个国家级气象观测站陆续开始安装新型自动气象站。

四、地面气象电报与记录报表

编发气象电报。2001—2011 年，广州国家基本气象站按要求，延续进行每天 02 时、08 时、14 时、20 时编发 4 次基本定时绘图天气报告和 05 时、11 时、17 时、23 时编发 4 次补充定时绘图天气报告，参加全球气象电报交换。此外，还编发气候月报，气象旬、月报及重要天气报告。其他气象站根据需要每天编发 3 次或 4 次区域天气报告、雨量报告、重要天气报告和气象旬、月报。2012 年 4 月 1 日起根据粤气测函〔2012〕19 号的文件精神，取消天气报、加密天气报的编发和报文上传，用新格式（长 Z 文件）的地面气象要素数据文件代替。

气象记录报表。自 2001 年起，除增城国家基准气候站外，全市其他各台站延续编制气象月总簿、地面气象记录月报表（气表 -1）、地面气象记录月简表和气象记录年总表、基本气象观测记录年报表（气表 -21）。增城国家基准气候站仍执行编制气表 -1（基准）和气表 -21（基准）。2014 年 1 月 1 日起，根据气测函〔2013〕321 号文，取消国家级地面气象观测站地面气候月报业务。2016 年 1 月 1 日起台站月报表和年报表取消本地制作，改为在气象资料业务系统（MDOS）操作平台上制作。增城国家基准气候站 2001—2014 年承担航空报发报任务，2015 年开始取消航空报发报任务。

第二节　自动气象观测

一、区域自动气象站

广州地区自 20 世纪 90 年代末开始组建自动气象站观测网，主要是根据气象服务需要，在各地选址加密建设无人值守，自动观测、采集、传输气象观测数据的气象站，称为区域自动气象站。到 2001 年，由于技术和资金的原因，广州地区建设的区域自动气象站尚不足 15 个。2001—2005 年，广州地区继续推进区域自动气象站的建设，这期间建设了 44 个站，主要是室内站（采集器安装在室内）。2006 年以后，随着技术的进步，区域自动站采集器可安装在室外，广州地区的自动气象站观测网迎来了较快的发展，以平均每年 20—30 个站的数量在增长，至 2017 年，广州地区共建成了 343 个区域自动气象站。自动气象站观测网的建设，提高了广州市中小尺度天气的监测能力，为精细化预报服务提供了资料和依据，在重大天气过程中为政府提供决策依据起到了重要作用。

2010 年开始，由于最初安装的室内区域自动气象站已逐渐到达使用年限，广州地区开展了区域自动气象站的更新改造，逐渐将室内机改为室外机，并对达到使用年限的室外机开展更新改造。2016 年，随着技术进步，新型区域自动气象站投产，其具有更高的集成和采集能力，广州市逐渐开始新型区域自动气象站的安装。

二、国家地面天气站

为使区域自动气象站发挥更大的作用，2017 年中国气象局从已建的区域自动气象站中，通过各种算法选出了对数值天气预报模式贡献较大的站点，作为国家地面天气站，由中国气象局统一考核管理，加强维护维修，保障站点的数据可用性。广州共有 27 个区域自动气象站被列为国家地面天气站。

第三节　高空雷达探测

一、天气雷达

2000 年 2 月在番禺区南村镇大镇岗山顶建成广州雷达站，设备为敏视达公司生产的 CINRAD/SA 新一代多普勒天气雷达，成为广州地区强对流天气（冰雹、大风、龙卷和暴雨）监测和预警的主要工具。该雷达与广东的深圳、珠澳、韶关等 11 部天气雷达开展实时同步探测，雷达观测数据组网，遇降水等天气情况昼夜跟踪监视，随时向有关部门提供天气预报和天气警报监测数据。每天可进行 24 小时不间断观测，向国家、省、市气象局上传雷达产品，产品包括基本反射率、基本速度、组合反射率、回波顶、VAD 风廓线、垂直累积液态水含量、1 小时降水、3 小时降水、风暴总降水、反射率等高面位置显示（CAPPI）等共 10 类 33 种。雷达产品分为基本产品和导出产品，基本产品分为基本反射率因子、基本径向速度和基本谱宽产品。导出产品包括三种基数据的垂直剖面、风暴路径信息（STI）、垂直累积液态含水量（VIL）、回波顶（ET）、冰雹指数（HI）、VAD 风廓线（VWP）、中气旋（M）以及龙卷特征（TVS）等共 33 种。产品由雷达产品生成软件（RPG）生成后，通过通信线路传送给各个用户，极大增强了对灾害性天气的监测预警能力。同时，还向广东省气象局上传 GIF 图资料。

图 3-1　广州天气雷达站

随着科技的进步，2000 年建设的单偏振多普勒天气雷达已不能满足气象预报服务的要求，2015 年底，广州天气雷达进行双偏振升级改造，成为全国第一个开展双偏振升级改造的多普勒天气雷达。2016 年 3 月，广州双偏振多普勒天气雷达正式投入业务运行。

二、风廓线雷达

图 3-2　广州国家基本气象站 CFL-16 型风廓线雷达

固定风廓线雷达。2008—2015 年，市气象局建成 5 部风廓线雷达，分别架设在南沙气象探测基地、广州国家基本气象站、增城国家基准气候站、从化国家一般气象站和花都国家一般气象站。

南沙气象探测基地风廓线雷达型号为维萨拉公司生产的 LAP-3000 型，建设于 2008 年 1 月，24 小时连续探测垂直上空的风向、风速和虚温（RASS）。

广州国家基本气象站风廓线雷达型号为 CFL-16 型，由中国航天科工集团第二研究院 23 所生产，2010 年投入业务运行，对地面至设备上空大气中的风向、风速进行实时连续监测，每 6 分钟形成一个风廓线图并上传至省、市气象局。

从化国家一般气象站安装敏视达公司生产的 TWP3 型边界层风廓线雷达，2010 年 5 月建成启用。

增城国家基准气候站安装敏视达公司生产的 TWP3 型边界层风廓线雷达，2010 年 11 月建成启用。

花都国家一般气象站安装敏视达公司生产的 TWP3 型边界层风廓线雷达，2014 年 10 月建成启用。

移动风廓线雷达。2008 年 7 月，市气候中心从北京爱尔达电子设备有限公司购置了型号为 Airda-3000 边界层风廓线雷达 1 部，该设备具备探测不同高度水平风速风向和垂直风速的能力，产品包括风廓线、大气折射率结构常数、谱宽、信噪比等。2009 年 6 月，该设备安装在中型客车上，与其他近地面观测设备组合，形成边界层移动应急气象观测平台。至 2017 年，该车多次参加了各种重大气象服务保障和反恐应急任务，并开展台风追踪以及大量野外观测试验观测工作，获取了很多观测资料。

三、X 波段相控阵天气雷达

为做好中小尺度天气系统的监测，做好精细化短时临近气象预报服务工作，经过调研，市气象局决定开展 X 波段相控阵天气雷达的建设，从 2017 年开始，陆续开展了雷达站点选址、铁塔建设、设备安装等工作。2017 年 7 月市气象局观测场 X 波段相控阵天气雷达建成并投入试运行；2017 年 12 月，佛山南海 X 波段相控阵天气雷达建成并投入试运行，花都 X 波段相控阵天气雷达也同时在建设中。X 波段相控阵天气雷达试运行期间，在中小尺度天气系统监测中的表现明显优于 S 波段多普勒天气雷达，在精细化短时临近气象预报服务中发挥了重要作用。

第四节　应用气象观测

一、农业气象观测

2001 年起，番禺、从化农业气象观测站（省级站）延续之前的农气观测项目，开展农业气象观测，承担的项目以水稻和甘蔗为主。2010 年 1 月 1 日起，番禺、从化农业气象观测站被定为国家二级农业气象站。番禺国家二级农业气象站主要承担特色类（香蕉、花卉）、物候类（木棉）、蔬菜类的人工观测。由于番禺经济社会的发展，已无大片香蕉地，经申请，广东省气象局同意番禺国家二级农业气象站于 2012 年 9 月取消香蕉观测，物候类（木棉）也于 2013 年 10 月取消观测。从化国家二级农业气象站承担水稻观测项目，并进行荔枝和蔬菜农情调查。

2011 年，番禺、从化国家二级农业气象站开始建设土壤水分自动观测站，经过 3 个月的人工、自动对比观测，2012 年 1 月 1 日起正式业务运行。主要采集 10 厘米、20 厘米、30 厘米、40 厘米、50 厘米、60 厘米、80 厘米、100 厘米共 8 层土壤墒情数据，为作物的灌溉用水提供服务。2013 年 1 月 1 日番禺、从化土壤水分自动观测站升级为考核站。

2017 年 12 月，番禺土壤水分自动观测站因原农场租期已到、业主需收回场地另作他用，且该地移动基站信号不稳定，市气象局向省气象局提出了迁站申请，从新造镇东西庄村华盛农场迁址到新造镇东庄村五岗头 2 号种植地，省气象局于同月批复同意迁站。

二、大气成分观测

2007 年，市气象局在白云帽峰山建设大气成分监测站，番禺区气象局在番禺气象站也开展了大气成分站的建设，2 个站点都包括了臭氧（O_3）浓度和 PM_1、$PM_{2.5}$ 及 PM_{10} 质量浓度，气溶胶散射特性，气溶胶吸收特性连续在线监测。2008 年，在南沙气象探测基地建成南沙大气成分站，开展臭氧（O_3）浓度，氮氧化物和 PM_1、$PM_{2.5}$、PM_{10} 质量浓度，气溶胶散射特性，气溶胶吸收特性连续在线监测，还建设了气溶胶激光雷达，可对高空的气溶胶开展垂直连续在线监测。2011 年，建成广州塔 121 米和 454 米大气成分站，开展臭氧（O_3）浓度和 PM_1、$PM_{2.5}$、PM_{10} 质量浓度连续在线监测。2013 年，建成海珠湿地公园一期大气成分站，开展 PM_1、$PM_{2.5}$、PM_{10}

质量浓度，气溶胶散射特性，气溶胶吸收特性连续在线监测。2014 年，建成广州国家基本气象站（黄埔）大气成分站，开展 PM_1、$PM_{2.5}$、PM_{10} 质量浓度，气溶胶散射特性，气溶胶吸收特性连续在线监测。2016 年，建成增城站、广州市局观测场大气成分站，开展 $PM_{2.5}$、PM_{10} 质量浓度，气溶胶吸收特性连续在线监测以及气溶胶激光雷达垂直观测，其中广州市局监测内容还包括氮氧化物、臭氧、一氧化碳、二氧化硫等反应性气体观测。2017 年，建成海珠综合生态气象观测基地大气成分站，开展 PM_1、$PM_{2.5}$、PM_{10} 质量浓度，气溶胶散射特性，气溶胶吸收特性连续在线监测。

2014 年，由于白云帽峰山站无人值守，设备年久失修，同时因进口仪器维修、购置昂贵，设备故障后没有开展更新改造，该站取消大气成分观测。

2013—2014 年，南沙气象探测基地的气溶胶激光雷达改为放置在市气象局观测场开展观测。2015 年，由于广州热带海洋气象研究所的业务需要，该气溶胶激光雷达改为放置到广州天气雷达站开展观测。

2016 年，番禺观测站进口仪器故障无法开展观测，同时地方财政对进口仪器管理严格，经向省气象局申请，取消了部分观测内容，改用蓝盾观测仪器，仅保留 $PM_{2.5}$、PM_{10} 质量浓度的观测。

截至 2017 年，市气象局共建设了 9 个大气成分站，分别位于广州站（黄埔）、增城站、番禺站、广州塔 121 米和 454 米、南沙气象探测基地、海珠湿地公园一期、海珠综合生态气象观测基地、广州市局观测场，组成了广州地区的环境气象观测网络。

三、雷电监测

大气电场仪。为做好雷电监测预警工作，2006—2007 年，市防雷减灾管理办公室分 2 次共采购了 11 部法国“猎雷者Ⅱ”大气电场仪。该设备在运行期间稳定可靠，为广州市的雷电监测、防雷安全提供了重要支撑。2017 年，由于第 1 批采购的设备已老化，设备故障率明显增高，达到报废年限，该批 3 部大气电场仪开展报废处理。

2012 年，中国气象局试点开展大气电场仪的建设工作，广州作为试点城市在全市布设了 10 个华云大气电场仪。由于该型号电场仪技术尚未成熟，电场感应部分长期暴露在外易出故障，故障后无相关的技术维护人员进行维修，至 2015 年，该批电场仪已基本全部出现故障，数据已不可用。

闪电定位仪。2004 年，根据省气象局的规划，在增城国家基准气候站建设了华云 ADTD 型闪电定位仪，观测数据上传省气象局联网。后由于增城站为非业务站，设备故障后无人维修，2008 年以后该设备弃用。

2012 年，市气象局新建观测场，在观测场布设了 ADTD 型闪电定位仪。由于是非业务设备，没有与省气象局观测数据联网，未能发挥应有的作用。

2010 年，根据省气象局的部署，在花都、南沙布设了美国 Earth Networks 公司开发的闪电探测系统（ENTLS），它是完全集成云闪（IC）和地闪（CG）的新款闪电定位系统，可对即将发生的雷电天气进行预警。南沙站由于站点位置问题，导致探测数据质量不佳，后调整为从化站。这两站设备与全省其他站点一起联网监测，为广州地区雷电预报预警及雷电防护科研等服务。

四、回南天气象观测

市气象局从 2011 年开展回南天气象观测，这是广东地区的特色观测项目，使用的是广东省气象计算机研究所研制的“回南天自动观测仪”，该设备通过将露点温度、地面温度以及气温进行对比，开展对“回南天”天气的监测。至 2017 年，市气象局在各地共建设了 9 个回南天气象观测站，建设地点包括省气象局和各区、县气象局。

图 3-3　从化气象局回南天观测站

五、生物舒适度观测

市气象局从 2014 年开展生物舒适度气象观测，这是广东地区的特色观测项目，使用的是广东省气象计算机研究所研制的生物舒适度测量仪，该设备通过综合计算，分析温度、湿度、风、太阳辐射等指标，得到一个指数来判断人体感觉是否舒适。至 2017 年，市气象局在各地共建设了 11 个生物舒适度观测站，建设地点包括市气象局和各区、县观测站。

图 3-4　花都气象站生物舒适度测量仪

六、负离子观测

为拓展气象服务领域，2013 年市气象局在市局观测场开展了负离子观测。广州国家基本气象站（黄埔）也于 2015 年开展了负离子观测。观测设备为威德创新科技北京有限公司制造的“WIMD”系列大气离子自动测报系统，数据直接上传到省气象局探测数据中心，为旅游气象预报服务。

七、辐射观测

2012 年，市气象局购置 1 台德国 RPG-HATPRO 型 12 通道地基微波辐射计，安装在广州国家基本气象站（黄埔）。该仪器主要用来探测大气的温度、相对湿度、水汽密度、气压、液态水廓线等分布数据资料。可每分钟获得一个观测记录，每小时生成一个数据文件，连续获得多通道的大气辐射业务产品，为气象业务和科研提供了高精度高分辨率的大气垂直观测数据。至 2017 年设备运行稳定，为预报员和科研人员提供了大量相关数据。

图 3-5　广州国家基本气象站（黄埔）微波辐射计

第四章 气象信息网络

气象信息网络是气象业务开展的基本支撑。自 2012 年市气象局业务独立运作以来（2012 年迁至番禺新址），市气象局在信息网络建设、气象数据治理、云计算以及视频会商系统等信息系统建设方面紧跟计算机时代发展潮流构建蓝图、加强建设。同时，深化网络拓扑建设，强化网络安全管理，利用云计算开展气象大数据融合应用服务，不断提升公众气象服务能力以及政府部门之间的联动能力。

第一节 通信网络

一、气象业务网

2012 年 8 月之前，市气象局业务通信主要依靠省气象局网络作为支撑。2012 年 8 月搬迁至番禺新址办公后，即开始规划、建设市气象局自有独立的通信网络。

2012 年 8 月，由市气象台负责市气象局的信息网络机房建设工作，建设一条电信裸光纤和一条移动百兆 MSTP 链路以主备方式直连省气象局，市气象局内部则采用两台型号为思科 6509 的万兆交换机作为双核心，下挂 6 台型号为思科 4506 的万兆网络交换机，形成市气象局核心骨干网万兆互联的架构。

省气象局于 2012 年 9 月开展省—市—县宽带网络升级优化工作。2013 年 4 月 7 日，省气象局进一步要求采用县区—市—省三级网络架构，同时县区局至市局网络带宽不小于 20 兆，市局到省局不少于 100 兆。2013 年 6 月，市气象局规范采用电信 MSTP 专线互联的方式作为市区互联网络，各区气象局陆续于 2018 年前实现百兆网络直联市局。

另外，2015—2017 年市气象局部署建成多套网络安全防护设备，包括增加 2 台 UTM 一体化安全网关、1 台 IDS 设备，部署漏洞扫描软件和日志审计软件；还重新优化、规划市气象局网络的 IP 使用，取消了原来安全隐患较大的 DHCP 上网方式；采用 FIT AP + AC 的组网方案，对无线上网进行统一管理，实现全局的无线 WIFI 全覆盖。

二、广州市电子政务网

电子政务网是市气象局与市政府其他委办局业务联系的主要网络支撑。2012 年市气象监测预警中心机房建成以后，市气象局立即将电子政务网迁移至该机房。随着市气象局与市其他部门联系日益紧密，电子政务网的应用愈加频繁，如基于电子政务网的云平台应用、跨部门视频会商、数据交互以及人事、财务等业务系统的应用，都离不开电子政务网的支持。2016 年 9 月 4 日，市气象局向市信息化服务中心申请建设电子政务外网备用线路，通过第二路由提高网络的传输安全可靠性。

三、同城业务网

气象业务网和市电子政务网是市气象局两大主要核心骨干链路，除此以外，市气象局还建立多条外联的同城网络，主要用于部门联动、气象观测业务以及信息发布应用。

在部门联动方面，市气象局与市水务局、市国土局、市视频办、市三防、市广播电视台均有专线互联。其中，市水务局和市国土局均为电信 2 兆带宽专线，主要用于数据交换；2012 年 6 月接入视频办的专网互联，主要用于访问广州市治安视频系统；2017 年 3 月与市广播电视台专线采用移动 20 兆带宽专线互联，主要用于气象视频直播业务；2017 年 9 月 7 日接入市三防视频专线，专线带宽为 20 兆，主要用于实现与市三防的远程视频会商。

在气象观测业务以及信息发布应用方面，广州市雷达站一直采用盈通专线和广电专线直连省气象局，用于广州雷达资料的实时上传。2015 年改用盈通 20 兆专线和移动 50 兆专线主备直连省气象局；2017 年完成与三大运营商 10639020 短信发送端口专线的对接，其中电信带宽 6 兆、联通 4 兆、移动 10 兆，专门用于市突发事件预警信息决策短信的发送；2017 年 11 月采用 30 兆带宽的联通 APN 专线组建广州气象观测网传输网，满足市气象部门自建观测设备数据传输的需求；同年为推动广州市气象甚高频应急广播系统的应用，采用 30 兆联通 APN 专线组建广播系统信息发布网，用于广播系统终端的信息反馈以及突发信息备份发布。

四、无线通信与卫星通信

自2000年起，气象部门开始利用中国移动的2G GPRS传送自动气象站监测数据。2013 年随着省气象 APN 建设的无线网络，即开始使用中国联通 3G 技术的无线接入。运营商的无线通信系统将各探测数据汇总，通过专线进入气象内网。2015 年 8 月在海珠和花都利用 APN 传送交通气象站的实景图片，拍摄间隔 10 分钟一次。2014 年 12 月海珠湿地大气成分站利用 APN 传送空气成分数据。2017 年 3 月 13 日广州塔大气成分站开始使用 APN 传送大气成分数据。2017 年市气象局建立的广州气象观测网传输网和广播系统信息发布网也使用 APN 传送数据。

2017 年 5 月 9 日市气象局布放在东沙岛附近海域的 G9599 海洋气象浮标站完工，

开始投入业务运行。海洋浮标站采用的是双北斗卫星通信。海洋水文气象报文由浮标站直接发送到北斗卫星，再通过北斗卫星传送到地面站，地面站转发到广州市气象监测预警中心接收。

五、数字集群

市气象防灾警报网始建于20世纪80年代，30多年来在市气象局应对突发灾害性天气中发挥了巨大作用。但由于原有警报网设备陈旧，且受到当时技术条件限制，没有数字信息，没有终端状态反馈等，服务质量大打折扣。2013年，市气象局以白云区为试点，开始对原有的警报网进行升级改造，采用国际先进的甚高频无线窄带数字广播传输技术，结合MSK解调技术标准，基于取消专用甚高频无线广播频点（149.225兆赫、149.250兆赫、149.275兆赫、149.825兆赫、149.850兆赫、149.875兆赫）和气象APN网络专线双网融合作为防灾预警信息传输链路，同时建设省、市、区三级互联互通的智能化预警信息发布平台，并研发桌面型防灾预警接收机、LED防灾预警显示屏、LCD防灾预警显示屏、农村甚高频大喇叭接收机作为接收终端。

2016年初，市领导在安全生产和应急管理会议上提出加快试点建设“广州市突发事件预警信息广播系统”。经市政府应急办牵头调研，学习国内突发事件预警信息的建设经验，同时启动突发事件预警信息广播系统试点建设立项，以原有甚高频防灾预警系统为基础进行扩建和改名。项目建设要求以秉承节约国家资源，避免重复建设，共建、共享、共治为原则，以市突发事件预警信息发布中心为核心，以有代表性的部门和区信息发布平台为枢纽，以选取的有代表性的镇（街）、村（居）信息发布系统为节点，互联互通、信息共享、安全畅通、覆盖广州部分区域的突发事件信息发布平台体系，在这些区域建立起权威、畅通、有效的突发公共事件预警信息发布渠道，实现广播系统与多个社会行业广播系统和显示屏系统物理对接互联。系统可快速、及时、准确地将各类灾害预警信息传播给社会公众，扩大气象信息覆盖面，解决社区管理预警信息“最后一公里”问题，提高灾害预警能力，达到最大限度防灾减灾的目的。

2017—2018年，广播系统试点项目顺利实施，采用横向兼容对接行业广播为主，成功实现对接广州地铁、高铁广州南站、白云山、中石化、火车站、黄埔区政府及社区广播系统和增城272个农村广播系统。同时，开始立项和编制《市级突发事件预警信息广播系统终端设备接入规范》地方标准，建立一系列的预警信息发布流程、运行机制、有关标准和管理规范及信息安全体系。系统技术标准部分规定系统内部信息处理流程中的数据格式、数据接口、传输协议等基础性标准。初步建立与各试点部门和行业互联互通、多渠道多方式发布的信息安全体系，确保市预警信息广播系统信息安全符合国家相关标准和要求。

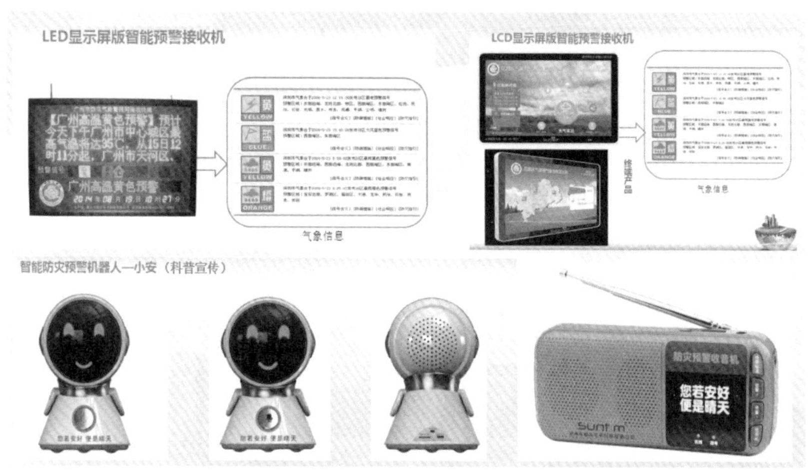

图 4-1　广播系统终端设备

除了甚高频应急广播系统以外，市气象局还积极推广应用市政府建设的 800 兆数字集群通信设备。2010 年为服务好广州亚运会，市政府利用中国电信 800 兆无线电频率建设了覆盖主要城区的 800 兆数字集群，作为广州市亚运期间应急指挥的通信工具。市气象局作为组委会成员单位开始使用 800 兆数字集群。2011 年 8 月 15 日 800 兆数字集群作为广州市大型活动和日常城市应急指挥系统保留，并专门为市气象局构建气象应急内部集群。2014 年 6 月 20 日将原来集中在市气象局本级的 800 兆终端下发到所有县、区气象局，作为日常突发天气、应急处置的专用通信装备。

第二节　高性能计算机

一、气象 IBM 高性能计算机

2012 年 12 月，省气象局决定将中国气象局支持省气象局的一套高性能计算机系统（IBM 公司产品，峰值运算速度为每秒 400 万亿次），交由市气象局使用和管理。2013 年 10 月，完成配套基础设施（配电区域场地、电力系统改造、机房装修、暖通系统等）的建设。2014 年 5 月 30 日，高性能计算机以及配套设施通过验收，进入业务运行。

高性能计算机运行中国自主开发的数值预报软件（GRAPES）。承担华南数值预报系统的计算任务：华南精细预报模式、华南中尺度模式和中国南海台风模式。其中，华南精细预报模式为逐小时滚动 24 小时预报，主要预报华南局地的暴雨、雷暴大风等强对流天气过程，预报时间长度为 1 天；华南中尺度模式分辨率为 9 千米，每天做 4 次 3 天半的预报，主要对华南地区常规天气如降水、冷空气、高温等天气过程

图 4-2　广州市气象局高性能计算机

进行预报；中国南海台风模式包括分辨率为 36 千米的大区域预报，预报区域为整个南海地区和东南亚地区，同时针对台风中心移动，嵌套分辨率为 9 千米的较小范围台风中心区域预报。

自该系统运行以来，南海台风模式作为支撑广州市气象部门台风登陆研判信息的唯一国内预报数据，支撑气象部门平稳度过台风季。台风模式中，起源于菲律宾以东太平洋洋面和中国南海的台风预报资料已经作为中国气象部门评估台风影响的关键资料。

二、"天河二号"高性能计算机

2015 年 4 月 21 日，市气象局、国家超级计算中心广州分中心、中国气象局广州热带海洋气象研究所三方签署合作协议，基于"天河二号"开展气象高性能计算。市气象局负责提供广州市的气象资料和气象数据通信条件，协助开展数值预报产品的后处理、效果检验以及计算结果的业务应用。国家超级计算中心广州分中心负责将广州地区 1 千米分辨率模式并行计算方案在"天河二号"上调优和适配，为云分辨模式的技术研发和数值试验提供资源并保证稳定运行，协助中国气象局广州热带海洋气象研究所调试高分辨率数值天气预报模式系统。中国气象局广州热带海洋研究所负责开发广州地区 1 千米分辨率模式的并行计算方案，负责云分辨率模式的动力框架与物理过程技术、云分辨率模式初值形成技术研发，建立具有广州地区特点的高分辨率数值天气预报模式系统。

2015 年 12 月 23 日，在"天河二号"的操作系统平台上，针对"天河二号"共享存储的特点，对 GRAPES 区域数值天气预报模式并行计算进行优化，在"天河二号"超级计算机上成功运行以广州市为中心的华南区域 3 千米分辨率（覆盖范围：东经 96.00°—130.56°，北纬 11.00°—38.36°）的精细模式，并嵌套运行 1 千米分辨率的对流尺度模式（覆盖范围：东经 109°—119°，北纬 19°—27°），完成制作 24

小时天气预报只需21.6分钟。2016年1月为提高气象数据传输效率，市气象局与“天河二号”之间完成了百兆光纤线路直连，进行准实时业务开发测试。

2017年2月28日，市气象局与中山大学国家超级计算中心广州分中心正式签署合同，开始制作广州区域1千米精细化数值天气预报。3月1日，开始在“天河二号”上运行广州为中心的华南区域3千米精细化模式，嵌套广州1千米精细化模式。

三、云计算

2012年，市政府开始筹建市电子政务云平台。市气象局2014年在市电子政务云平台租赁了第一批虚拟资源（包括虚拟机、存储、负载均衡、带库等设备）用于气象服务系统。2015年市气象系统将原来分散部署在各电信托管机房的网站发布系统、行政审批系统等互联网应用逐步迁移至电子政务云平台。至2017年，所有对外发布的系统以电子政务云平台为依托，形成了电子政务云上的气象信息系统集群。

第三节　数据管理与应用

2014年，市气象局成立大数据融合技术应用创新团队，结合探测设备、信息网络、公共气象服务及应急发布的主体业务，提出并制定气象大数据依托信息化建设路线，规划建设广州气象大数据支撑环境。2014年9月22日，以新建信息化项目方式获市财政投入，进行气象大数据建设。2016年12月8日，项目通过验收，正式进入业务运行。

该大数据平台以满足国家和社会公众对气象科学数据的共享需求为目的，依托气象局成熟的业务技术体系，以现有气象数据资源为基础，逐步吸纳其他相关领域的数据资源，通过整合集成，标准化和归一化处理，形成一批以气象数据集（观测数据、产品数据等）为核心的交换数据。

至2017年9月，向各政府部门共享数据量达895.97万条（接口调用共享数据量为352多万余，向市政府信息共享平台提供543.97万余）。广州气象大数据平台已有非气象类注册用户超350个，包括市城市规划勘测设计院、广州地铁集团以及广州众多环境科研机构，还有中山大学、华南理工大学、暨南大学、华南师范大学、华南农业大学、清华大学、上海交通大学等高校，物流、建筑等企业。

气象大数据平台同时通过客户端、微信、微博采集用户行为数据和统计数据，做好个性化的气象数据提供。至2017年9月，获取环保部门数据超过178万条，获取国土部门数据超过18万条，获取市交委的数据量超过2.527亿条（公交GPS数据2.247亿条，道路拥堵指数数据2800万条），获取公安局治安视频的视频数据超过5

万个，通过三防办获取的基础信息 POI 数据达 6 万多条。上述数据被用于气象部门的业务开发与应用，例如 2017 年重点信息化项目气象决策辅助系统的开发。通过多部门数据的集中应用，提高了气象应急减灾的服务效果。

第四节　视频会商系统

一、气象视频会商系统

2012 年 7 月，在市气象监测预警中心预报会商大厅建成市气象局独立运作后的第一套视频会商系统，包括视频会商系统所需的音、视频信号中控系统，信号显示屏幕墙以及视频会商终端等设备。

2013 年，省气象局全面推进气象高清视频会商系统的建设工作。为了积极贯彻落实省气象局的工作部署，同时也为加强市气象局对各区气象局业务的指导，2013 年 9 月，市气象局要求有关直属单位以及各区气象局要按照省气象局统一要求配置思科高清视频会商设备，并确保网络带宽能够满足视频会商的要求。随后，市气象局和各区气象局积极争取财政预算升级视频会商终端，2014 年 6 月，市区两级高清视频会商终端基本升级完毕，同年开始每天定期进行市、区气象视频会商并延续至今。

2017 年 9 月，市突发事件预警信息发布中心二期业务平台建成并投入业务运行。该业务平台采用了市面上主流的音、视频中控设备，实现了四区六岗、指挥区以及大数据中心三个主要业务区域音、视频信号的互联互通，会商区域建设了小间距 LED 显示屏，极大提高了视频会商观看性，同时每个区域均部署了新的视频会商终端互为备份。

二、外部门视频会商系统

2015 年 12 月，市政府办公厅下发《关于推广使用视频会商系统的方案（试行）》，要求各区政府以及市政府各部门、直属机构在全市推广使用视频会商系统。市气象局将内部一个会议室进行升级改造，建成市政府视频会商室。2016 年 8 月，通过电子政务网接入市政府的视频会商系统，实现与市政府视频会商功能。

为满足防御台风“天鸽”过程中三防部门与全市各级气象部门急需现场会商的迫切要求，2017 年 9 月初，市三防办与市气象监测预警中心建设了一条 20 兆的视频专线，并安装了高清摄像设备。通过市三防办和市气象局的设备对接，实现了三防部门和气象部门的视频会商系统对接。同年，在市应急办的主导下，市气象局通过电子政务外网接入市应急办的视频会商系统。

第五章　气象预报预警

20 世纪 90 年代开始，随着计算机技术普及、气象通信条件改善、探测手段增加、MICAPS（气象信息综合分析处理系统）业务化，数值预报产品、云图产品、雷达产品、天气实况、大气环流形势等资料的获取、处理、分析变得更加便捷，以数值预报产品为基础，综合运用和分析各种预报指标、实况资料的预报方法得到发展，预报产品更加丰富多样。

20 世纪 90 年代中期，广州市的天气预报由广州中心气象台制作。1996 年，广州中心气象台成立广州预报科，负责广州市短期与专项预报业务，2011—2012 年广州市短时、中期和长期预报业务从广州中心气象台分离出来，并借鉴北京奥运会、广州亚运会的经验，逐步建立比较完整的天气预报业务体系，预报方式发生了重大变革，业务内涵不断丰富，预报准确率稳步提高。

第一节　天气预报

一、短时临近预报[①]

进入 21 世纪以来，随着气象现代化监测手段和装备技术的进步，广州的短时临近预报得到了快速发展。

2001 年 6 月，广州 S 波段新一代多普勒天气雷达开始正式业务运行。作为全省第一部 CINRAD/SA 雷达，对整个珠江三角洲地区的短时天气进行实时监测，并且担负着与香港、澳门交换雷达资料的任务，同时也成为对广州地区强对流天气（冰雹、大风、龙卷和暴雨）进行监测和预警的主要工具。

2001—2010 年，广州短时临近预报产品由省气象台短时预报科制作发布，制作时段为 2 月 15 日至 10 月 5 日，产品主要包括未来 12 小时灾害性天气潜势预报（05 时、11 时、17 时发布），未来 3 小时天气警报（不定时）、（每小时）未来 3 小时定量降水预报图、地质灾害气象等级警报。广州市的短时临近预报产品（常规一天 6 次，随时订正），通过电台、电视台、城市气象防灾警报网、12121 应急气象电话、手机短信、

① 短时预报是指对未来 0—12 小时天气过程和气象要素变化状态的预报。预报的时间分辨率应小于或等于 6 小时，其中 0—2 小时预报为临近天气预报，主要是对强对流天气的临近预报。

电话传真、互联网等传播。暴雨、雷雨大风、台风预警信号由广州中心气象台发布，其余预警信号由广州市局预报科（广州市气象台前身）发布。

2010年4月起，省气象台结合天气业务试点，开展中尺度天气分析业务和强天气落区业务，市气象台将其产品作为短时临近预报参考资料之一。

2011年上半年，省、市气象台业务分离，下半年市气象台独立运作，在日常业务中全面开展短时临近预报业务。预报工作内容包括广州地区灾害性天气的跟踪监测、广州地区短时临近天气预报预警产品的制作和发布、全市各区短时临近预报业务的技术指导，制作时段为全年。其中，每天05—23时逐小时滚动制作发布未来3小时广州市短时临近预报信息，预报内容包括天气现象、降水量、气温、风向、风速；每日逐3小时制作并发布广州市雷电天气预报（05时、08时、11时、14时、17时、20时、23时），预报内容包括雷电和雷暴概率；视天气状况不定时发送广州市未来3小时突发天气警报和排水中心强降水警报。

2013年，加强了对中小尺度灾害性天气和气象灾害监测预警服务工作，初步建立了气象及相关灾害落区预报及短时临近预报业务流程。

2016年，市气象台率先在全省开展短时临近网格预报（短临GIFT）。每天的06—21时，每小时更新发布未来6小时内广州地区（包括港区）逐时、空间分辨率为1千米 ×1千米的气象要素网格预报，预报要素包括气温、降水量、风向和风速，并通过升降尺度交互订正技术，实现短期版GIFT和短临版GIFT预报产品的一致性发布及自动订正。同年，市气象局联合广州热带海洋气象研究所重点实验室在“天河二号”高性能计算机上共同搭建GRAPES_1千米短时临近数值预报模式，并于2017年4月实现业务化运行。

2016年1月，S波段新一代多普勒天气雷达（CINRAD）开始进行大修及双偏振升级改造。2016年4月完成改造工程并开始试运行，2017年5月完成现场验收，正式投入业务运行，新增了差分反射率、相移率、水汽分类等五项产品，进一步提高了短时临近灾害性天气的监测预警能力。

2017年，开始组建相控阵雷达网，分别在花都、南海、番禺布置了3部X波段相控阵雷达。2017年7月11日开始调试番禺的相控阵雷达；之后花都、南海的相控阵雷达相继建成，2018年3月开始组网观测试验。相控阵雷达可以有效弥补S波段低空盲区覆盖，获取更高时空分辨率的雷达资料（完成一次体扫描最快不到1分钟，较传统雷达扫描速度提高6倍以上），有利于对中小尺度龙卷、涡旋、微下击暴流等小尺度强对流系统的高精细监测，为天气预报人员提供更加精细的气象实况信息。气象雷达探测技术和中尺度数值模式的发展推动了广州短时临近预报业务水平的进一步提高。另外，风廓线仪作为新一代的天气观测工具，是世界气象组织认可并推荐应用于业务的一种地基遥感设备。与常规大气探测设备相比，风廓线仪具有连续无人值守、可全天候监测大气风场和温度廓线（须与无线电声探测系统RASS配合）等优点；与气球测风相比，风廓线仪可连续探测，具有高精度和高运行可靠性。到2017年底，市气象台利用广东省风廓线仪观测网（14部风廓线仪）提供的高时间

（5 分钟—6 分钟）、空间（60 米—480 米）分辨率的高空观测数据，对每部风廓线仪观测数据时间 - 高度序列图以及不同高度上各个风廓线仪同一时刻的观测资料进行了图像展示，并应用于广州气象综合业务应用平台，为预报员提供更加及时、准确的高空观测资料，提高天气预报尤其是短时临近预报预警的准确度。

二、短期天气预报①

2001 年，市气象台继续开展 0—72 小时短期天气预报服务。国家气象中心与相关单位协作开发的气象信息综合分析处理系统经过不断改进，于 2002 年升级为 MICAPS2.0，使预报业务真正实现了从传统的、以天气图和经验分析为主的作业方式向以数值分析产品为基础、以人机交互处理系统为主要平台、综合应用各种气象信息和预报方法的现代天气预报作业方式的转变。

2006 年 4 月 1 日起，全国城镇天气预报业务流程有所调整。每天 16 时前，市气象台上传 24 小时、48 小时、72 小时、96 小时、120 小时城镇天气预报（分 20—08 时、08—20 时两段）至省气象局；每天 06 时前，上传 72 小时城镇天气预报不变；电信台每日 06 时 30 分和 16 时 15 分前将全省城镇天气预报传输至北京。6 月 15 日，城镇天气预报业务流程再次调整。市气象台每天 3 次制作城镇天气预报，即早间、午间以及晚间预报；广州仍需 06 时 15 分前制作并上传早间城镇天气预报。

2009 年 6 月后，城镇预报时效由短期延长至中期，即每天上午两次的城镇预报由原来的 72 小时增加至 168 小时；每天下午两次的城镇预报由原来的 120 小时增加至 168 小时。同年，市气象台推出彩信周刊、海洋天气、家乡天气、一周天气、山区天气、上下班天气、指数天气、田园气象站等八大新业务产品，对原有天气信息产品进行了极大的补充。

2011—2012 年，市气象台配合省气象局开展大城市精细化预报业务试点工作。2012 年，市气象台设立城市精细化预报岗和短时临近服务岗，发布 24 小时内的逐 3 小时预报；发布 1 天 3 次的逐 6 小时预报以及广州 12 分区 168 小时内的逐 12 小时精细化预报，并将预报内容上传中国天气网。

2013 年，市气象台率先在全省完成市级图形化网格预报编辑系统（GIFT）建设，开始试点应用，每日 3 次（早晨、上午以及下午）更新发布 0—168 小时广州地区（包括港区）空间分辨率为 5 千米 × 5 千米的气象要素网格预报，预报要素包括气温、降水量、风向、风速、相对湿度、云量、能见度，实现了短期预报业务从“单点预报”向“网格预报”的转变。

2014 年起，市气象台在原有传统数值模式产品基础上，根据本地化需求及参考国内外先进模式产品，对中、短期数值预报产品以及集合预报产品进行具有广州特

① 短期天气预报是指未来 0—72 小时内的天气过程和气象要素变化状态的预报。预报要素包括天气现象、气温、降水量、风向、风速、相对湿度、能见度等。

色的模式产品二次开发，在广州市综合气象分析系统（COMPASS）中新增了如强对流潜势、暴雨配料、多模式集成等产品，提高了广州数值模式的解释应用能力。

2015 年 10 月 1 日，省气象局正式启动基于图形化网格预报编辑系统（GIFT）的精细化网格预报业务。市、县（区、市）级气象局基于全省一张网的精细化格点预报产品，结合现代科技手段（智能手机终端、地理信息 GIS 技术、LBS 定位服务和自动信息推送等），提供更加精细的气象预报服务，至此，开启精细化预报服务的新时代。具体业务流程为省气象台制作并下发全省格点指导预报产品，修正各市反馈预报；市气象台订正反馈省气象台指导预报产品并在网站上发布，同时基于精细化格点预报制作精细化城镇天气预报并上传省气象局发往国家气象中心。

2017 年省、市 GIFT 精细化格点预报业务流程

表 5-1

开始时间	结束时间	任务项目
04:30	05:30	省气象台制作未来 3 天陆地格点指导预报产品（08—08 时）并发布
05:30	06:30	各市气象台调取省气象台指导预报产品，订正制作并于 06 时前将城镇预报报文（08—08 时）上传至省气象局；下发预报产品并指导县气象局
09:30	10:20	各市气象台修正早间城镇预报并上传午间城镇预报报文（08—08 时）至省气象局；下发预报产品并指导县气象局
10:00	12:00	省气象台制作未来 7 天陆地格点指导预报产品（20—20 时）并发布
14:00	15:30	各市气象台根据省气象台指导预报产品，修正本市精细化格点预报。 各市气象台根据省、市气象台会商结论，15 时 30 分前将未来 7 天格点预报发布至探测数据中心
14:30	15:30	省气象台在线监控各市气象台格点预报，当预报结论意见分歧较大时，通过 GIFT 系统通知相关台站，最后达成一致意见
15:30	16:00	各市气象台调取以上最终预报产品，制作精细化城镇预报报文（20—20 时）并上传至省气象局；下发预报产品并指导县气象局

2017 年市级精细化格点预报服务产品列表

表 5-2

服务产品名称	发布渠道	产品内容
公众网 1 天—7 天城镇预报	FTP	1 天—（3）7 天城镇预报
对服务单位 1 天—7 天城镇预报	传真、E-mail	1 天—（3）7 天城镇预报
乡镇预报（电子显示屏）	FTP	1 天—3 天乡镇预报
12121 语音信箱	FTP	1 天—（3）7 天城镇预报
微博	FTP	1 天—（3）7 天城镇预报
微信	FTP	1 天—（3）7 天城镇预报

续表 5-2

服务产品名称	发布渠道	产品内容
旅游景点天气	传真、FTP	
交通天气	传真、FTP	
……		

2017 年县级精细化格点预报服务产品列表

表 5-3

服务产品名称	发布渠道	产品内容
公众网 1—7 天城镇预报	FTP	1—（3）7 天城镇预报
对服务单位 1—7 天城镇预报	传真、E-mail	1—（3）7 天城镇预报
乡镇预报（电子显示屏）	FTP	1—3 天乡镇预报
12121 语音信箱	FTP	1—（3）7 天城镇预报
微博	FTP	
微信	FTP	
旅游景点天气	传真、FTP	
交通天气	传真、FTP	
……		

2015 年，新增广州市乡镇预报业务。每日 15 时 45 分前，通过调用市级网格预报平台（GIFT）预报产品制作发布未来 24 小时、全市 174 个镇街天气预报。

2016 年 4 月 1 日起，根据上级文件，市气象台不再制作早间城镇天气预报，由省气象台统一制作全省早间 72 小时城镇天气预报（包括香港、澳门天气预报）。

三、中期天气预报①

省气象台 1978 年正式成立中期预报机构，开始使用数值预报产品、天气分析方法和数理统计方法制作旬内雨量、平均气温与极端气温的预报，以及旬内热带气旋、低温阴雨、冷空气、寒露风、降雨等级等重要天气过程预报。

2000 年后，随着国内外数值预报模式的快速发展，中期数值预报及其解释应用逐渐成为中期天气预报业务的主要方法。

从 2012 年开始，市气象台每日 11 时前更新发布广州市未来 10 天天气趋势预报，预报内容包括 10 天内天气过程预报、气象预报应用建议。每月 9 日、19 日、29 日更新发布广州市旬天气预报，预报内容包括旬内天气过程预报、旬内雨量和气温预报、

① 中期天气预报是指对未来 4—10 天天气变化趋势的预报。一般发布平均气温和气温距平、降水总量和距平等预报以及降水、雾、霾、大风、降温、沙尘、高温等主要灾害性天气过程预报。

前期天气回顾、气象预报应用建议。

至 2017 年，市气象台使用的中期数值天气预报产品包括中国气象局统一下发的国家气象中心 T639 数值预报、欧洲气象中心中期天气预报、美国国家环境预报中心（NCEP）和日本气象厅中期天气预报及相关集合预报产品。

另外，不定期制作中期天气预报产品，对转折性天气、重大影响天气预报提前进行发布。

2017 年中期天气预报发布内容

表 5-4

发布内容	
旬	旬气温、降水趋势或旬平均气温、旬降水量总量、旬降水过程日期等
不定期	3—5 天或 5—7 天有明显的久旱转雨、久雨转晴、连阴雨、持续高（低）温、降水等天气过程
灾害性天气	3—5 天有明显的暴雨、大风、寒潮、霜冻等天气过程

四、专项预报

广州港风球。自 1996 年省气象台设广州科起，气象部门便与广州市港务局、海事局合作，制定《广州港风球信号发布规则》，该规则将广州港以虎门大桥为界划分为两个区域。由于广州港出海航道长达 153 千米，范围广、气象情况差异大，两个分区存在弊端：一是沿岸企业在执行统一预警、防抗要求中耗费大量生产时间，台风过后生产恢复过程相对漫长；二是与市民关系密切的城市轮渡、珠江游位于市区以内河面，长约 70 千米，风力情况相差较大，过早停航严重影响出行和观光。因此，2014 年 5 月，在实地调研与充分论证的基础上，市气象局与广州市港务局、海事局等部门商讨修订了《广州港风球信号发布规则》，修订后将广州港更精细地划分为 4 个区域，根据各区域天气影响程度，分别升降风球信号，港区划分与风球等级如表 5-5 所示。新规则于 2014 年 6 月 15 日正式实施，市气象台通过传真、电话、广州天气网页、微博等为港务局等单位及公众提供港区风球信息。

2014 年广州港区域划分变化表

表 5-5

2014 年 6 月之前 广州港风球区域划分		2014 年 6 月之后 广州港风球区域划分	
港区	描述	港区	描述
1 号区	桂山岛到虎门大桥	1 号区	桂山岛到内伶仃岛
		2 号区	内伶仃岛到虎门大桥

续表 5-5

2014 年 6 月之前 广州港风球区域划分		2014 年 6 月之后 广州港风球区域划分	
港区	描述	港区	描述
2 号区	虎门大桥以内	3 号区	虎门大桥到黄埔大桥
		4 号区	黄埔大桥以内

2014 年变化后风球类别

表 5-6

风球	描述
强风信号 1 号	6 小时内本港将有 6 级—7 级大风或本港已出现 6 级—7 级大风
强风信号 2 号	6 小时内本港将有≥ 8 级大风或本港已出现≥ 8 级大风
台风信号 1 号	注意信号，48 小时内本港可能有台风影响
台风信号 2 号	24 小时内本港将有 6 级—7 级大风
台风信号 3 号	12 小时内本港将有≥ 8 级大风
台风信号 4 号	大风将继续增大，但达不到 12 级
台风信号 5 号	本港和附近地区将有≥ 12 级台风

空气质量预报。2013 年 9 月起，市气象局正式开展环境气象预报工作，承担全市空气质量和空气污染气象条件预报业务。2014 年，市气象局与市环保局决定进行气象和空气质量监测资料共享和联合开展空气质量预报业务，由市环境监测中心站和市气候中心两个单位于 10 月 1 日起每天向社会公开发布广州地区未来三天空气质量预报，预报要素包括空气质量指数（AQI）、空气质量指数级别、首要污染物和细颗粒物（$PM_{2.5}$）浓度；空气质量指数级别分为优、良、轻度污染、中度污染、重度污染和严重污染六个级别。

地质灾害气象风险预警预报。市气象局联合市国土规划部门于 2013 年正式启动地质灾害气象预警工作，通过网页、传真、短信、微博等方式开展服务。同年 9 月 22 日首次发布广州市地质灾害气象预警。

生活气象指数预报。2002 年 7 月 1 日，市气象局开始制作发布紫外线指数预报。2004 年，随着中国气象局广州热带海洋气象研究所对生活气象指数研究形成成果，市气象局开始开展广州市生活气象指数预报业务，共制作发布 11 种生活气象指数预报，包括舒适度、晨练、穿衣、灰霾天气、火险、霉变、中暑、风寒、负氧离子浓度、紫外线指数和晾晒指数。图形产品通过网站、电视、地铁电视向公众发布。2006 年 5 月，省气象局发布新的生活气象指数标准，按照该标准，广州市新增旅游、雨伞、交通 3 种生活气象指数预报，共计发布 14 种。每天制作发布两次预报产品，预报时效为 24 小时。预报产品为文本和图形两种形式，文本用于省、市级气象部门

2006—2017年广州生活气象指数产品发展变化表

表 5-7

序号	指数名称	2006年5月—2014年6月	2014年7月—2017年12月	
		指数级别及内涵	指数级别及内涵	颜色标识（RGB颜色代码）
1	舒适度指数	一级　很冷，感觉不舒适，有生冻疮的危险 二级　冷，多数人感觉不适 三级　微冷，肌肤略有寒意，少数人感觉不舒适 四级　较舒适，凉爽，大部分人感觉舒适 五级　舒适，绝大部分人感觉舒适 六级　较舒适，温暖，多数人感觉舒适 七级　微热，少数人感觉不舒适 八级　热，较大部分人感觉不舒适 九级　炎热，多数人感觉不舒适 十级　暑热，闷热，难受，感觉不舒适，谨防中暑 十一级　酷热，感觉很不舒适，严防中暑	一级　舒适 二级　较舒适 三级　不舒适 四级　非常不舒适	有
2	晨练指数	一级　非常适宜晨练 二级　适宜晨练 三级　较适宜晨练 四级　不太适宜晨练 五级　不适宜晨练	一级　适宜晨练 二级　较适宜晨练 三级　不太适宜晨练 四级　不适宜晨练	有
3	紫外线指数	一级　紫外线强度最弱 二级　紫外线强度弱 三级　紫外线强度中等 四级　紫外线强度强 五级　紫外线强度很强	一级　紫外线强度最弱 二级　紫外线强度弱 三级　紫外线强度中等 四级　紫外线强度强 五级　紫外线强度很强	有

续表 5-7

序号	指数名称	2006 年 5 月—2014 年 6 月	2014 年 7 月—2017 年 12 月	
		指数级别及内涵	指数级别及内涵	颜色标识（RGB 颜色代码）
4	穿衣指数	一级　短衫、短裙、短裤 二级　薄型长裤、薄型 T 恤衫 三级　长裤、衬衣、T 恤 四级　长裤、长袖 T 恤、薄型套装 五级　羊毛衫（较薄）、夹克衫或套装 六级　毛衣（较厚）、西服套装或牛仔衫裤、风衣 七级　厚毛衣、羊毛裤、羽绒服、皮夹克或棉衣 八级　厚毛衣、羊毛内衣、裤、羽绒服、皮衣、手套等	一级　严冬装：适宜穿着羽绒服、戴手套等 二级　冬装：适宜穿着棉衣、皮衣、厚毛衣等 三级　初冬装：适宜穿着夹克衫、西服、外套等 四级　早春晚秋装：适宜穿着套装、夹克衫、风衣等 五级　春秋装：适宜穿着棉衫、T 恤、牛仔服等 六级　夏装：适宜穿着短裙、短套装等 七级　盛夏装：适宜穿着短衫、短裙、短裤等	有
5	旅游指数	一级　投入大自然的怀抱吧 二级　出来玩玩吧 三级　不太适宜旅游 四级　不适宜旅游	一级　适宜旅游 二级　较适宜旅游 三级　不太适宜旅游 四级　不适宜旅游	有
6	晾晒指数	一级　适宜晾晒 二级　较适宜晾晒 三级　不适宜晾晒	一级　适宜晾晒 二级　较适宜晾晒 三级　不太适宜晾晒 四级　不适宜晾晒	有
7	火险指数	一级　难燃 二级　较难燃 三级　可燃 四级　易燃 五级　极易燃	不变	无

续表 5–7

序号	指数名称	2006 年 5 月—2014 年 6 月	2014 年 7 月—2017 年 12 月	
		指数级别及内涵	指数级别及内涵	颜色标识（RGB 颜色代码）
8	霉变指数	一级　极难霉变 二级　不易霉变 三级　较易霉变 四级　易霉变 五级　极易霉变	不变	无
9	中暑指数	一级　不易中暑 二级　易轻度中暑 三级　易中度中暑 四级　易重度中暑 五级　极易中暑	不变	无
10	风寒指数	一级　感觉较为舒适 二级　感觉有点凉 三级　感觉有点冷 四级　感觉冷 五级　感觉很冷	不变	无
11	雨伞指数	一级　外出不必带伞 二级　外出可带伞 三级　外出必须带伞	不变	无
12	灰霾天气	一级　没有灰霾 二级　轻微灰霾 三级　轻度灰霾 四级　中度灰霾 五级　重度灰霾	不变	无

续表 5-7

序号	指数名称	2006 年 5 月—2014 年 6 月	2014 年 7 月—2017 年 12 月	
		指数级别及内涵	指数级别及内涵	颜色标识（RGB 颜色代码）
13	交通指数	一级　非常适宜驾驶 二级　适宜驾驶 三级　较适宜驾驶 四级　不太适宜驾驶 五级　不适宜驾驶	不变	无
14	负离子浓度	一级　非常清新 二级　清新 三级　较清新 四级　一般 五级　不清新	不变	无
15	感冒指数	无	一级　不易感冒 二级　感冒少发 三级　容易感冒 四级　极易感冒	有
16	洗车指数	无	一级　适宜洗车 二级　较适宜洗车 三级　较不宜洗车 四级　不宜洗车	有

①表中部分资料来自《广东省天气预报技术手册》2006 年 5 月版。

②等级颜色标识（R-G-B 颜色代码）：一级，R20-G172-B228；二级，R100-G186-B48；三级，R158-G220-B85；四级，R236-G251-B4；五级，R248-G163-B43；六级，R248-G81-B43；七级，R207-G1-B25。

③ 1—6、15—16 号气象生活指数为中国气象局减灾司《气象部门常用生活气象指数产品暂行技术规范》规定的 8 种，其余指数不在规范文件内，暂无颜色标识。

之间的上传下发，图形产品通过网站、电视、地铁电视等渠道向公众发布。2014 年 7 月，依据中国气象局减灾司下发的《气象部门常用生活气象指数产品暂行技术规范的通知》，广州市气象台将舒适度指数、晨练指数、穿衣指数、旅游指数、晾晒指数 5 种常用生活气象指数产品改为执行国家标准，新增两项感冒指数和洗车指数，整合原有生活气象指数，共计制作发布 16 种生活气象指数产品。预报时效、制作发布次数以及预报产品形式不变，文本格式数据用于与国家级、区域中心、省级气象部门之间的上传下发；图形产品由国家级和省级气象部门根据面向网站、手机、电视等不同媒体的传播风格自行设计符号图标，不同指数等级按照统一规范应用不同颜色级别来表征，其中在电视上发布的指数图标颜色根据节目制作按照气象行业标准《气象服务图形产品色域》（QX/T 180—2013）中规定的总色域进行适当调整。图形产品传播途径新增微博、微信。2017 年 4 月，优化更新晨练指数算法。2017 年 11 月，更新了体感温度算法。

第二节 天气预警

2001 年，广州施行《广东省台风、暴雨、寒冷预警信号发布规定》（粤府令〔2000〕62 号），主要发布台风、暴雨、寒冷 3 类预警信号。台风预警信号为白、绿、黄、红、黑 5 种；暴雨和寒冷预警信号均为黄、红、黑 3 种。

为规范突发气象灾害预警信号发布工作，2004 年中国气象局发布《突发气象灾害预警信号发布试行办法》，在全国采用统一标准，第一批发布预警信号的突发气象灾害有台风、暴雨、雷雨大风、高温、寒潮、大雾、沙尘暴、大风、冰雹、雪灾和道路结冰，共 11 类，预警信号的级别依据气象灾害可能造成的危害程度、紧急程度和发展态势一般划分为四级，即Ⅳ级（一般）、Ⅲ级（较重）、Ⅱ级（严重）、Ⅰ级（特别严重），依次用蓝色、黄色、橙色和红色表示，同时以中英文标识。11 类灾害天气的不同等级共用 34 种标识来表示。

2006 年，省政府遵循《中华人民共和国气象法》，并结合本省实际，于 2006 年 4 月 13 日发布《广东省突发气象灾害预警信号发布规定》（粤府令〔2006〕105 号），于 6 月 1 日起实施。该规定包含了台风、暴雨、雷雨大风、高温、寒潮、大雾、冰雹、道路结冰、森林火险、灰霾 10 类突发气象灾害的预警信号及防御指引。2006 年 5 月 30 日，广州市气象台发布《广州市突发气象灾害预警信号发布细则》，预警信号类型同《广东省突发气象灾害预警信号发布规定》。市气象台负责发布广州市越秀、海珠、荔湾、天河、黄埔、白云、萝岗区共 7 区的预警信号，不发布增城、从化、番禺、花都、南沙等市（区）的预警信号，但负责对各市（区）气象台的业务指导。

2007 年 1 月 15 日，根据省气象局《广东省灰霾天气预警信号发布细则》，市气象局重新制定灰霾天气预警信号发布规定并执行，规定中新增预警信号确认时间和发布细则。

2007 年 6 月 12 日，中国气象局正式实施《气象灾害预警信号发布与传播办法》，预警信号增加至 14 类。

2014 年 9 月 9 日，省政府根据《广东省教育厅 广东省气象局关于建立教育系统应对台风暴雨停课安排工作机制的通知》（粤教保〔2014〕3 号）制定下发新的《广东省气象灾害预警信号发布细则》，新增暴雨红色停课机制，细化各预警信号发布标准、发布内容、短信模板和新增发布途径等。市气象台根据天气变化，随时通过电视、广播、报纸、手机短信、网站等方式向社会发布预警信号，并提供防灾减灾决策服务建议。如遇特大暴雨天气，发布暴雨红色预警并提醒相关三防应急部门和抢险单位随时准备启动应急方案；已有上学学生和上班人员的学校、幼儿园以及其他有关单位应采取专门的保护措施，处于危险地带的单位应停课、停业，立即转移到安全的地方暂避。县（市、区）气象台负责发布本县（市、区）的预警信号；市级气象台负责发布市区和无气象台的县（市、区）的预警信号。任何组织和个人不得向公众传播非气象主管机构所属气象台站提供的预警信号。各气象台自主发布预警信号；上级气象台站负责对下级气象台站的技术指导，并负责对县（市、区）气象台站预警信号上网情况的监控；市气象局负责本市区域预警信号发布的组织协调、会商沟通以及督查；必要时上级气象台站可直接要求下级气象台站发布预警信号。

2017 年全国预警信号与省、市预警信号类型对比表

表 5-8

全国预警信号种类（14 类）	广东省 / 广州市预警信号种类（10 类）
台风（蓝、黄、橙、红）	台风（白、蓝、黄、橙、红）
暴雨（蓝、黄、橙、红）	暴雨（黄、橙、红）
暴雪（蓝、黄、橙、红）	—
寒潮（蓝、黄、橙、红）	寒潮（黄、橙、红）
大风（除台风外）（蓝、黄、橙、红）	雷雨大风（蓝、黄、橙、红）
沙尘暴（黄、橙、红）	—
高温（黄、橙、红）	高温（黄、橙、红）
干旱（橙、红）	—
雷电（黄、橙、红）	—
冰雹（橙、红）	冰雹（橙、红）
霜冻（蓝、黄、橙）	—
大雾（黄、橙、红）	大雾（黄、橙、红）
霾（黄、橙）	灰霾（黄）
道路结冰（黄、橙、红）	道路结冰（黄、橙、红）
—	森林火险（黄、橙、红）

第六章 气象服务

市气象局开展的气象服务按服务对象划分，可分为决策气象服务、公众气象服务和专业专项气象服务。

决策气象服务是为各级政府和有关部门决策提供的气象服务，目的是在第一时间让决策者获得所需的科学、有价值的气象信息，并帮助用户将这些信息有效应用到决策中去，提高整个社会趋利避害的能力。

公众气象服务是充分利用各种信息传播手段，为公众提供天气预报和气象服务。截至 2017 年，广州市已经开通了电视、网站、微博、微信、报刊、短信、广播、显示屏、甚高频和咨询电话等 10 类服务渠道提供官方气象产品。

专业专项气象服务是为各行各业提供的针对行业需要的气象服务。

第一节 决策气象服务

一、重大灾害天气决策服务

2006 年中，市气象局专门为政府应急决策服务部门提供专业气象服务网站，各级部门可及时、有效地查阅相关气象信息。

2011 年，为提高重大灾害天气服务的针对性、敏感性、综合性和时效性，全力做好灾害天气决策服务工作，市气象局制定了《广州市气象局 2011 年度决策气象服务方案》。服务内容包括重大灾害性、关键性、转折性天气服务，如台风、暴雨、寒潮、雷雨大风、冰雹、大雾、冰（霜）冻和久晴（旱）转雨（涝）、久雨转晴等预报和信息的服务；可能出现与气象有关的其他重大灾害，如山洪暴发、山体滑坡、泥石流、城乡积涝、病虫害暴发流行、森林火灾、低能见度事件等的服务；已经出现的气象或气象衍生灾害、影响与成因分析情报，或者局部地区出现特别重大气象或气象衍生灾害、影响与成因分析情报；重要季节气象服务，包括春播、汛期、洪涝、干旱、高温热害、低温冷害、夏收夏种、秋收秋种等气象服务。产品主要以《广州气象信息快报》《广州气象信息专报》、局领导专题报告、市气象局文件、专题材料等形式上报市委、市人大、市政府、市政协等相关部门。2014 年，对方案做了一些调整。根据广州市气候及气象灾害特点，在总结过去决策气象服务经验的基础上，提出各月、各季节决策气象服务关注的重点。服务形式也变得多样化，增加了约稿和手机短信等形式。2016年服务形式又增加了《天气报告》和《最新雨情信息》。除了常年决策气象服务产品，2017年市气象局鼓励各区气象局结合实际、因地制宜、因时制宜开展特色创新决策气象服务。

另外，重大灾害天气决策服务方案日趋成熟的同时，以应急指挥决策辅助系统和预警信息发布系统为主的突发事件预警信息业务支撑平台也在加紧建设。

2012年，智能网格预报产品开始业务运行，以时间轴为载体，实现“过去—现在—未来”精细网格天气信息无缝融合。时间分辨率可达2分钟，空间分辨率为1千米，主要产品包括降水、风向风速、气温。结合灾害风险点及高分辨率地理高程信息，实现了雨情研判功能，为决策服务提供重要的技术支撑。同年，市气象局根据国家、省、市突发事件应急体系建设规划开始建设市突发事件预警信息发布系统，该系统是连接国家、省突发事件预警信息发布系统，市、区相互衔接的突发事件预警信息发布平台。在本市行政区域内利用市预警发布系统制作、发布（含调整和解除）、传播预警信息。市、区预警发布系统可作为同级政府应急指挥辅助决策平台，承担突发事件预警信息、突发事件处置信息、气象应急预警信息以及政府认为必要发布的提醒等信息的发布任务。

2014年，市气象局在省突发事件应急指挥决策辅助系统的基础上，开始建设市突发事件应急指挥决策辅助系统。该系统是根据广州本地实际开发的对大风、强降水、气温、山洪、内涝、风暴潮、污染扩散、森林火点等应急指挥决策提供辅助的平台系统。首期建设以气象灾害事件为突破口，融合实况监测、天气预报及行业部门数据，通过各种综合分析技术为决策者提供以“影响预报”和“风险等级预警”为核心的决策辅助支撑。

2017年6月，市突发事件应急指挥决策辅助系统部署在市政府电子政务云平台上，实现地理信息、实时视频、危化品车辆及船舶动态、气象、环保、国土等多部门信息数据交换共享。

经过几年的建设和完善，市气象局基本形成了以应急指挥决策辅助系统和预警信息发布系统为主的突发事件预警信息业务支撑平台。已建成了可以通过手机客户端、手机短信、传真、邮件、网站、高音喇叭、显示屏、应急广播、电视、微博、微信、甚高频防灾应急预警系统、广州交通电台、广州塔灯光显示系统等渠道，及时向应急责任人、社会媒体、公众、重点企事业单位和其他社会团体发布预警信息。通过智能网格预报（一张网）与市政府防灾减灾相关部门数据图（一张图）的整合，实现了与水利、环保、民政、林业、教育、公安、供电、通信、安监、海事、卫生、国土、交通、三防等部门的信息共享。

二、重大活动、节假日气象服务

随着经济的发展，广州各级政府组织主办的重大活动越来越多，并呈现出大型化、室外化等特点。由于重大活动受天气因素制约大、对气象服务要求高，气象保障成为重大活动组织实施和运行体系中必不可少的组成部分。对此，广州市气象部门每年都将当年的春运、五一、国庆、高考中考、国际龙舟邀请赛、横渡珠江、广交会、广州马拉松赛等重大节假日及大型活动的气象保障工作列入年度工作计划。针对不同重大活动的特点，市气象局积极探索，通过传真、短信、网站、现场保障等多种方式，有针对性地开展气象保障服务。随着重大活动气象保障服务经验的积累，市气象局已形成一套科学高效的重大活动气象保障体系。

市气象部门将重大活动气象保障服务工作分为服务筹备、测试与演练、服务运行、总结评价等四个阶段。在服务筹备期，气象部门从组织体系建设、服务需求调研、气候背景分析及气象灾害风险评估、科技攻关与业务系统建设等方面开展工作；业务系统试运行等测试与演练工作在气象服务运行前一个月开展；在服务运行期，重点抓好短期、短时、临近天气预报以及连续跟进式气象服务，做好面向重大活动运行指挥部门和现场的气象服务；在重大活动气象保障服务任务结束后，及时开展总结及气象服务效益评估。

第八届全国少数民族传统体育运动会气象服务。2007 年 11 月 10—18 日，第八届全国少数民族传统体育运动会在广州隆重举行。2007 年 9 月中旬，市气象局开始组织策划气象服务保障工作，首先组织专门人员跟踪负责有关工作，加强与民族运动会筹备委员会的沟通，了解对气象的需求和有关比赛地点、时间等。10 月 17 日发文成立专门的气象保障服务领导小组、工作小组及现场气象保障小组。11 月 2 日，市气象局专门召开“第八届全国民族运动会”气象服务工作动员会。从开幕式预演起，市气象局就派出应急气象保障车和有正高级工程师、首席预报员、业务科长、设备保障科技术骨干等人员组成的现场气象保障小组开赴广东奥林匹克体育中心，实施开幕式现场气象保障，向民族运动会组委会提供每 3 小时短时预报和临近预报，确保开幕式顺利举行。

针对该届民族运动会开幕式彩排、开幕式、民族大联欢等活动的特殊需求和某些项目分散在广州市区、番禺区、白云区、从化市等地举行，而这些地点没有气象观测资料；龙舟赛在江河水面上进行，大风和雷电对竞赛的正常进行有很大的影响等情况，市气象局各部门开展了有针对性的精细预报服务。市气象局及番禺区、白云区、从化市气象局专门派人前往广东国际划船中心、大学城赛场和马术赛场，考察赛场的地形地貌，除派出服务小组和移动应急气象保障车到达现场，开展现场监测和预报服务外，还在从化马术场等地安装了临时自动气象站，尽最大能力获取气象资料，满足运动员和赛程需要。

民族运动会期间，市气象局除通过电话、传真和电子邮件等形式为第八届全国民族运动会组委会和市政府等部门提供火炬传送到达广州时的天气专项预报服务外，还为民族运动会制作各种服务产品。市气象局专门组织人员编写了《运动会期间广州天气气候分析》材料，使气象信息在民族运动会官方网站上及时发布和更新，让参赛选手和广大市民加深对广州气候特点和运动会期间天气的了解。影视中心充分利用图像、声音的视听效果，在节目的背景音乐、图像设计等方面做了特殊的安排。专门开发了民族运动会气象专题网站并挂在省气象公众网站上，以醒目、界面友好的广告飘移方式发布广州市天气预报、3 小时预报等气象预报产品。该专题网站受到了广大人民群众的欢迎，截至 2007 年 11 月 18 日晚民族运动会闭幕，该专题网站已有 45020 人次访问量。

广州地区春节旅客运输（春运）气象服务。从 2002 年开始，市气象局每年成立春运气象保障服务工作领导小组，制定春运气象保障服务实施方案和春运气象保障应急方案。市气象局每年组织专家对广州市历史上第一季度灾害性天气过程进行统计分析，并对历年第一季度可能出现的突发事件风险隐患灾害性天气做预测，提出应对灾害性天气的防范措施和建议。

主动收集广州站、广州东站、广州南站、广州北站和辖区内旅客集中候车点以及 16 个应急安置点的信息，为各相关区气象局提供定点气象服务做好准备。天气雷达每天延长开机时间，比正常非汛期早开机 2 小时、晚关机 2 小时；春运期间每日向春运办滚动发送广州市区及春运相关省、市未来 7 天的专题天气预报，制作《春运气象服务专报》，发布未来 7 天广州天气预报和全省天气预报，并随时做好突发性天气准备，及时发布预警信息，传真给公安部门等有关单位；遇到对春运影响较大的天气过程时，还根据天气实际情况增加粤北、京珠澳高速公路、琼州海峡以及湖南、江西等周边省份的天气信息及对春运可能产生的影响和建议。

春运期间，市气象局通过微博、微信、网站、手机、气象频道、甚高频（电子显示屏、大喇叭、收音机）等多渠道联合发布气象信息，以短信、图文消息、微门户悬挂、走马字幕滚动、广州塔灯光显示等形式及时高效发布广州市突发事件和气象灾害预警信息，为有效预防和妥善应对突发事件提供有力保障。

广州马拉松赛气象服务。市气象局提前一个月为赛事组委会提供广州马拉松赛日气候背景分析资料，制定《广州马拉松赛气象保障服务方案》；提前 10 天，预报技术人员开始密切关注天气形势变化，每天 08 时、17 时前分别发送当天和第二天的天气预报；活动前 4 天，每天 08 时、12 时、17 时分别发送当天上午、下午和第二天的天气预报；比赛当天，05—14 时逐时发布未来 2 小时短时天气预报；遇有突发天气预警信息和突发事件预警信息随时发布短信提醒。为了提供更直观专业的针对性气象服务，市气象局专门制作了“广马”天气服务网页。系统对实时监测的气温、气压、湿度、风速等气象要素进行自动判断，参照专家研究成果，以不同颜色标示该要素对马拉松赛运动员发挥的适宜程度，直观地反映气象条件对赛事的影响。在广州气象精细化网格预报技术支持下，网页为全程和半程马拉松比赛线路提供了“定点、定量、定时”的气象预报服务，点击地图中“广马”线路上任意位置，都可获取未来 3 天精确到小时的天气预报，为赛事提供了最个性化和便捷的气象服务。自 2012 年开始，每年为广州马拉松活动提供天气预报信息。同时，活动当天，气象服务现场保障小组携带 800 兆赫兹对讲机和应急气象保障车，抵达现场开展广州马拉松活动现场保障。气象局内值班人员在后方密切监测天气，与现场技术人员随时保持联系、会商天气，提供优质服务，确保历年马拉松活动气象保障工作的圆满完成。

横渡珠江气象服务。自2006年横渡珠江活动恢复举办以来，每年的7月中旬至8月中旬间的某一天，都在广州中大码头至星海音乐厅之间的珠江河段举办“横渡珠江”活动。每年“横渡珠江”前一个月，市气象局就成立广州横渡珠江活动气象应急处置工作领导小组、气象服务工作小组及现场保障服务工作组，制定印发广州横渡珠江活动气象保障服务应急预案，明确各成员单位的工作职责和主要工作内容；对广州横渡珠江活动突发事件隐患进行认真排查和整改，对应急保障力量进行再部署，编制活动应急处置工作明白卡。

图6-1 横渡珠江气象现场保障服务

市气象局提前一个月为活动组委会提供横渡珠江活动的背景气候分析资料，分析活动当日广州市区历史气候情况，回顾近十年横渡珠江活动期间的高影响天气，指出期间主要受台风、高温、暴雨、雷暴和雷雨大风的影响；提前15天为活动组委会提供横渡珠江活动当天的天气展望和天气趋势预测及延伸期天气预报；提前7天为活动组委会领导和工作人员提供中期、短期到短时临近的精细化专题天气预报手机短信、微信和传真服务；活动前一天，07时发送当天（分上午、下午）的天气预报，09时、12时、15时发送未来3小时的短时天气预报；活动当天，市气象局派出应急车和由气象台、预警发布中心、气候中心、气象公共服务中心、局办公室等单位10名技术骨干组成的现场保障服务工作组到场保障，市气象局分管副局长亲自指挥，责任处室主要负责人与组委会领导保持密切联系，了解需求，随时向活动指挥部汇报天气情况。气象台首席预报员现场指导把关，现场服务人员加强现场气象监测，密切跟踪监视天气变化，及时发送气象信息和进行现场追踪宣传报道。当天从07时开始，每两小时发布一次活动现场的天气预报，12时后加密短信发送频次为每小时一次。同时为了达到更好的气象服务效果，及时将每小时的天气预报信息打印并送至活动现场广播站进行播报，提醒游渡者、工作人员和公众注意防暑防晒补充水分。活动期间，多渠道、多形式、广覆盖及时发布各类气象信息，通过微博、微信、网站、手机等多个渠道发布天气预报预警信息，提醒活动责任人和公众注意做好活动期间的高温防御工作。

广州国际龙舟邀请赛气象服务。从2003年开始，历年的广州国际龙舟邀请赛于6月中旬至7月下旬的某一天在广州中大码头至广州大桥之间的珠江河道举行。市气象局提前一个月为组委会提供龙舟活动的背景气候分析资料，分析国际龙舟邀请赛当日广州历史气候情况，回顾近十年龙舟活动期间的高影响天气，指出期间主要受高温、暴雨和雷暴的影响。提前8天为龙舟邀请赛活动组委会领导和工作人员提供中期、短期到短时临近的精细化专题天气预报手机短信服务；提前一周，每天17时滚动发送次日至赛事当日的逐天预报；提前一天，增加中午一次当天下午和晚上的天气预报。活动当天，气象局派出应急服务车和十多人的现场保障专家组到场保障，市气象局领导亲自指挥，加强与组委会领导的联系，了解需求，随时向活动指挥部和市政府办公厅汇报天气情况；气象台台长在现场指导预报保障工作，气象台首席预报员做现场指导把关，现场服务人员加强现场气象监测，密切跟踪监视天气变化，及时发送气象信息。龙舟赛活动期间，多渠道、多形式、广覆盖及时发布各种类气象信息，通过微博、微信、网站、手机等多个渠道发布预警信号。

高考（中考）气象服务。2006年开始，市气象局为每年高考和中考提供气象服务。高考前期6月2—5日，市气象局每天17时前滚动给市招生考试委员会发送第2天至6月8日的逐天天气预报；6日09时发布当天的天气预报，17时发布当晚及7—8日的天气预报；7—8日，06时30分发布当天上午和下午的分段天气预报，8—16时每2小时发布未来2小时的天气预报，详细说明影响天气发生的可能性、地区和时间，并给出相应的提醒。2018年高考期间，适逢第4号台风“艾云尼”严重影响，7—9日广州市出现持续性强降水，市气象局领导高度重视、及早部署，市气象局及各区气象局严阵以待、全力以赴，通过强化值守、精准预报、高效联动、贴心服务，有效应对了这次台风带来的高考期间暴雨极端天气过程，得到了市领导高度赞扬和广大市民的普遍好评。

中国进出口商品交易会（广交会）气象服务。市气象局一般提前半个月成立气象保障服务工作小组，组织协调广交会气象服务工作；制定广交会气象保障服务详细任务单，明确气象保障服务工作流程、服务内容和各部门工作职责；明确双方联络负责人，与中国对外贸易中心保持密切联系，并在突发灾害天气过程前通过电话、短信等方式做好气象信息发布工作。

根据广交会组委会的需求，广交会开幕前两天，市气象局每天16时30分向广交会气象服务短信群组滚动发送第二天广州市区的天气预报。在各期开幕日当天，增加每天08时发送当天广州市区和琶洲会展中心区域的天气预报，包含天气现象、气温、降水量等要素；在各期闭幕日当天，每3小时发送未来3小时的广州市区和琶洲会展中心区域的天气预报；发布突发气象灾害预警信息和突发事件预警信息。除提供精准专业的天气预报之外，针对天气对广交会活动的影响，还以温馨提醒的方式提供指导和建议，使服务更加有针对性。除为广交会决策用户及时传送气象信息外，市气象局还通过微博、微信、网站等方式向公众提供气象信息服务，广交会转场换展期如果恰逢发生强降水过程，还以微信、微博、短信多种方式开展服务，取得良好效果，多次收到中国对外贸易中心发来的表扬信。

重阳节群众登高气象服务。市气象局在每年重阳节的前10天，成立重阳节群众登高活动气象应急处置服务工作小组，分管局领导任组长，应急减灾处处长和气象台台长任副组长，应急减灾处相关负责人和气象台预报员、应急车技术保障人员等为组员。加强与活动指挥部的沟通协调，积极主动了解需求，提前开展气象服务准备，及时进行气象部门硬件设备、软件系统等通信网络系统大巡检，努力排除可能发生的故障，同时制定应急预案，有效确保气象保障服务活动的顺利进行。

重阳登高活动开始前5天，市气象局除了制作常规天气预报产品外，每日16时前向活动组委会滚动发送广州市区重阳节前一天至当天的专题天气预报，前一天9—18时，每3小时发布未来3小时的天气预报，前一日18时至当日14时每2小时发布未来2小时的天气预报，并随时做好应对突发性天气的准备，及时发布预警信息。通过手机短信及传真每天滚动发送活动前一天至当天的天气预报。针对重阳登高的特点给出针对性的天气建议及温馨提示信息，为重阳节群众登高活动安全工作指挥部成员等100名决策用户及时传送气象信息。此外，从2016年开始，市气象局还安排气象预报人员和设备维护人员到白云山鸣春谷山顶公园进行24小时不间断的现场观测和预报服务，并携带800兆对讲机，确保对讲机通信顺畅、最新预报预警信息及时传达，圆满完成现场气象保障服务任务。

2017广州《财富》全球论坛气象服务。2017年12月6—8日，2017广州《财富》全球论坛在广州隆重举行，论坛规模近1000人。根据《2017广州〈财富〉全球论坛总体工作方案》，市气象局制定了《2017年广州〈财富〉全球论坛气象服务实施方案》和《2017年广州〈财富〉全球论坛气象保障应急预案》，对近十年天气、气候背景和影响广州《财富》全球论坛的气象要素及采取的应对措施进行了分析；成立2017广州《财富》全球论坛气象保障服务领导小组，明确了主要任务和工作分工，提出了工作要求。

图6-2 “财富论坛”气象保障服务现场

2017年11月6日，制作发布未来一个月的天气趋势展望报告，预测《财富》论坛活动的天气。8—15日，组建现场保障小组，明确工作职责；召开《财富》论坛气象保障研讨会，细化会时气象保障方案；分管领导带队赴活动场地现场调研，了解活动场地受天气影响的情况；组织人员对相关区域自动气象站和信息发布设备进行检查。

2017年11月20日开始，逐日通过传真和邮件为《财富》论坛执委会提供12月4—8日的中期天气预测。11月22日下午，正式为《财富》论坛执委会提供《财富》论坛气象服务报告（第1期），同时推出英文版，提出“冷空气将带来较明显降温和弱降水，对户外活动可能有一定影响；期间天气寒冷，请注意防寒保暖，预防感冒。”11月23日，组织4名气象应急分队人员和1辆气象应急保障车前往广州塔二层平台参加《财富》论坛城市欢迎酒会现场气象保障的仿真演练。11月24日，组织天气会商，得出12月6—8日天气预报结论，为市领导应对恶劣天气事件，做出是否开展室内备份方案的实施决策提供科学支撑。11月27日，在广州塔二层平台增设了一套移动自动气象站，加强活动现场的气象监测；在广州塔三层布设了现场气象服务中心办公场所，安装调试信息显示屏和网络通信，部署气象服务工作平台，并为平台接入了卫星云图、气象雷达图、广州塔江边实况等多种数据。

2017 年 11 月 28 日，在省气象局的支持下，全省 12 部多普勒雷达重新 24 小时开机，调用全省 2850 多套区域自动气象站，加强全省天气的监测；会商得出 12 月 6—8 日天气预报结论，由市气象局副局长向执行指挥长报告天气预报情况，并提出是否采取恶劣天气事件应急预案的建议。在“天河二号”高性能计算机上运转高精度数值模式，制作定时、定点、定量精细化天气预报，开始通过手机短信、微博、微信、传真等各种方式提供服务。

2017 年 11 月 29 日，开始为《财富》论坛委员会提供中英文双语版《财富》论坛气象服务专报、邮件和传真，并提供短信服务。11 月 30 日，升级优化了广州塔现场气象实况监测系统，调用了广州塔的大型 LED 显示屏，使得工作人员能够非常方便快捷获取现场实况信息。12 月 3 日，紧急与中国联通沟通，开放 FTP 数据通道获取实时人流数据，在广州市突发事件应急指挥决策辅助系统上开发人口热力图的实时展示功能，确保在广州塔 3A 层的《财富》论坛现场气象服务中心实时人流数据的在线展示和监控。12 月 3—6 日，先后派出气象应急保障车前往香格里拉酒店、中山纪念堂和广州塔开展现场气象监测，调试车载设备。

2017 年 12 月 5 日，为《财富》论坛欢迎酒会专门开发了现场天气情况显示系统，实时显示现场实况；开幕晚宴气象保障团队进驻中山纪念堂，调试设备和开展气象保障演练。12 月 6 日，开幕晚宴气象保障团队进驻中山纪念堂，开展每天 4 次现场制作发布中山纪念堂、广州塔和香格里拉酒店等活动区域当天白天及夜间的分时段精细预报；广州塔欢迎酒会气象保障团队进驻广州塔，调试设备和开展气象保障演练。12 月 6—8 日，每天提前 1—3 小时提供参会领导人配偶活动项目和商务考察活动的天气预报服务，预报时效精确到活动具体时段，提供温度、风力、能见度、相对湿度等气象要素信息；6 日、7 日 17 时分别提供第二天早晨珠江边、白云山等地点的晨练天气预报短信，为与会嘉宾的晨练提供周到细致的服务。12 月 7 日，城市欢迎酒会现场气象保障团队每天 4 次现场制作发布广州塔和香格里拉酒店等活动区域当天白天和夜间的分时段精细预报；为欢迎酒会活动、无人机表演和气球表演提供实时个性化的气象服务。

第二节　公众气象服务

一、电话气象服务

“12121”应急气象服务电话是气象部门向社会公众提供气象信息服务、发布灾害性天气预警信息的主要渠道。

2010 年，市气象局通过政府购买服务方式率先免除广州地区 12121 气象电话信息费。2012 年，对“12121”气象服务能力进行了优化：一是拓宽平台，新建 600 线服务平台，开发多种数据接口，与气象资料数据库和区、县业务系统对接；二是优化内容，将应急消息、天气预警和常用天气信息放在前置信箱优先播报，简化拨打操作，方便用户；三是调整流程，建立各区、县独立流程，体现气象属地化管理，服务更精准和快速。2012 年 11 月，“12121”应急气象服务电话新增巨灾报平安服务等应急功能。

到 2017 年底，“12121”应急气象服务电话服务内容包括突发事件预警信息、天气预警信息、台风及海洋天气、天气实况、最新天气解读、未来 3 天—5 天天气预报、气象热点（专家谈天气）、外地天气预报、区县设置、应急气象科普知识、报平安留言、体检语音查询。

二、广播电视气象服务

广播电台气象服务。2002 年开始有广播电台气象服务。2012 年，市气象台与广东电台（FM93.6）、广州电台（FM96.2）、羊城交通台（FM105.2）、广州交通台（FM106.1）等广播电台合作播出灾害性天气预警及提示、天气展望和出行、交通、旅游气象信息提示等。其中，羊城交通台不定期播出专家连线；广州交通台每天 12 次滚动播出天气信息，遇特殊天气情况时，随时增加播出次数。

电视气象服务。2002 年开始有电视气象服务。2009 年，市气象局争取市政府投资，租用有线电视频道免费为市民提供气象节目。2010 年，广州气象频道正式开播，滚动播出天气预报预警信息和防御指引。广州气象频道每天 07—23 时全程跟踪广州及省内城市各种天气现象，第一时间播出各地天气实况、各类天气预报、预警信号及防御指引。重大灾害性天气发生时，24 小时不间断播出重大灾害性天气信息。2015 年，实现频道在广州市有线电视网高清落地，

2011 年起，市气象台为广东电视台（如珠江、新闻、广东经济科教、广东南方卫视、广东综艺、广东影视、广东少儿、广州广播电视台的各频道（如广州综合、新闻、生活、经济、影视、少儿、竞赛等）等提供气象信息服务，服务内容包括广州天气预报预警信息、广州生活指数预报等。如有发布预警信号时会通过挂角图标等方式及时播出。另外，制作早、午、晚间新闻节目中包含的天气预报信息。2016—2017 年，为广州广播电视台新闻频道制作天气预报直播连线节目，预报员录 1 分钟—2 分钟天气分析预报视频发给电视台。至 2017 年，广州地区的电视气象节目业务已经实现了早晨、午间、傍晚、夜间的全天候滚动播出，覆盖了全广州地区的电视受众。

2017 年广州广播电视台主要电视天气预报节目及播出时间

表 6-1

播出平台	节目	播出时间
综合频道	早晨新闻天气	06:55
	午间新闻天气	13:15
	18:30 新闻天气	18:55
	今日报道天气	21:15
	晚间新闻天气	23:20
新闻频道	最新天气报告	19:00
	天气走马字幕	19:00—20:30
	天气新闻报道	19:00 每月两条

注：节目时间偶有调整，请以电视台实际播出时间为准。

2012 年起，市气象局为广州地铁移动电视提供气象信息。每日 06 时至 23 时 30 分，在广州市地铁 1—8 号线、广佛线、APM 线的站台、站厅及列车车厢显示屏中播出专门制作的气象预报节目《地铁气象站》，每天播出 16 次，约 1 小时滚动播出 1 次。主要内容包括广州出行天气预报、广州生活指数预报、珠三角城市天气预报、国内城市天气预报。

三、报刊气象服务

2012 年开始，市气象台继续与《羊城晚报》《广州日报》《南方都市报》《新快报》《信息时报》等报社合作，利用报刊刊登广州天气预报与预警、广州天气分析与解读、广州气候预测、广州气候分析与解读、生活气象指数、气象科普等。

四、手机短信气象服务

2006 年，市气象局利用中国移动（062660012121）、中国联通（190680）短信发布平台，将灾害性天气信息及时以手机短信形式免费向本市各级教育行政部门和 3000 多所学校（幼儿园）工作人员发布。2009 年，依托市气象台的预警信息发布平台，市气象局通过手机短信方式为市政府、三防和安全生产部门人员、学校负责人等相关人员免费提供决策气象服务信息。2009 年 4 月 3 日，首次协助市应急办发送清明节文明祭扫应急短信。2011 年，市气象局管理和启用市政府突发事件短信发布端口（10639020），切实履行市气象灾害应急指挥部职责。2012 年，新建突发事件预警短信发布平台。2013 年，加强市应急信息短信发布和管理平台建设，完成短信平台升级改造。

五、网站气象服务

2013 年 11 月，“广州天气”（http://www.tqyb.com.cn/）公众网面世，将预报、预警、实况等各类最新的服务产品以图片、文字、视频等多媒体方式向公众展现，并将网格精细化预报模块加入到网站，公众在“广州天气”网上点击广州地图的任意点均能查询该点的气温、降水、湿度等预报信息。网站上线之后通过收集用户访问数据和各渠道反馈意见，进行不断的改版优化。2014 年 1 月手机版“广州天气”PDA 网页（http://www.tqyb.com.cn/pda/index.html）正式上线，用户可以通过手机随时随地获取气象信息。主要包括天气实况、天气预警以及天气预报信息。同年，广州电台直播间气象服务网页（http://tqyb.com.cn/special/gztv/diantai.html）上线。主要为广州的广播电台提供突发天气提示、预警信号、上下班天气、短时天气、市区天气、空气质量、天气实况、分区天气预报、每日天气分析等预报信息，方便电台实时查询。2015 年对“广州天气”公众网站进行改版升级，以扁平化设计风格优化界面和产品显示，并增加个人定制等智能化功能和专项预报服务产品。同年，开发英文版“广州天气”网页。2017 年 11 月改版升级并全面向公众推出，12 月为参加广州《财富》全球论坛活动的国外来宾提供气象服务。

六、广州天气微信气象服务

2014 年，广州天气微信服务号和订阅号开通，主要针对公众提供精细化天气预报、逐日天气预报和天气趋势、当前生效预警和灾害防御指引、各类气象监测信息等常规天气信息、个性化天气象服务产品如“我的晴雨钟”“实况大 PK”“个人停课信息定制”等，同时针对重大天气过程发布图文精美、内容易懂的图文消息。2016 年，广州天气服务号再次改版，打造天气世界页面，重磅推出了“分钟级精细化降水提醒产品”，实时读取用户定位，为其提供半小时内逐 6 分钟的精细化降水预报产品；同时提供预警产品定制功能，用户可在个人中心页面定制自己所在区域的预警信号产品，预警产品采用模板消息推送方式，一键送达，十分便捷。

七、广州天气微博气象服务

2014 年，广州天气新浪微博、微信开始进行人工运维，形成了自动发布和人工运维“双管齐下”的运维模式，将预报产品以更通俗易懂的形式进行发布。2014 年，广州天气官方微博由广州市突发事件预警信息发布中心负责运维，针对广大市民发布上下班天气、今日天气、午间天气、气象预警信息、天气实况播报、天气过程追踪等信息。2016 年，广州天气微博推出“天气话你知”“小编 8 天气”等微博话题，并利用话题聚合作用联合广州各个区、县的天气官方微博，形成广州天气微博圈，共同发布广州市各区天气预报预警信息。

第三节　专业专项气象服务

一、防雷安全服务

（一）防雷检测服务

1999年3月2日，《广东省防御雷电灾害管理规定》（粤府〔1999〕21号）颁布施行，市气象局着力加强对全市新建建筑物、易燃易爆等雷击概率较高场所的防雷装置检测。市气象局通过加强与安监、建设、规划、消防、工商、通信、质监、林业、电力等有关部门的协调和沟通，深入开展防雷安全服务工作，不断拓展服务领域。截至2016年年底，市气象局已对全市易燃易爆、化学危险品场所，学校、医院等场所，文物古迹、旅游场所，生产制造业，电力设施、电气装置，通信行业，广播电视设备设施，金融、保险行业，交通、运输等行业开展防雷安全服务。服务的内容有防雷安全检测、新建项目防雷设计技术评价和竣工检测，重大建设项目的雷电灾害风险评估，建设项目的防雷设计、施工的技术指导，以及防雷新技术的研究、推广和科普宣传。

2005—2016年防雷技术服务统计表

表6-2

年份	定期检测服务		新建竣工检测服务		雷电灾害风险评估服务（宗）
	总数（宗）	危化场所（宗）	施工图技术评价（宗）	竣工检测服务（宗）	
2005	769	—	185	—	3
2006	—	—	—	—	16
2007	—	—	897	660	40
2008	—	—	911	683	88
2009	—	—	922	557	110
2010	3000多	—	800多	600多	54
2011	2991	913	—	308	80
2012	4000多	1500多	717	517	179
2013	4000多	1500多	720多	482	280
2014	4000多	1500多	—	—	287
2015	3300	638	—	380	53

续表 6-2

年份	定期检测服务		新建竣工检测服务		雷电灾害风险评估服务（宗）
	总数（宗）	危化场所（宗）	施工图技术评价（宗）	竣工检测服务（宗）	
2016	3100	816	546	300	—
2017	3000 多	810	50	164	—

（二）防雷安全专项服务

在做好日常防雷安全服务的同时，市气象局组织专门技术力量为大型项目、重点工程成立专项服务小组提供防雷安全服务。

广州市城市轨道交通项目。自 2005 年 6 月开始，市气象局成立专门技术服务小组，结合广州地铁建设和运营实际情况，先后提出地铁防雷多项技术创新与改进措施。例如，提出取消非常规接闪器的建议，提出对车辆段接触网采取架空地线保护的建议，改进了高架区间防雷设计，改进了金属屋面防雷设计，优化了弱电系统的防雷设计等。

图 6-3　2017 年 4 月 20 日，市气象局技术人员开展地铁防雷检测

在做好技术服务的同时，市气象局积极向地铁公司相关部门宣传“防范优于治理”的防雷减灾理念和防雷法规，于 2009 年年底将雷电灾害风险评估、防雷设计技术评价、分段检测及竣工检测列入广州地铁项目国家验收流程，将广州地铁雷电灾害风险评估报告、防雷装置检测报告等资料作为广州地铁项目国家验收必备资料之一。2010 年年底，将广州地铁雷电灾害风险评估报告、防雷装置检测报告等资料纳入广州地铁档案馆和广州市城建档案馆存档要求，作为城建工程项目永久存档资料。2013 年年底，将防雷装置合格检测报告纳入运营总部新线路开通运营前安全检查材料范围。

图 6-4　2004 年 9 月 8 日，广州大学城各校区防雷安全培训班在广东工业大学开课

在对广州地铁的防雷安全技术服务中，市气象局不断创新服务模式、提升服务质量，借助轨道交通项目防雷安全技术服务平台积极拓展相关防雷技术服务，例如，开展大型和特殊地网检测技术服务，开展信息系统及其机房防雷检测技术服务，探索开展专项雷电预警和重大天气预报服务等。

广州大学城项目。2003 年 10 月 22 日，市气象局下属市防雷所和番禺区气象局成立广州大学城气象保障服务领导小组，对广州大学城建设提供气象保障专项服务、防雷减灾技术服务和雷电灾害风险评估工作。针对大学城地处雷暴高发、土壤电阻率偏高地区，领导小组对大学城建筑物接地体的形状和做法进行认真研究和讨论，并联合广州大学城建设指挥部办公室起草了《广州大学城防雷检测程序和要求》《广州大学城建筑防雷设计通则》和《广州大学城信息系统机房防雷设计通则》三部规程，规范了广州大学城建（构）筑物、市政设施防雷装置的设计审核、施工监督和竣工验收的各环节，保证了大学城内各单体建筑物防雷装置均达到规范和设计要求。

在大学城建成后，领导小组通过张贴宣传单和现场宣讲等方式宣传防雷安全知识；为各院校配备的防雷安全员进行防雷安全培训；新生入学时，为提高新生们的防雷减灾意识，领导小组成员在各校区开展防雷安全知识宣讲活动，使防雷安全教育成为大学新生入学教育的重要环节。

广州石化项目。广州石化位于黄埔区，是华南地区最大的现代化石油化工企业之一。是集油、化、纤一体化生产企业，生产、加工、存储等多环节都属于爆炸危险环境，且存在大量有毒、有害物品，设施复杂，是广州市危化品重点监控场所，也是防雷安全重点单位。

从 2002 年开始，市气象局为其提供防雷设计技术评价、施工监督、定期防雷检测、雷电灾害风险评估等服务。每年上、下半年，市防雷所挑选检测技术骨干，成立石化防雷检测工作组，制定详细的防雷检测方案，开展广州石化防雷年度检测工作。期间历时两个月，出动检测人员 600 多人次，8711 个检测点，对广州石化的炼油部、储运部、化工部、物供中心、动力事业部、仪控中心等部门进行防雷检测。

亚运城项目。为了做好广州亚运城的防雷减灾安全保障工作，确保第十六届广州亚运会的顺利举行，市气象局于 2008 年 3 月成立广州亚运城工作组，工作组由市防雷所和番禺区防雷设施检测所组成，并于 2008 年 10 月正式进驻亚运城工地，开展防雷检测技术服务。

2009 年 1 月，完成广州亚运城雷电风险评估工作。至 2010 年 9 月，亚运城工作组完成了亚运城全部 26 个项目、132 栋单体建筑物防雷装置竣工检测工作。

（三）雷电灾害风险评估服务

2005 年，市气象局组织专家对广州塔直击雷部分、等电位连接及设计、防雷电波侵入设计、防雷电电磁脉冲设计、屏蔽设计、合理布线等方面提出了具体指导意见，对 SPD 的防护等级和标称放电电流值都给出了合理的建议。在后期的设计中，这些意见大都被设计方采纳，得到了建设方和设计院的认可。广州塔建设过程中将雷电监测网数据用于雷击风险评估属于国内首例。

广州塔的雷电灾害风险评估工作取得了丰硕的社会效益，使得广州塔、西塔和烟草大厦等超高建筑物的防雷设计完全按照评估报告要求进行；广州地铁总公司将雷电风险评估列为进行施工图设计的必要资料之一；广州地铁设计院与市防雷所合作开展轨道交通雷电防护课题研究；华南蓝天航油公司将防雷减灾列为日常重要安全工作之一；珠江新城核心区智能交通项目开创了地下空间雷电风险评估的先河，为日后开展地铁地下部分、隧道等项目防雷安全服务做铺垫。

2006年，《中华人民共和国气象法》第三十一条规定："各级气象主管机构应当加强对雷电灾害防御工作的组织管理，并会同有关部门指导对可能遭受雷击的建筑物、构筑物和其他设施安装的雷电灾害防护装置的检测工作。安装的雷电灾害防护装置应当符合国务院气象主管机构规定的使用要求"。根据这一法定授权，中国气象局24号令第二十七条明确规定"大型建设工程、重点工程、爆炸和火灾危险环境、人员密集场所等项目应当进行雷电灾害风险评估，以确保公共安全。各级地方气象主管机构按照有关规定组织进行本行政区域内的雷电灾害风险评估工作"。市防雷所全面推进全市重点、大型项目雷电灾害风险评估业务，并通过制定《雷电灾害风险评估业务流程》和《雷电灾害风险评估协议》实行业务的规范化、合同化管理，确保雷电灾害风险评估工作的稳健发展。

二、农业气象服务

市农业气象服务工作于2002年由省气象台移交到市气候与农业气象中心（与省气候中心合署办公）。当时的主要服务产品有《广州市农业气象情报预报旬（月）报》和不定期的服务专报，服务对象主要为水稻、果树等种植业。

2014年，市气候与农业气象中心与省气候中心业务分离，对服务产品进行调整，主要针对灾害性天气过程，制作《广州市重大农业气象专报》，并在广州天气外网实时发布。

2015年，市气候中心针对广州全市的蔬菜、花卉、苗木、水稻、水产养殖等产业开展直通式农业气象服务。主要是依托广州市气象预警信息发布平台，以手机短信方式直接面向全市新型农业经营主体及时发布重大农业气象灾害监测预警信息。

2015年11月13日，市气候与农业气象中心与市农业信息中心签订合作协议，双方商定在信息资源共享、农业气象服务信息发布、科技开发及成果应用等方面开展合作。之后，农业气象服务产品开始在市农业局官网"广州农业信息网"和"广州智慧乡村农博士"（农博士APP）及时发布。

2016年8月，建立了城市物候观测系统，开展对荔枝、龙眼、杨柳、玉兰、木棉等植物的生长监测，为开展物候研究提供基础数据。

2017年2月，开展了木棉、凤凰木、鸡蛋花等景观花卉花期预报研究及服务，为广大市民外出踏青赏花提供花期信息。

2017年5月25日，市气象局与市供销合作总社签署合作协议，联合推进为农气象服务，明确建立直通式沟通协调机制、气象与农业信息共享机制等。

三、交通气象服务

市气象台从 2002 年开始开展交通气象服务。主要针对春运、五一、国庆、中秋等节假日对广州市、广东省及全国受影响的道路开展气象预报服务，制作内容为国道、高速公路在广东省内及周边省份路段的道路条件天气预报，全国受天气影响的路段，预报时段逐渐由 24 小时延伸到 48 小时。

2016 年，市气象台新增地铁天气（分行业、个性化、有差异的气象服务）。针对地铁乘客和管理人员，建设地铁专业气象服务系统，提供基于全广州每个地铁站点的精细化天气实况、未来 3 小时逐时预报、实时天气预警等气象服务。与地铁集团合作建设地铁天气及气象灾害预警信息显示系统，在乘客信息显示系统（PIDS）、地铁电子导向系统、地铁 APP 上发布基于地铁站点的精细化天气实况和实时天气预警，并完成地铁电子导向系统、地铁 APP 建设内容。

2017 年 6 月，市气象台建设“海上丝绸之路”专项服务网，提供“海上丝绸之路”港口城市及航线气象服务。在“21 世纪海上丝绸之路”全地图上标注航线 24 个主要港口城市，并提供未来 7 天的逐日预报，包括对海上航行具有直接影响的天气状况、最高与最低气温、风向风速等气象要素，并通过背景色的变换区分有无降水天气，整条“海上丝绸之路”7 天之内何时何地天气平稳适宜航行，何时何地气象条件较差需要注意安全一目了然。

第七章 气象法治

市气象局自2002年以来始终高度重视气象法治建设，全面推进气象依法行政，在气象立法、气象执法、气象行政审批等诸多领域都取得了重要进展，为依法规范气象活动、依法发展气象事业提供了重要的法治保证。

市气象局切实加强和完善气象法律制度体系建设，有效发挥气象立法的引领和推动作用，注重运用法律手段调整利益关系、推动改革发展。

2018年12月，市政府第15届59次常务会议审议并通过了《广州市气象灾害防御规定》(穗府令第162号)，自2019年4月1日起施行。这是广州市首部气象领域法律规范，标志着气象灾害防御工作进入法制化、规范化、制度化的新阶段。

第一节 气象立法

一、立法背景和必要性

在各类自然灾害中，气象灾害占70%以上。气象灾害造成的经济损失平均每年占国内生产总值的1%—3%。广州市是受台风、暴雨、雷电、雷雨大风、龙卷等灾害性天气影响相对集中和敏感的地区。在全球气候变暖的大背景下，广州市气象灾害越发呈现出频率高、范围广、强度大、突发性强等特点，尤其是台风、暴雨、雷电等气象灾害对广州市城市安全、城市运行造成影响和威胁的概率增大。其中，2008年1月因冰雪灾害，京珠高速受阻，广州火车站滞留旅客一度接近100万人，造成重大社会问题。2010年5月7日，广州市出现历史罕见的特大暴雨过程，中心城区118处地段出现内涝水浸，全市交通拥堵，3.2万多人受灾，35个停车场遭受水淹，全市经济损失约5.438亿元，6人因洪涝次生灾害死亡。2015年10月4日，台风“彩虹”引发的龙卷袭击番禺南村等地，横扫番禺多个村镇，全市1个500千伏变电站、5个220千伏变电站以及黄埔电厂和14个110千伏变电站受影响，番禺区、海珠区、荔湾区大面积停电，受影响用户约为40.9万。

2010年，国务院颁布实施《气象灾害防御条例》，2015年，广东省颁布实施《广东省气象灾害防御条例》，北京、上海、天津、杭州、宁波、厦门、青岛等市结合本地特点，先后制定了气象灾害防御的地方性法规或规章。近几年，在市委市政府坚强领导下，广州市防灾减灾救灾工作取得重大成就，积累了应对重特大气象灾害的宝贵经验，综合减灾能力明显提升。但是，气象灾害防御工作在规划与基础设施建设、灾害风险管理、灾害预警信息共享和传播、重救灾轻减灾思想还比较普遍、防灾减灾宣传教育、社会参与等方面还存在亟待解决的问题，需要通过规章建设提供法制保障。

（一）提升城市防灾减灾能力的需要

党的十八大报告提出："加强防灾减灾体系建设，提高气象、地质、地震灾害防御能力。"习近平总书记强调指出："坚持以防为主、防抗救相结合，坚持常态减灾和非常态救灾相统一，努力实现从注重灾后救助向注重灾前预防转变，从应对单一灾种向综合减灾转变，从减少灾害损失向减轻灾害风险转变，落实责任、完善体系、整合资源、统筹力量，切实提高防灾减灾救灾工作法治化、规范化、现代化水平，全面提升全社会抵御自然灾害的综合防范能力。"广州市作为超大型城市，人口与资源、环境方面的矛盾日益突出，城市整体生态环境和局地气候特征发生了巨大改变，因气象灾害所诱发的各类"城市病"等突发事件风险较大。面对气象灾害的脆弱性逐渐暴露，气象灾害已成为严重影响城市正常运行和危害公共安全的重大问题，需要在相关法律法规的基础上，通过建章立制构建适应本市实际情况的防灾减灾工作体系，提升城市防灾减灾能力，避免和减轻气象灾害造成的损失。

（二）贯彻落实省气象灾害防御条例的需要

《广东省气象灾害防御条例》是广东省第一部气象灾害防御领域的专项法规，但其内容相对原则。除法律责任和附则两部分外，《广东省气象灾害防御条例》53 个条款中有 28 个条款将气象灾害防御工作职责概括性地赋予了县级以上各级人民政府，虽然强化了属地政府责任，但还需结合本地气象灾害特点和行政机构的设置，通过地方立法予以细化，增强可操作性和可执行性，确保相关法律制度能够更好地"落地"实施。

（三）解决本地实际问题的需要

市主要领导在 2017 年 8 月 4 日市委十届九次全会第一次全会上强调："防御台风'妮妲'，我们的预防工作比较充分，应急反应迅速到位。但在检查督导过程中，也发现不少问题，这就警示我们，作为沿海超大型城市，必须适应地理气候等自然条件，充分考虑台风、暴雨等自然灾害的影响，提高城市防灾减灾能力，确保城市运行和人民生命财产安全。"本市气象灾害防治工作中面临的实际问题需要通过地方立法解决，一是在工作体系建设方面，"政府领导"的气象灾害防治协调机制尚未健全，"部门联动"的应对气象灾害的体制机制尚处于探索阶段，"社会参与"的气象灾害防治程度还不高。二是在气象灾害的预防方面，气象灾害普查、风险区域划定等制度需要结合实际情况进一步做出细化规定，编制城乡规划、安排重大建设项目、制定基础设施建设标准等缺少对气象灾害风险的考虑和评估。三是在灾害的监测预警方面，气象灾害预警信息发布制度不规范、传播手段和接收传递机制不健全。四是在灾害应急处置方面，政府及有关部门可以采取的应急措施不够具体、手段不够完备，部门之间灾情信息共享和信息利用机制不够明确。

二、制定的过程

2008 年，市政府法制办、市气象局将制定气象灾害防御有关法规规章提上议事日程。广州气象灾害频率高、范围广、强度大、突发性强，对城市安全运行造成严重威胁，市气象局加强与市政府法制办沟通，将制定《广州市气象灾害防御规定》纳入市气象局重点工作。

2008 年开始，市气象局就气象灾害多灾种防御立法进行多次专题调研和立法论证工作。经过多次召开气象、水务、法律专家参加的座谈会，广泛听取各方意见，2016 年完成了《广州市暴雨灾害防御规定》立项论证报告。

2016 年 7 月，市人大、市气象局组成联合调研组到包头市、呼和浩特市和大连市进行气象灾害防御地方立法调研，就立法概况、立法经验、立法方向、立法内容和执行效果等内容进行探讨，并形成调研报告。同年 12 月，市气象局到市政府法制办就气象灾害防御地方立法的必要性、立法可行性、立法预期效益、立法准备、立法方向、立法亮点等进行了汇报。随后，市气象局向市政府法制办报送了《广州市气象灾害防御规定（草案）》以及《广州市暴雨灾害防御规定（草案）》。

图 7-1　2009 年 10 月 19 日，赴宁波市气象局调研立法工作

2017 年 6 月，市政府 15 届 1 次常务会议讨论通过的《广州市 2017 年度政府规章制定计划》中，将《广州市气象灾害防御规定》列入适时审议项目。2018 年 6 月，市政府办公厅印发了《广州市 2018 年度政府规章制定计划》，将《广州市气象灾害防御规定》列入了年内审议项目。为保障立法的科学性、民主性和合法性，市政府法制办会同市气象局对《广州市气象灾害防御规定》开展了 12 次集中会改、3 次征求政府各部门意见、2 次专家论证会、2 次征求行政相对人和社会公众意见。

（一）集中会改

2018 年 3 月，市政府法制办召开《广州市气象灾害防御规定》规章条文修改协调会；同年 4—10 月，市政府法制办会同市气象局开展 12 次集中会改；9 月 14 日，市法制办召开2018年度第20次业务会议，审议《广州市气象灾害防御规定（草案）》，会议对《广州市气象灾害防御规定（草案）》逐条进行了讨论，就涉及面广、影响大的重要制度如信息共享机制、暴雨防触电措施、停复课制度、应急处置措施等提出了进一步修改完善意见和建议；11月21日，市政府召开《广州市气象灾害防御规定（草案）》协调会，由副秘书长主持，各方意见协调一致；12月6日，市政府召开15届59次常务会议，审议通过了《广州市气象灾害防御规定（草案）》，《广州市气象灾害防御规定（草案）》共三十六条，主要对气象灾害防御责任体系、防御规划与基础设施建设、气象信息共享与传播机制、航运气象灾害防御能力、停复课和延迟放学、气象灾害风险管理与应急处置等方面进行了细化和完善。

（二）征求政府各部门意见

审议前，市政府法制办广泛征求了市直各部门、各区政府以及相关单位意见。2017年11月、2018年5月，市政府法制办两次就《广州市气象灾害防御规定（草案）》征求各方意见。

（三）专家论证会

2018年5月底，市政府法制办组织召开专家论证会，对灾害风险区划和评估是否科学、电信运营商的义务是否合理、停课复课制度是否合理可行等进行研讨；6月市法制办组织会改，研究部门和专家意见的采纳情况。

（四）征求公众意见

2018年7—8月，市政府法制办在官方网站公开征求公众意见，涉及的重点问题包括防御责任划分及责任考核制度、风险管理体系、停课复课制度等。

三、内容特色

《广州市气象灾害防御规定》共三十六条，主要内容包括完善气象灾害防御工作责任体系，完善气象灾害预防和风险管理，完善气象灾害监测预报预警和传播机制，完善停复课、延迟放学和劳动者保护制度，完善气象灾害应急处置措施。《广州市气象灾害防御规定》对气象灾害防御工作职责做了细化和补充，明确了气象灾害防御主管部门，明确各职能部门的防御职责，明确镇（街）政府及村（居）民委员会的职责，落实气象灾害防御工作责任考核。

（一）细化了气象灾害防御责任体系

在市、区人民政府、气象主管机构和政府有关部门的责任体系基础上，对未设气象主管机构的区人民政府、镇人民政府（街道办）和村（居）民委员会在气象灾害防御工作中的职责做了规定，并将气象灾害防御纳入镇人民政府（街道办）、村

（居）民委员会网格化管理体系。

参照《广州市推进城市社区网格化服务管理工作总体方案》及网格员的工作职责，将气象灾害预警信号、气象证明等4项列入广州市网格化入格事项，并规定了网格员在本级网格的气象灾害防御职责。

（二）突出了总体规划考虑气象灾害预防和风险管理的具体措施

一是完善气候可行性论证制度。规定了编制城乡规划、重点领域或者区域发展建设规划，编制基础设施建设、城镇建设、公共服务设施建设、旅游开发建设等专项规划项目和建设单位在组织国家、省、市重点建设项目立项论证时应当进行气候可行性论证。同时规定气象灾害易发区域等应当根据气象灾害防御需要，纳入城乡规划中的禁止建设区域或者限制建设区域。

二是建立重特大气象灾害情景构建研究制度。极端天气引发的重特大气象灾害，可能会对人民生命财产安全和城市公共安全造成严重危害。广州市开展台风、暴雨洪涝、雷击等重特大气象灾害的巨灾情景构建研究非常必要。为此，建议借鉴国内外经验，总结本市巨灾研究经验，建立重特大气象灾害情景构建研究制度，完善决定、指挥、处置和社会响应机制，减少极端天气引发的重特大气象灾害对人民生命财产安全和城市公共安全造成的严重危害。

（三）突出了气象灾害的具体的防御措施

一是细化停课制度。结合广州市特点及与教育局的联动情况，总结近两年停课经验，细化了广州市停课制度。

二是完善停工制度。总结1604号台风“妮妲”影响广州市期间全市采取三停时所产生的停工问题，保障工作人员停工期间的福利待遇、劳动者保护。

三是重点深化了台风、暴雨、雷电、灰霾的防御措施。

四是建立灾害性天气预判通报制度。在灾害性天气可能对本市产生较大影响，但尚未达到气象灾害预警信号发布标准时，提前向水务、交通、公安、教育、住房城乡建设、国土规划等部门通报气象灾害风险预判信息，提前采取预防措施，减少气象灾害潜在的损失。

五是明确重大活动举办要考虑气象因素。政府、企业组织的大型活动以及群众自发的大型活动受气象因素影响较大，应当根据气象灾害预警信号情况调整活动方案，因此规定了大型群众性活动的主办者或者承办者应当将气象安全影响因素纳入应急预案主动获取气象信息，并根据气象信息调整活动方案，确保活动安全。

（四）突出了航运中心气象灾害防御基础设施建设

结合广州市建设国际航运中心的目标，考虑到海洋气象灾害防御的薄弱点，将航运气象灾害预防写入法规，规定市、区人民政府建立海洋气象监测站点，以及涉海预警信息发布渠道和接收设施建设，组织交通、气象、海事、港务、海洋渔业等有关部门、单位建立健全船舶停航、码头停工的预警、会商、联动机制。

（五）突出了气象灾害信息共享、预警信息发布体系完善

一是建立信息共享制度。广州市各部门间气象灾害信息标准不一、难以共享，是长期制约气象灾害防御工作的关键因素。为此，规定了建立气象灾害信息共享制度，将气象预报预警信息与各部门、各行业的数据整合起来，形成气象灾害风险管理的大数据，为气象灾害的精准预报预警提供支撑。

二是明确市、区突发事件预警信息发布机构，完善发布体系。市、区人民政府加强突发事件预警信息发布机构及发布平台的建设，构建横向到边、纵向到底的广覆盖预警发布传播体系。

第二节　气象行政审批

根据《中华人民共和国气象法》《国务院对确需保留的行政审批项目设定行政许可的决定》等法律法规，自 2004 年起市气象局依法开展行政审批工作。市气象局共有行政许可事项 3 项，分别是“升放无人驾驶自由气球或者系留气球单位资质认定”“升放无人驾驶自由气球或者系留气球活动审批”“防雷装置设计审核和竣工验收”。

图 7-2　2006 年 1 月，市气象局在黄埔大道西 49 号恒城大厦一楼设立行政审批窗口

2013 年 4 月，根据《广州市建设工程项目优化审批流程试行方案》，市气象局防雷装置设计审核事项列入施工许可阶段实施并联审批，防雷装置竣工验收事项列入竣工验收阶段实施并联审批。

2016 年 5 月，根据市委、市政府行政审批改革工作的要求，市气象局窗口实现与市政务服务中心的业务对接，成为第一批纳入建设工程类集成服务的审批部门，正式实行“前台统一收件、后台分类审批、统一窗口出件”。

图 7-3　2008 年 2 月，市气象局行政审批窗口正式进驻市政务服务中心

2017 年 4 月，根据《国务院关于优化建设工程防雷许可的决定》（国发〔2016〕39

号）文件精神，市气象局将不再受理房屋建筑和市政基础设施工程的防雷装置设计审核许可和防雷装置竣工验收许可。

2017年9月，市气象局加大审批改革力度，进一步精简行政许可事项，取消“大气环境评价使用非气象资料审查”事项。

第三节 气象行政执法

一、施放气球管理

《施放气球管理办法》和省《施放气球管理办法》实施细则规定，“未按规定取得《施放气球资质证》的单位不得从事施放气球活动；施放气球必须由经取得《施放气球资格证》的作业人员进行操作”。2004 年 8 月 16—20 日，首次举办了“施放气球人员资格考试”培训班。2009—2014 年共举办 4 期施放气球资格证培训，参加培训人员累计 290 余人次，共有 50 人考试合格获得《施放气球资格证》。

2005 年，查处广州市东山区华龙礼仪礼品策划制作中心伪造《广东省施放气球资质证》，违规施放系留气球，最后对该中心做出《行政处罚决定书》。这起案件是广州市实施《施放气球管理办法》以来首宗违法施放气球案件。

2010 年广州亚运会期间，与施放气球单位签订《亚运期间禁止施放气球活动安全责任状》19 份，派发宣传资料 680 余份，查处各类违法施放气球案件 12 起。

二、防雷安全监管

1997 年 3 月 23 日出台的《广东省气象管理规定》，使广州市的防雷减灾工作纳入了法制化的轨道。1999 年 3 月，省政府颁布的《广东省防御雷电灾害管理规定》使广州市的防雷减灾工作职责进一步明确。

图 7-4 2013 年，进行防雷安全联合执法

2004 年 1 月，市气象局查处中海集团开发的“中海名都”商住楼未按气象法律法规办理设计审核和竣工验收，并向法院申请强制执行。这起案件成为广东省首宗成功实施防雷行政处罚的案件。

2010 年年底，根据市政府法制办《关于进一步做好规范行政执法自由裁量权工作的意见》的要求，市气象局对22部气象法律法规中涉及行政处罚的内容进行梳理，制定了《广州市气象行政处罚自由裁量权实施办法》和《广州市气象行政处罚自由裁量实施标准》，并于2012年1月1日起施行。

2016年6月，《国务院关于优化建设工程防雷许可的决定》出台后，原来由气象部门承担的房屋建筑工程和市政基础设施工程防雷装置设计审核、竣工验收许可调整为住房城乡建设部门监管，气象部门监管对象主要是针对油库、气库、弹药库、化学品仓库、烟花爆竹、石化等易燃易爆建设工程和场所，雷电易发区内的矿区、旅游景点或者投入使用的建（构）筑物、设施等需要单独安装雷电防护装置的场所，以及雷电风险高且没有防雷标准规范、需要进行特殊论证的大型项目。

三、气象灾害防御重点单位监管

（一）确定气象灾害防御重点单位

2015年3月1日施行的《广东省气象灾害防御条例》确立了气象灾害防御重点单位制度。2015年6月，《广东省气象局关于贯彻落实气象灾害防御重点单位制度的通知》要求各市落实这一制度。2015年9月，市气象局会同其他气象灾害应急指挥部成员单位开展广州市气象灾害防御重点单位遴选工作。经气象专家评定，最终形成中国石油化工股份有限公司广州分公司等50家单位作为广州市第一批气象灾害防御重点单位名录，并于2015年11月向社会公布。2016年12月，公布了包括广东省汽车客运站等30家单位在内的第二批气象灾害防御重点单位名录。

（二）气象灾害防御重点单位培训

为进一步贯彻落实《广东省气象灾害防御条例》中“对气象灾害防御重点单位进行气象灾害风险安全培训”的要求，市气象局分别于2016年10月25日以及2017年10月27日，对两批气象灾害防御重点单位相关人员进行培训。培训内容主要包括广州影响较大的气象预警及气象灾害防御、防雷安全和气象灾害防御重点单位管理等方面的内容。通过培训活动进一步提升了各重点单位对气象灾害的防御能力，详细指导不同行业的重点单位如何根据实际避免或减轻气象灾害造成的损失。

（三）气象灾害防御重点单位“一张表”

2016年，经过对气象灾害防御重点单位管理架构、流程、预案、运行模式等方面的调研，市气象局出台气象灾害防御重点单位管理台账。台账共7大部分35节，包括了管理文件、基本防灾设施与信息接收手段、隐患排查治理、应急响应和处置以及培训演练等基本保障措施的内容，较为完善地反映了重点单位在气象灾害防御方面的工作。

考虑到台账内容较多，并不利于重点单位的理解和使用，市气象局专门成立工作团队，借鉴广汽丰田、港华煤气等企业的先进做法，创新性地设计出重点单位气象灾害防御应急响应与处置“一张表”。“一张表”糅合了重点单位气象灾害防御内部分工与职责、预警信号的接收与传播、隐患排查与治理、基于预警信号为先导的应急响应与处置、高级别（停工停课）预警的响应流程、单位重点防御部位与警示、宣传与培训以及通信联络方式等信息，采用简单明了的方式对气象灾害防御工作提供指引。2016 年 11 月底，市气象局向各区气象局和全市重点单位推广应用“一张表”。

（四）重点单位监督执法检查

2015 年 11 月向社会公布气象灾害防御重点单位名录后，气象部门立刻对重点单位建立监管台账，通过日常巡查、多部门联合检查等方式加强监管。自 2016 年起，每年由气象部门牵头与住建、安监、教育、旅游等部门联合开展重点单位气象灾害防御专项执法检查，重点对气象灾害防御重点单位在落实安全主体责任、应急预案和演练、气象灾害隐患排查治理等方面进行检查。通过检查，2016—2018 年共排查安全隐患 62 处，已全部整改完毕。

四、气象探测环境保护管理

2004 年，市气象局与建设、规划部门联合转发了《关于加强气象探测环境保护的通知》。明确各级气象部门和建设规划部门要继续发扬密切合作、相互配合的优良传统，进一步加强气象部门与建设规划部门的合作，建立和完善协作工作机制；建设规划部门应当在制定城市发展规划和审批可能影响已建气象台站探测环境和设施的建设项目时（包括新建、扩建、改建建设工程），主动听取气象部门的意见，并事先征得具有行政审批权限的气象主管机构的同意；各级气象主管机构要严格按照《中华人民共和国气象法》和《气象探测环境和设施保护办法》的规定，严格履行审批气象观测站迁移的各项程序；各级气象部门和建设规划部门要以《气象探测环境和设施保护办法》等法律法规的发布实施为契机，在当地人大、政府的监督、领导及有关部门的支持和配合下，采取专项执法检查等形式，进一步加大对影响气象探测环境和设施违法案件的执法力度。

2008 年，花都区气象观测站遭受广州市恒升房地产开发有限公司开发的“雅景湾二期工程”商住楼破坏，经过立案、现场调查、听证、处罚程序，最后由花都区政府出面协调，双方达成协议，观测场另迁新址，妥善解决了气象观测环境遭受破坏的问题。

五、人工影响天气管理

2002 年 3 月 19 日，国务院公布《人工影响天气管理条例》，明确规定“人工影响天气在作业地县级以上地方人民政府的领导和协调下，由气象主管机构组织实施和指导管理。从事人工影响天气作业的人员，经省、自治区、直辖市气象主管机构培训、考核合格后，方可实施人工影响天气作业”。2012 年，国务院办公厅下发了《关于进一步加强人工影响天气工作的意见》（国办发〔2012〕44 号）。

六、气象信息发布管理

一些媒体违反《中华人民共和国气象法》《气象信息服务管理办法》的有关规定，通过传播气象信息吸引公众，借此进行商业宣传带动广告销售，严重扰乱气象信息服务管理秩序，造成了不良影响。

2003 年，查处广州市罗科公司违法发布天气预报信息案，最后该公司停止了天气预报信息的发布。这是首宗处罚违反气象信息发布案例，维护了气象信息服务市场的秩序。

第八章　气象科技

广州市的气象科学研究工作是从市气象台建台后开始的。气象部门在开展气象业务服务的同时十分重视气象科技工作，组建和完善了气象科研机构，成立了气象科技团队，培养出一批业务和科研骨干，造就了一支气象科技队伍。科技人员坚持理论联系实际，以业务需求带动科学技术发展，以科技进步推动业务能力的提升，致力于“业务—科研—再业务”的良性循环，开展了天气预报、气候预测、气象观测等方面的科学研究，进行了广泛的学术交流，形成了丰富的科技成果。

市气象局的业务系统主要分为三大类：监测预报系统、预报制作发布系统、气象服务系统。一部分是使用省气象局的或在其基础上开发的，一部分为自主研发。

第一节　气象业务系统

一、监测预报系统

天气预报业务系统。2001—2017 年，市气象局使用的天气预报业务系统主要有中国气象局开发的 MICAPS（Meteorological Information Comprehensive Analysis and Process System），省、市气象局自主研发的本地化单机版和网页（WEB）版软件。MICAPS 系统是中国气象局推出的现代化人机交互气象信息处理和天气预报制作系统，是监测大尺度天气系统和观测站资料的重要系统之一。1999 年 MICAPS 系统安装完毕并投入使用，实现了预报业务流程从纸面为主的操作向以计算机为业务流程核心的现代化业务流程的转变；2004 年，MICAPS 系统升级为 MICAPS2.0，2008 年升级为 MICAPS3.0，2012 年升级为 MICAPS3.2。

雷达监测预报系统。强对流天气监测方面，广州先后建立的 S 波段多普勒天气雷达、X 波段相控阵雷达、雷达 PUP 等软件成为短时临近监测的常用系统之一。

S 波段新一代多普勒天气雷达。该雷达 1997 年筹建，2000 年 12 月 22 日开始雷达系统现场验收测试，12 月 25 日完成。2001 年 6 月广州多普勒天气雷达开始正式运行，成为对广州地区强对流天气（冰雹、大风、龙卷和暴雨）进行监测和预警的主要工具。该雷达在汛期全天候跟踪监测，非汛期有降水过程时随时向有关部门提供天气预报和天气警报监测数据。每天可进行 24 小时不间断观测，向国家、省、市气象局上传雷达观测数据及产品。观测数据主要包括基数据、雷达产品、雷达状态信息；雷达产品包括基本反射率、基本速度、组合反射率、回波顶高、VAD 风廓线、垂直累积液态含水量、1 小时降水量、3 小时降水量、风暴总降水量、反射率等高面位置显示共 10 类 33 种资料。雷达产品分为基本产品和导出产品。基本产品分为基本反射率因子、基本径向速度和基本谱宽产品，导出产品包括 3 种基数据的垂直剖面、风暴路径信息（STI）、垂直累积液态含水量（VIL）、回波顶高（ET）、冰雹指数（HI）、VAD 风廓线（VWP）、中气旋（M）以及龙卷特征（TVS）等共 33 种。产品由雷达产品生成软件（RPG）生成后，通过通信线路传送给各个用户，大幅度增强了灾害性天气的监测、预警能力。2016 年 1 月，广州雷达开始进行大修及双偏振升级改造。2016 年 4 月完成改造工程并开始试运行，2017 年 5 月完成现场验收，正式投入业务运行，新增了差分反射率、相移率、水汽分类等 5 项产品。

X 波段相控阵雷达。2017 年开始在全市组建相控阵雷达网，分别在花都、南海、番禺布置了 3 台 X 波段相控阵雷达。2017 年 7 月 11 日开始调试番禺的相控阵雷达；之后花都、南海的相控阵雷达相继建成。相控阵雷达可以有效弥补 S 波段低空盲区覆盖，获取更高时空分辨率的雷达资料（完成一次体扫描最快不到 1 分钟，较传统雷达扫描速度提高 6 倍以上），有利于龙卷、涡旋、微下击暴流等小尺度强对流系统的高精细监测，为天气预报人员提供更加精细的天气实况信息。

气象图形产品实时显示系统。2008 年开始使用省气象局开发的“气象图形产品实时监测显示系统”（MeteoShow），该系统可以实现数据的自动更新、动画显示，可以通过便捷的鼠标操作，快速高效检索气象产品；可以根据需要选取并导出产品，为气象预报制作和气象决策服务材料提供支撑。该系统自 2008 年开始持续更新维护，已更新超过 86 个版本。2012 年加入对省气象局气象云平台的支持，2013 年加入软件自动更新功能，2016 年加入自动导出 GIF 功能，2017 年加入多线程检索功能。

短时临近预报系统（SWAN）。2008 年中国气象局组织全国灾害性天气短时临近预报系统建设，在全国进行算法检验和筛选，省气象台的交叉相关、雷达定量降水预报算法入选 SWAN 系统，SWAN 业务系统开发完成后在全国省级气象台进行了业务应用。SWAN 基于 MICAPS 建设，属于 C/S 架构，在省气象台有独立的服务端和客户端应用，服务端需要有专业技术人员维护；客户端的运行方式是服务器向客户端推送产品，数据量大、时间频密，对传输网络要求高。

2010 年开始，项目组推出了 SWAN 县（市）版，计划将 SWAN 在各市（县）安装应用。由于 SWAN 具有各市（县）台站快速获取资料传输难度大、服务端需要专门技术人员配置和维护、与短时临近预报的调阅应用习惯不一致等缺点，同年，省气象台开始设计开发 SWAN-WEB 版，2011 年开发市（县）级单机简化版本（C/S 架构）和网络版本（B/S 架构），汛期投入业务应用。SWAN-WEB 版具有以下优点：（1）由省气象台维护，减少市（县）气象局的工作量；（2）除了 SWAN 产品，增加了适合广东地区的本地化应用项目；（3）实现了监测实况与雷达回波的叠加，监测预报更直观；（4）在拼图产品上增加了剖面产品。系统内容主要包括气象和水文观测产品、雷达反射率拼图、雷达定量降水估测（QPE）、雷达定量降水预测（QPF）、垂直液态含水量（VIL）、回波顶高（ET）、雷暴识别和追踪（TITAN）、雷达回波TREC风产品、雷达垂直剖面和风廓线产品、雷达PUB产品、预警分析和警报产品、统计产品。

短时临近预报系统（SWAN）是广州气象科（市气象台前身）主要短时临近预报工具之一，在2010—2012年的强对流天气预报过程以及广州亚运气象服务中发挥了重要的作用。尤其是从单机版转为网页版后，故障减少，SWAN系统各类产品能稳定运行，数据调用速度明显提升，使用更加方便快捷。

华南区域精细化分析预报系统（SAFE-GUARD）。2008年，该系统采用DMOS和卡尔曼滤波方案，利用广东省稠密的自动气象站观测资料和地形资料，对GRAPES-TMM模式输出结果进行解释应用。通过分季节建立MOS预报方程和卡尔曼滤波等方法，对预报方程系数进行动态订正，获得更优的预报方程。SAFE-GUARD系统以12千米分辨率GRAPES-TMM为释用模式，利用区域加密自动气象站观测资料和地形资料做降尺度释用，在2010年的天气预报业务建设试点、大运会气象服务演练和广州亚运会气象服务中得到全面的应用。在产品检验分析基础上，2011年重点以逐时循环同化分析系统（GRAPES-CHAF）为基础，加入亚运期间新布设的多个自动气象站、能见度仪和湿度计等观测资料，开展3千米分辨率的模式释用，范围覆盖珠江三角洲。对于连续气象要素，针对极值区进行单独释用，并将极值拟合回原要素时间曲线，提高连续气象要素的预报准确率。降水预报的改进采用多模式融合方案，以实时检验结果为优选原则，考虑到多模式集合预报的优越性。为了和短时临近预报产品保持一致性，3千米的精细化预报产品在12小时预报时效内对温度预报利用1千米分辨率的地形高程资料进行降尺度插值到1千米分辨率，其他要素产品直接内插到1千米分辨率使用。

短时临近预报系统“雨燕”（SWIFT）。各类系统或平台在预报预测业务中各有特色，在实际应用中也取得良好效果，但由于相对独立，容易造成数据分散、功能单一、重复建设等问题，未能适应现代天气业务集约化的发展思路。为此，省气象台根据业务实际需求，吸收北京奥运会天气预报示范项目部分关键预报技术，在原有广州亚运气象服务系统的基础上，整合相对独立的实况与统计系统、强对流监测预警系统、数值预报系统、台风预报系统等，改造成统一的模块，形成集实况监测、天气分析、预报预警为一体的平台，并能为预报员提供0—7天无缝隙的网格预报参考产品。该系统平台被称为雨燕业务系统（SWIFT），已部署在省气象局业务内网，供省、市、县级预报员调用，也可根据用户IP地址自动缩放到责任区域。

短时临近预报系统“雨燕”（SWIFT）在圆满完成奥运FDP项目后，进一步完善系统投入到广州亚运气象服务中。新版本的“雨燕”系统吸收奥运FDP的经验，增加风暴三维结构透视、场馆预警预报时间序列和决策矩阵等实用功能，并且依托广州区域精细化分析预报系统（SAFE-GUARD）建设亚运场馆精细化预报系统。瞄准广州后亚运时代气象预报预警业务发展需求，建设了能用于在线数据服务并融合单站和网格数据的数据库系统，在此基础上推动建立开放式的数值模式释用框架，实现覆盖全省逐时 5 千米精细化数字网格预报预警，在定时、定点、定量预报的尝试之路上先行先试。

省气象台 SWIFT 业务平台面向广东省、市、县 3 级预报员，按照集约化的思路进行开发。从 2014 年开始运行，经过不断完善和改进，在基本实现 MICAPS 系统和 SWAN 系统功能 WEB 版本地化的基础上，强化对台风、暴雨和雷雨大风等强对流天气的监测和预警功能，已经成为广东省气象部门预报业务的重要支撑平台。

2015 年，市气象台在省气象局“雨燕”系统的基础上开发了适用于广州市的短时临近预报支撑系统（GZ_SWIFT），该系统突出显示了广州区域，能实时监测全市自动气象站的观测数据、雷达图像、风廓线数据和闪电数据，并且可统计任意时段雨量、温度、风速和能见度，为本地短时临近预报、预警、监测提供了强有力的支撑。

2016 年，基于广州市短时临近预报业务系统新增了闪电模块，将雷电的实时监测和 1 小时短时临近预报实现了无缝隙衔接，融合雷达回波数据，利用 TITAN 外推方法，给出未来 1 小时内，时间分辨率为 6 分钟的闪电强度、闪电密度、闪电敏感区的预报服务产品，实现了广州市在雷电预报服务产品上零的突破，可提供雷电 1 小时预报的 0.01° ×0.01° 分辨率的精细化网格预报服务。

2017 年，完成了闪电信息的数据采集和入库，GIS 地图（气象业务图、地形图、电子海图等）的预生成，多普勒雷达产品入库，闪电数据的网格化和产品入库，利用光流法和 TITAN 算法生成雷电强度、雷电密度和雷电敏感区等预报产品，采用 WebGIS 地图引擎基于等经纬度投影算法加插等级地图瓦片，加快地图缩放速度，并在 WebGIS 地图上叠加观测站点资料、闪电产品（EN 闪电、华南闪电、粤港澳闪电、电力局闪电等）、短时临近产品（雷达反射率、QPE、QPF、回波顶高、垂直液态含水量等）、数值预报产品（风、温度和相对湿度等）、风廓线雷达产品等。

广州亚运气象预报系统。一套基于 GRAPES 中小尺度数值天气预报系统，以短时临近预报系统 SWIFT 和精细化预报系统为主要基础，提供几分钟到 7 天的无缝隙、精细化预警预报产品，并实施实时预报质量检验的广州亚运气象预报服务系统已于 2009 年初步研发成功，同年 11 月 10—17 日亚运气象服务演练中投入使用，取得了预期的效果，并服务于 2010 年 11 月第 16 届亚运会。系统直接面向广州亚运气象服务，也着眼于后亚运时代大广州中心城市气象服务的需求。

气象灾害监测警报系统（SCAN）。2014 年 5 月，为了提高对恶劣天气的监测，识别与预报预警服务能力，建立了广州市气象灾害监测警报系统，为全市各区短时临近预警提供灾害天气监测警报服务。该系统根据实时监测资料，自动识别出对广州地区有重大影响的灾害性天气，并根据划定阈值对各类灾害性天气划分级别。监控的灾害性天气有暴雨（短时强降水）、大风（包括陆地大风和珠江口内江 / 河面大风）、易涝点雨量、灰霾、大雾、极端高 / 低温，同时显示广州及周边预警信号实况，并可以通过短信、声音、语音外呼自动发送预警信息。第一次上线为 V1.0 web 版，年内上线之后有多次调整，最终形成 2.0 web 版。

广州市区实景监测系统。2013 年，市气象台推出了市区实景监测系统，在省气象局大楼楼顶安装摄像机，将实时拍摄的广州中心城区实景监测图像返回监测系统，监控城区的能见度、云量、降水、$PM_{2.5}$ 等实况。

广州市综合气象分析系统（COMPASS）。市气象台秉承“一张蓝图画到底”的理念，以智能化、一体化、高效率为向导，打造出具有“广州风格”的业务系统集群。以功能区分，广州天气预报业务系统可分为三部分：监测预报系统、预报制作系统和气象服务系统。2015—2017 年，市气象台逐渐把众多不同类型的资料和系统集约到一个平台上，建立了广州综合气象预报分析系统（COMPASS），其中包含了实况监测、资料融合、短临预警、短期预报、集合预报和天气模型 6 大模块。2016 年把欧洲中期天气预报中心（ECMWF）精细化数值预报产品、暴雨配料方法客观预报、广州市双偏振雷达系统 PUP 图形产品和雷电监测预警平台加入 COMPASS 中，2017 年将相控阵雷达资料加入其中。2017 年，市气象台与广州市三防办合作共建的“广州水文气象信息共享平台”上线并加入 COMPASS 中。

二、预报制作发布系统

2001 年前后，为了省、市、区三级会商需求，省气象局开发 WeatherBriefing 会商制作系统，可以直接调用雷达、卫星、数值预报模式图片，并具有添加文字等多种功能，之后不断完善并一直使用。2013 年，市气象局开发了会商结论制作软件，主要制作广州花都、从化、黄埔、增城、萝岗、番禺、南沙七个站点的天空、温度结论，形成图片，后因业务发展停用。之后便一直使用 PPT 作为会商主要方式。

2007 年前后，市气象局开发了精细化报文编发系统。2004 年开发了环境气象预报系统，2005 年投入业务使用，主要制作发布生活气象指数和紫外线预报。2006 年 11 月开发了港澳风球软件，针对内港悬挂解除风球，软件功能简单；2011—2012 年对该软件升级优化。2012—2013 年，在省气象局单机版系统的基础上开发了广州市预警信号发布系统、突发天气警报上网软件、广州市天气发布系统、排水中心短时天气预报软件等。预报产品制作发布软件种类繁杂，不便于操作，因此，在 2013—2014 年逐步将以上各类软件功能加入广州气象预报预警制作发布一体化平台（FAST）中。

综合气象业务应用平台（GZ_MISAS）。2012 年开发广州气象综合业务应用平台，融合了实况监测、图像产品、模式产品、台风路径、预报制作、预报检验、气象服务、设备监测、分区预警 9 大功能，实况监测功能可展示精确到乡镇级别的地理信息，具备站点实况资料展示、历史资料统计、实况资料客观分析、雷达资料监测、风廓线资料监测，以及卫星云图、雷达图、风廓线图像、数值预报、广州内涝风险等级预报等图像产品的快速浏览和动画显示，数值预报产品叠加到 WebGIS 上进行显示，以色彩渲染、等值线分析等方式绘制天气形势图、台风资料、分区预警等多种应用。广州气象灾害监测预警平台实现了广州区域气象灾害监测预警，强化了雷达、自动气象站、风廓线雷达以及模式产品等资料的本地化应用。而局地分析和预报系统基于 NCEP 再分析资料，融合具有广东天气环境的多普勒雷达原始数据，提供高分辨率中尺度分析场，从而改进 0—6 小时的短时天气预报。2013 年 GZ_MISAS 实现了分区预警发布功能。

精细化网格预报业务系统（GIFT）。2008 年初，省气象台牵头，联合中国气象局南海海洋热带气象研究所、省气象信息中心等单位的精细化预报技术团队，开展了包括网格数据中心、网格预报解释应用技术和图形化网格编辑订正平台等研发工作，形成了精细化格点预报业务系统（GIFT）。借助中国气象局 2010 年和 2011 年现代天气预报业务试点建设工作的支持，逐渐形成基于服务接口的数据中心、从分钟到 10 天的释用技术体系和配置型的产品加工系统。在 2010 年广州亚运会和 2011 年深圳大运会场馆预报、交通旅游、城市运行等气象服务中得到了初步应用。2012 年 6 月起，省气象台设立专门岗位进行网格天气预报业务试验，省级网格业务与传统业务并轨运行，省气象台正式提供精细化预报网格指导产品，这标志着广东精细化网格预报业务体系的初步建立。

2013—2014 年，广州市在广东省内率先完成市级网格预报平台（短期 GIFT）建设任务，实现由站点预报向网格预报的转变，建立起“网格编辑→数字转换→模版生成→自动分发→服务公众”的精细化天气预报服务流程，可实现广州地区 5 千米 × 5 千米空间分辨率的网格精细化预报编辑，可生成 0—168 小时的天气预报、生活气象指数预报、环境气象预报等预报服务产品。通过把单点预报转变为网格预报，实现“村村通气象、镇镇有预报”。

2014 年，进一步完善市级网格精细化预报系统（GIFT），主要包括针对北部山区和南部沿海增加了一些有针对性的自动气象站实况监控，了解地形对当地天气的影响，进而有利于网格精细化预报的开展。汛期期间根据雷达回波监控，结合汛期降水特征，及时订正网格精细化要素预报，与对外服务预报保持一致。

2015 年 4 月 1 日起，网格预报在广东全面取代传统城镇站点预报。基于短时临近版 GIFT 业务系统，市气象台运行升降尺度技术无缝衔接短期预报，并对短期格点精细化预报流程进行再造，融合了短临短期业务流程。这大大缩短了预报员在格点化气象要素预报的编辑、制作及修正时间，提高了预报制作效率，一定程度上减轻了值班预报员在灾害性天气下监测和预警压力。从根源上确保了格点与站点预报数据的一致性，有效地解决了现有预报流程中可能遇到的精细化格点预报与城（镇）灾害性天气预警的不一致、短时临近预报与短期预报的不一致以及国家、省、市、县各级气象台对外发布的预报结论不一致的难题。短临短期无缝衔接业务流程，重新布局了传统的业务体系，确立国家级指导，省、市两级编辑，区（县）级服务的业务体系，同时也探索了精细化预报能力、业务流程、业务体系、相关管理体制的相互衔接机制。

2016 年，推出短临版 GIFT，能提供未来 6 小时内广州地区（包括港区）逐时、空间分辨率为 1 千米 ×1 千米的气象要素网格预报，并创新了精细化预报服务订正流程，实现预报与实况偏差的即时调整，改变以往一天发布三次的流程。短期版 GIFT 和短临版 GIFT 拥有不同的时间和空间分辨率，通过升降尺度交互订正技术，实现了预报产品的一致性发布及自动订正。

2017 年，短临 GIFT 在广东省推广应用。制定了短临与短期网格预报升降尺度转换规则，保证短临与中短期网格预报的一致性，并在 GIFT 系统中实现升降尺度一键转换。每个小时自动调取 5 千米 ×5 千米的短期预报生成短临背景场，使用短临 GIFT 进行订正后通过升尺度反馈到短期 GIFT，具体的升尺度规则：对于温度取 5×5 个格点的平均值，对于降水和风力取 5×5 个格点的最大值。建立了“客观算法自动制作＋关键点主观订正”的短临网格预报业务流程，通过调用短期 GIFT 以及定量降水预报 QPF，自动生成未来 6 小时的短临预报，预报员通过主观订正后形成最终的短临网格预报。彻底摸查不同渠道的更新机制，对于不能及时自动更新的进行了改正，确保所有渠道预报与短期、短临预报“一张网”保持一致。进一步完善和丰富智能工具箱，网格加减、关联变换（平均风－阵风，雨量－相态）、温度地形订正、极值温度曲线反馈等新的工具箱已上线应用。

广州气象预报预警制作发布一体化平台。2010—2011 年，市气象局建立简单网页版分发平台，将预报任务按时间排序，但部分任务需通过单机版软件制作发布。该平台是“广州气象预报预警制作发布一体化平台”的前身。

2012 年，市气象台开发了新版日常预报及预警服务的预报发布制作 Web 平台，并正式命名为“广州市气象台预报制作分发平台 V1.0”，真正实现了预报业务的集约化、流程化，各项任务均可通过该平台完成并有了登录界面。

随着时代的发展，预报产品的增多，第一版仅流程化的系统已满足不了需要，2014 年 7 月，市气象台开始将系统升级改进为“广州市气象台预报制作分发平台 V2.0”版，实现了一定程度的智能化制作与定时发送。2015 年 3 月，正式上线并更名为“广州市精细化气象信息发布平台”，英文简称 SMART。

2015 年 10 月，市气象台将预报制作分发平台更名为 FAST（Forecast and Alert Sending Toolist）2.5 版，并实现了“精细化预报网格编辑→发布系统前台调用→后台自动分发”的一体化业务流程。该平台具有系统职责清晰、功能简单、系统流程化操作、任务明确、不易遗漏、支持文字及图表、可视化操作等优点。2015—2016 年发展了各区（市）数字网格精细化天气预报体系，分别建立了广州市乡镇预报系统和广州市分镇（街）预警系统，实现了镇（街）级的精细化预报及气象灾害预警智能发布。

2017 年 4 月，正式上线 FAST3.0 版，市气象局率先业务应用。该系统在 FAST2.5 版的基础上引入智能预报逻辑引擎、智能图形产品引擎、地理信息系统引擎，将气象预报预警业务从离散多头、单一文字、固定不变、繁琐编辑的模式优化为集中统一、图文并茂、灵活可配、一键圈选的模式，从而实现岗位设置、交班提醒、值班记录、任务提醒、多任务操作、产品制作、一键发布、精细化预警等功能。

2017 年 9 月 1 日，正式推广到全省各地市业务应用，之后还在不断优化。

三、气象服务系统

水文气象信息共享平台。除了日常的天气预报服务，专业气象服务也在不断地发展。为了进一步提高防灾减灾管理和服务水平，突破“信息孤岛”，公用雨量数据“一张表”的情况，2014 年初广州市气象台与广州市三防办合作开发了“广州水文气象信息共享平台”，4 月中旬通过初步验收后进入业务试运行阶段。该平台充分融合水文气象数据，可实现水位、雨量实时查询，任意时段雨量统计，3 小时内降水预报、雷达图实时显示等，为排涝抢险、水库合理蓄水排水提供科学的决策支撑，为政府防灾减灾提供科学决策依据，为城市运行提供更有力保障，为市民生活提供更贴心服务。

城市内涝监测预警系统。为了提高广州暴雨内涝监测预警与风险评估服务水平，2012 年，市气象局与市三防、排水管理中心、华南水电合作，建立三套城市内涝水位监测站，实现对城市易涝点的监测，为城市内涝的防灾减灾提供科学依据，监测数据实时共享。同年，建立“广州城市内涝监测预警系统”，进行强降水的预警、强降水回波的识别和临近预报，形成网格化的积水深度和内涝风险预报；为了解决信息繁杂冗多的问题，2015 年，市气象局开发了“广州市城市内涝信息综合管理系统”；2016 年，引进省气候中心研发的“城乡内涝预警系统”，并在此基础上融合三个系统的优势，建立了“广州市城市内涝风险预警系统”。

水陆交通气象预报服务系统。2015 年，为满足城市交通气象服务初步建立了“水上交通气象服务平台”和“交通气象网”两大服务平台。2016 年，“水上交通气象服务平台”引入电子海图与 AIS，融合了自动气象站、雷达等观测资料以及海温、水位、波高、流速等海洋观测数据，提供港区的温度、降水、能见度、风力、波高等要素的精细化预报。“交通气象网”充分利用气象观测数据，对影响交通的能见度、降雨、气温等天气现象进行分析，初步建立了交通气象安全指数与交通气象拥堵指数，建设基于 GIS 的公路交通气象预报预警系统。

“广州天气”公众服务网页。为了满足公众随时获取最新气象信息的需求，2000 年前后建立了“广州天气”公众服务网页（http://www.tqyb.com.cn/）。

2013 年 11 月，全新的“广州天气”公众网面世，将预报、预警、实况等各类最新的服务产品以图片、文字、视频等多媒体方式向公众展现，并将网格精细化预报模块加入网站，公众在“广州天气”网上点击广州地图的任意点均能查询到该点的气温、降水、湿度等预报信息，有效改善了原网站预报服务产品贫乏、展示方式单一、互动性欠缺、时效性差的状况。网站上线之后通过收集用户访问数据和各渠道反馈意见，进行不断的改版优化。

2015 年，对网站进行改版升级，以扁平化设计风格优化界面和产品显示，并增加个人定制等智能化功能和专项预报服务产品。

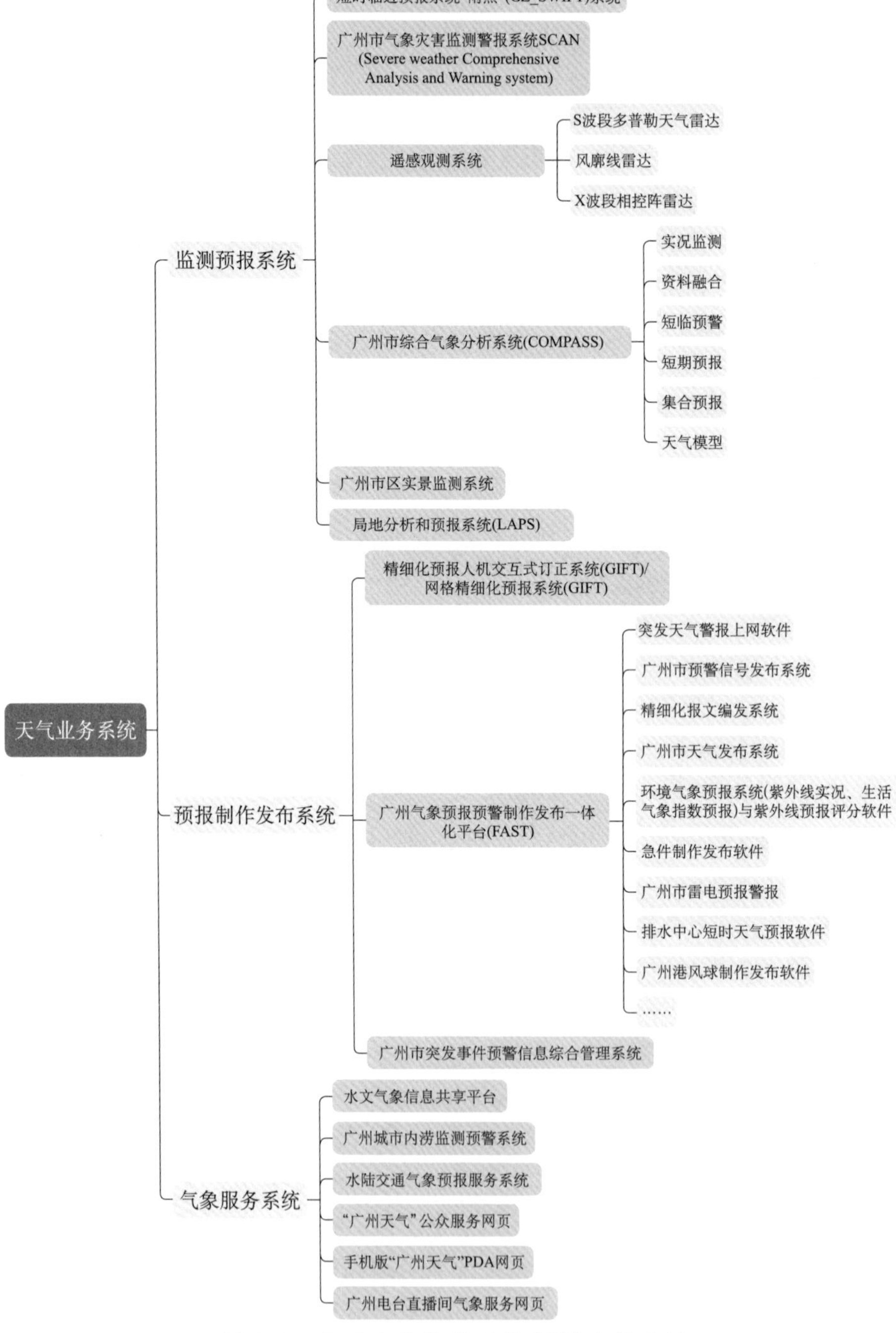

图 8-1 广州市气象局天气预报业务系统

2015 年，为适应广州国际化的需要，为国外友人提供更好的气象服务，市气象台开发了广州天气网页英文版。2017 年 11 月改版升级并全面向公众推出，12 月为广州《财富》全球论坛活动提供了气象服务。网页延续了中文版网页的整体风格，同时也有新的特点，如短时预报改用图文并茂的形式，使预报内容一目了然，另外首页增加了预警信号的含义解释，使用户更容易理解。子网页分为三大板块：天气预警、天气预报和天气实况，是首页内容的补充。

手机版“广州天气”PDA 网页。2014 年 1 月，手机版“广州天气”PDA 网页（http://www.tqyb.com.cn/pda/index.html）正式上线，用户可以通过手机随时随地获取气象信息。主要包括天气实况、天气预警以及天气预报信息。

广州电台直播间气象服务网页。2014 年 1 月，广州电台直播间气象服务网页（http://tqyb.com.cn/special/gztv/diantai.html）上线。主要为广州的广播电台提供突发天气提示、预警信号、上下班天气、短时天气、市区天气、天气实况、分区天气预报、每日天气分析等预报信息，方便电台实时查询。

综上，市气象局的天气预报业务系统繁多，网页链接各不相同，为了提高工作效率，建设了集约化的**“广州市气象局业务系统连接平台”**，到 2017 年底，已包含了八大模块，链接了几乎所有的业务系统。其中，天气预报业务系统构成见图 8-1。

第二节　气象科研

一、科研组织

为提高广州市气象科学技术水平，增强科学研究能力，推动科研与预报业务相结合，2010 年 3 月成立了以市气象局局长为主任委员的市气象局科学技术委员会（简称“科技委”），其办公室设在业务科技处（2012 年改为观测预报处），并印发了《广州市气象局科学技术委员会章程（试行）》。章程规定了科技委的成员结构、任务和职责，科技委的主要职责是对广州市气象工作中涉及科技发展的重大问题进行咨询、审议，审核本部门科研项目立项，推荐申报各级科技项目等。

2010 年起市气象局科技委员会成员名单

表 8-1

年份	主任委员	副主任委员	委员
2010	许永锞	胡斯团、何溪澄	罗森波、熊亚丽、伍志方、纪忠萍、欧善国、吕勇平、陈新光、李源鸿、伍光胜、陈昌、金良、邓春林、姚集建、张桂峰、毛绍荣、常越、朱建军、郑明辉

续表 8-1

年份	主任委员	副主任委员	委员
2011	梁建茵	胡斯团、何溪澄	罗森波、伍志方、纪忠萍、欧善国、吕勇平、陈新光、李源鸿、伍光胜、陈昌、金良、邓春林、陈荣、张桂峰、毛绍荣、常越、朱建军
2014	梁建茵	胡斯团、何溪澄	肖伟军、陈荣、廖菲、谌志刚、吕勇平、王春林、伍光胜、朱平、陈昌、徐启腾、林志强、欧善国、王晓鹏、王蓓蕾
2015	庄旭东	贾天清、肖永彪	何溪澄、肖伟军、胡东明、廖菲、谌志刚、吕勇平、王春林、伍光胜、陈晓宇、谢碧栋、徐启腾、欧善国、王晓鹏、王蓓蕾
2016	刘锦銮	贾天清、肖永彪	林志强、王蓓蕾、邹冠武、胡东明、谌志刚、吴少峰、王春林、潘蔚娟、欧善国、陈晓宇、伍光胜、谢碧栋、颜志

备注：人员名单更新至 2017 年。

2010 年 6 月，市气象局印发《广州市气象局科研项目管理办法》（穗气〔2010〕106 号），自此市气象局的自立科研项目工作实现了从无到有的跨越。2010 年开展自立科研项目工作以来，立项项目年平均 20 个，且不断增多。

2013 年，市气象部门开始组建科技创新团队，通过团队的形式对发展中的关键技术问题进行攻关研究。2013 年 1 月，市气象台组建了 3 支创新团队，即业务系统建设团队、强对流天气预报技术团队和数值天气预报释用技术团队，主要研究天气预报以及预报业务系统中的关键问题；2014 年，广州市气象信息网络中心组建了 2 支团队，即公共服务与应急创新团队和气象大数据技术研究创新团队，前者主要根据公共气象服务体系建设的业务需求开展研究，后者致力于提高各类气象数据对气象预报预警、气象防灾减灾的技术支撑和应用能力，提高气象部门数据互备和资源整合能力；市气候与农业气象中心组建珠三角环境气象科技创新团队，针对环境气象预报服务方面开展研究。

为加强各科技创新团队的管理，提高科技创新团队运行效率，2016 年 2 月市气象局印发《广州市气象局科技创新团队管理办法》（穗气〔2016〕29 号），确定了团队建设目标、团队审批程序、团队资助与考核要求等事宜。

根据气象部门业务发展的需求，2017 年 7 月，市气象局将直属单位原有的 6 支团队整合组建了 8 支科技创新团队，并修订了《广州市气象部门科技创新团队管理办法（2017 年修订）》，进一步规范团队建设。

2017 年市气象部门科技创新团队名单

表 8-2

序号	团队名称	团队首席	承担单位
1	航运气象服务技术创新团队	胡东明	市气象台

续表 8–2

序号	团队名称	团队首席	承担单位
2	城市冠层气象预报技术创新团队	廖　菲	市气象台
3	强对流预报技术创新团队	谌志刚	市气象台
4	精细化格点预报技术创新团队	李怀宇	市气象台
5	城市环境气象技术创新团队	王春林	市气候与农业气象中心
6	城市气候服务技术创新团队	潘蔚娟	市气候与农业气象中心
7	城市气象服务技术创新团队	陈晓宇	市气象信息网络中心
8	气象大数据融合应用技术创新团队	伍光胜	市气象信息网络中心

二、科研成果

1. 基于甚高频数字广播的社区突发气象灾害应急智能指挥平台

该项目为省科技厅 2013 年立项项目，由市气象台承担建设。项目主要研发以数字甚高频广播为主要通道的多网融合预警信息传播技术；研究突发气象灾害数据的整编和入库，城市内涝监测等相关灾情实时数据的接入显示和应用，强降水数据的二维显示；开发基于 GIS 和实时综合信息的社区突发气象灾害应急智能指挥平台。

基于甚高频数字广播的社区突发气象灾害应急智能指挥平台已在市突发事件预警信息发布中心试运行。通过该平台，预报员可以实时监测各类灾害性天气的发生发展，并根据实际需要及时将各种气象灾害信息在该平台下通过甚高频、短信、传真、微信、微博、网站等方式自动传递给相关部门；项目开发的数字甚高频智能广播系统，能够实现灾害预警信息快速传输、传播，它以数字甚高频智能广播技术为主，其他各种发布手段为辅，将灾害预警信息通过甚高频、GPRS 等发布到接收终端。该系统已在全国多个地方和部门运行，市气象局通过防灾警报网建设，布点 1122 台甚高频防灾预警接收终端；花都区气象局通过防灾警报网建设，布点 235 台甚高频防灾预警接收终端；该项目获得了 2 项实用新型专利、2 项软件著作权。

2. 广州强对流潜势预报方法研究

该项目为 2013 年省气象局科学技术研究项目。项目主要通过广州区域附近发生的强对流个例分析，对强对流类型进行分型（强降水、雷雨大风）；利用 GRAPES 模式输出逐时资料，统计出广州区域附近发生强对流前 1—2 小时强对流系统附近 30 千米范围内各类强对流指数的阈值；建立基于强对流发生概率与强对流指数关系的潜势预报概念模型；建立能够自动识别强对流发生概率的潜势预报系统，以等值线阴影图的形式叠加出强对流发生的高概率区域，对广州区域附近发生强对流进行潜势预报；利用个例对该系统进行检验。

项目组开发了“强对流潜势预报系统”，融合到广州综合气象预报分析系统

(COMPASS)中，并已经在市气象台投入业务应用，在汛期强对流天气过程的预报服务中为预报员提供了重要的技术支撑。

3. 中国气象局气象关键技术集成与应用项目

该项目为中国气象局 2014 年立项项目。项目主要内容：(1)给出降水对风廓线雷达数据污染的判断，比较不同类型（波长）风廓线雷达（如边界层、对流层Ⅱ型）最为敏感的信噪比参数对有无降水、降水强弱时的表现，结合垂直波束在有无降水时回波功率谱的分布，获得能区分不同等级的降水对风廓线雷达数据的影响的判定阈值，从而对观测获得的数据进行分类；(2)针对风廓线雷达业务运行中存在的问题，提出提高数据质量的方法；(3)将风廓线雷达数据进行二次产品开发，进一步丰富风廓线雷达的数据产品。本项目共发表 2 篇学术论文：《利用中位数方法对风廓线雷达数据质量控制的研究》(热带气象学报，2015 年第 6 期)、《降水条件下风廓线雷达数据质量分析及处理》(热带气象学报，2016 年第 5 期)。项目组 2 人入选 2015 年省气象部门青年英才。

风廓线雷达探测产品能够监测不同尺度天气系统的结构和演变，估计降水相态以及雨滴谱分布的云微物理信息，其提供的高空风资料进入快速同化系统和中尺度模式，可以提高预报准确率。为预报员通过利用风廓线雷达探测资料了解天气系统的中尺度信息提供了一定的参考。

4. 短临精细化网格预报应用研究

该项目为 2015 年市气象局科技项目。项目组研发了市（县）版的短时临近网格预报系统（GIFT），利用升降尺度技术实现与短期网格预报的相互调用和反馈，确保不同时效预报服务的一致性；同时制定了完善的短时临近预报业务流程，开展广州市未来 3 小时逐时网格化雨量预报业务，提供短时临近网格预报图形化产品，并利用数字预报智能转换引擎确保“网格—站点”预报的一致性。

基于项目组研发的短临网格预报系统（GIFT），市气象局有效提升了网格天气预报的时空分辨率，实现时间和空间上无缝衔接的精细化预报，进一步满足了社会各界对天气预报更“精细”“精准”的需求；同时优化了现代化天气预报服务流程，重新布局业务体系，有效促进了网格天气预报的发展。该项目获市气象部门 2015 年科技奖一等奖。

5. 基于微信平台的交互式点菜系统研究

该项目为 2015 年市气象局科技项目。研究利用微信的“点对点”“互动交流”的优势，探索微信在开拓气象服务发布新渠道方面的发展思路，可以有效提升公共气象服务能力。

项目通过微信菜单与产品类别映射的方式，建立相应的后台管理和前台菜单页面，实现对微信用户的个性化服务。建立服务产品分类展示页面，用户可通过该页面自主订制不同的气象服务产品。开发后台产品管理微信数据库，用户订制需求即时交互至后台产品管理列表。建立前台微信菜单与后台产品管理列表的关联映射模块，从而实现对用户发布订制信息的功能。整理气象服务产品归类，实现后台管理微信菜单与产品类别的科学对应，有针对性地将服务信息区分为区域、气象预警、天气预报、天气实况、停课信息五类。该项目成果已成功申请软件著作权。

课题研究成果已投入使用，并有针对性地为用户提供“摆菜”“点菜”“上菜”个性化交互式服务，实现打造个人专属的气象随身服务的目的，为公众获取气象信息提供更便捷的手段。

6. 广州水上交通气象保障技术研究

该项目为 2015 年市气象局科技项目。项目组研发了基于电子海图和 AIS 的水上交通气象服务平台，提供气象及海洋监测实况、船舶实时信息、雷达回波、卫星遥感、台风信息、港区日常天气预报、风球和预警信号集成显示，同时利用网格风浪预报，实现了不同船舶类型的航行区域风险评估及动态航线风险智能评估，为船舶航行作业和港口码头安全生产提供及时、高效的气象保障服务。

“广州水上交通气象服务平台”已在市气象台投入业务应用，创新港口气象精细保障理念，开拓了港口精细化预报预警服务的新领域。

7. 广州市气象观测设备综合展示管理系统

该项目为 2015 年省气象局科学技术研究项目。项目主要开发一套广州市各类探测设备的信息显示与运行管理系统，作为全省探测设备运行监控系统的补充，展示气象现代化广州探测系统的特点，对预报需求提供设备场景与观测数据的对称信息。项目实现以下功能：（1）整合广州市气象系统约 18 种类型、500 多套观测设备的信息和数据；（2）基于 GIS 地图展示设备信息及数据，并以图表和三维图片的方式对各类设备的信息和数据进行一体化综合展示；（3）通过后台管理配置来更新站点信息，实现对站点的管理。

该系统实现了各类新型观测设备接入、数据自动采集、数据质量控制、数据综合处理、设备监控报警等功能的有机结合，能够对观测设备进行不同层次和级别的监控报警，为提升地面气象观测业务质量和效益提供了技术支撑。

8. 广州暴雨灾害预警技术应用研究

该项目为 2016 年市科技计划项目民生专项。主要内容：（1）分析引发广州暴雨的主要天气类型，分析结果指出，大多数情况下高空没有明显天气系统或者是受弱系统影响，多数短时强降水发生时主要受低层的扰动和热力条件；（2）遥感观测资料在暴雨预报中的技术研究，利用微波辐射计获取和计算对流参数（共 14 个），开展了基于配料法的预警指标判断研究，提高了强降水的预警正确率；（3）评估了广州双偏振天气雷达的数据质量，结果表明，Z_{DR}、K_{DP} 与短时强降水有很好的对应关系，尤其是 K_{DP} 对强降水的反应有效合理，因此在短时临近预警工作中，可将 Z_{DR} 和 K_{DP} 的演变作为发布暴雨预警的重要指标；（4）开展了基于集合预报技术的暴雨预报方法研究，针对台风“彩虹”（2015 年）高分辨率数值模拟及涡旋罗斯贝波特征、雷暴大风过程中对流层中低层动量通量和动能通量输送特征、2016 年 5 月 2 日华东地区发生的一次飑线过程对流稳定度演变、基于集合动力因子的预报技术等方面开展了分析，提出了用于判断强降水发生的预警指标。

9. 基于大气模式的广州空气质量预报技术研究及应用

该项目为 2016 年市科技计划项目民生专项。主要内容：（1）分析城市空气质量三维空间分布及变化规律，根据环保部门共享的大气成分浓度数据，建立标准化空气质量基础数据库，结合气溶胶散射系数、能见度等气象资料和大气气溶胶光学厚度（AOD）卫星遥感反演产品等，分析城市空气质量三维空间分布及时间动态规律；（2）开展 GRAPES-CMAQ 区域环境气象数值预报模式改进研究，提供华南区域格点化污染物浓度（$PM_{2.5}$、PM_{10}、O_3、NO_2、SO_2、CO）和 AQI 客观预报指导产品；（3）发展空气质量数值预报产品解释应用与订正技术，采用多元逐步回归、神经网络等统计方法，建立一套动力学机理清楚、符合本地实际的环境气象数值预报产品解释应用及订正技术，有效提高各种污染物浓度的预报准确度；（4）开展主要污染物减排协同效应与区域重污染天气联防联控研究；（5）开发空气质量预报业务平台，整合现有的不同背景下开发的环境气象业务平台，形成支撑区域—省—市—县环境气象业务的集约化一体化业务平台，支撑环境气象业务。

该项目采用信息科学的最新研究成果和模式筛选确定关键气象要素，为全市生态文明建设提供科技支撑。该项目获得 1 项软件著作权（软著登字第 1728509 号，登记号：2017SR143225）。

10. 气候变化与城市化背景下广州极端高温的特征及影响

该项目为 2017 年市科技计划项目民生专项。主要内容：（1）研究广州市各类极端气象灾害的年际、年代际长趋势特征以及突变特征，编写广州市极端高温事件变化专题报告；（2）城市化进程对极端高温事件影响的观测分析和模拟研究，应用数学方法和地理信息系统方法相结合的方式，估算广州城市化进程对极端高温事件的影响程度，研究城市化对广州极端高温热浪的影响及其物理机制，并量化城市化效应对广州极端热浪的增温贡献，评估不同城市结构、布局对极端高温事件的影响；（3）高温健康风险评估和预警模型建设，基于广州市气象、人口和死亡数据，运用相关数理统计模型分析高温与广州市居民死因的暴露－反应关系，基于以上建立的暴露－反应关系，建立广州市高温健康风险评估和预警模型；（4）预估广州未来极端高温事件的可能变化，综合考虑气候变化和城市化进程的共同影响，通过 WRF-UCM 模式及动力降尺度方法，预估对不同排放背景下广州未来极端高温事件的可能变化以及城市化进程对广州未来极端高温事件的可能影响；（5）建设极端高温事件实时监测和预警平台。

第九章　广州气候

广州地处南亚热带，是全球北回归线上唯一的超大城市，海洋和大陆对广州气候都有非常明显的影响，属于海洋性亚热带季风气候。广州年平均气温为 21.5℃—22.2℃，全市平均年降水量 1800 毫米左右，平均年降水日数 150 天左右。从年降水量来看，比东京、上海、纽约多，更比北京、巴黎、伦敦等全球超大城市多近两倍。巴黎、伦敦降水的季节性不明显，而广州降水雨热同季，季节性极强，4—9 月降水量占全年的 80% 左右。这也使得广州夏半年气象灾害多，台风、暴雨、高温、强降水等重大灾害性天气多发，这些气象灾害除了带来直接经济损失和人员伤亡外，还给人们的日常工作、生活和身体健康带来严重影响。

第一节　气候要素

一、气温与热量资源

（一）气温

广州属于南亚热带海洋性季风气候，由于地处低纬度地区及濒临南海，一年内冬夏季风交替影响，具有终年气温相对较高、冬无严寒、夏无酷暑、夏长冬短的特征。

1. 气温的空间分布

广州地势自北向南降低，年及各季平均气温随海拔高度的升高而递减，即北低南高。

2001—2017 年广州市全市年平均温度为 22.4℃，空间分布变化不是很大。西南部及南部沿海冲积平原年平均气温在 22.8℃以上，东北部山区的年平均气温低于 22℃，其余大部分区域在 22℃—22.8℃之间。

2. 气温的年变化

一年中，最冷月是 1 月，冬季风势力强大，在冷高压脊控制下，广州的气温降至全年最低。但是由于广州处于南亚热带，冬季气温仍较高，除从化山区外最冷月的平均气温多在 12℃—15℃之间，且由北向南递增。虽然个别较冷年份冬季最低气温可降至 0℃以下，但出现概率很小。

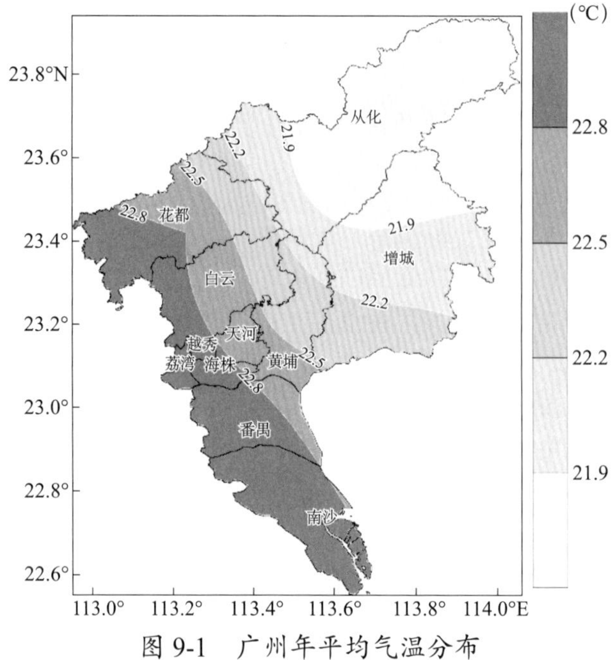

图 9-1 广州年平均气温分布

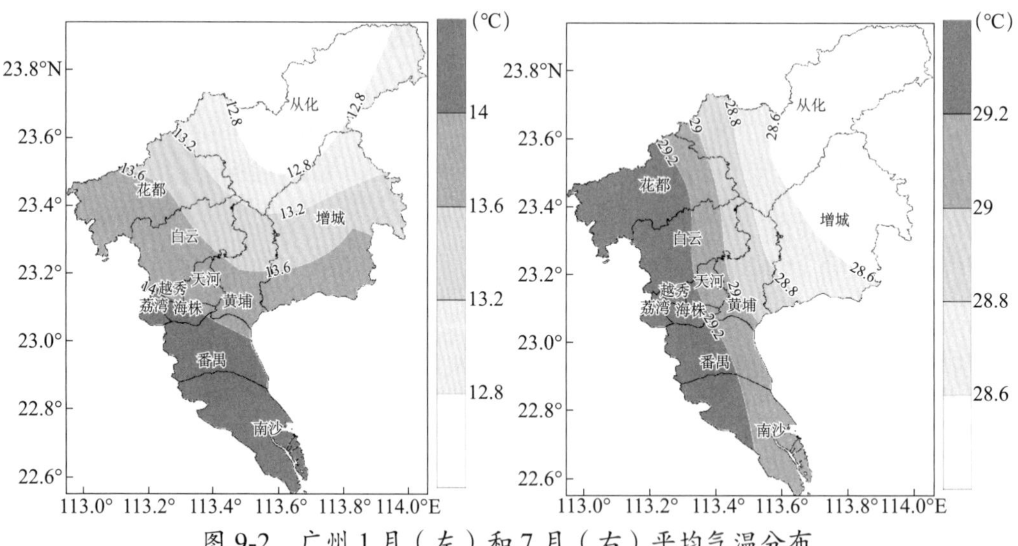

图 9-2 广州 1 月（左）和 7 月（右）平均气温分布

7 月是全年最热月，此时是夏季风的强盛期，副热带高压为全年最强且位置最北。此时不仅气温高，而且湿度大，因而常出现闷热天气。广州 7 月的月平均气温多在 28℃—29℃之间，呈现自东向西递增的趋势。

广州月平均气温变化是 1—7 月逐月升高，8—12 月逐月降低，曲线呈单峰型变化，气温年较差（最热月与最冷月平均气温之差）达 15℃左右，表现出海洋性气候的基本特征。

根据《气候季节划分》（QX/T 152—2012）标准，常年滑动平均气温序列无连续 5 天小于 10℃，属于无冬区。即广州并无气候学意义上的冬季，很多年份春季和上一年秋季是连在一起的。

3. 气温的年际变化

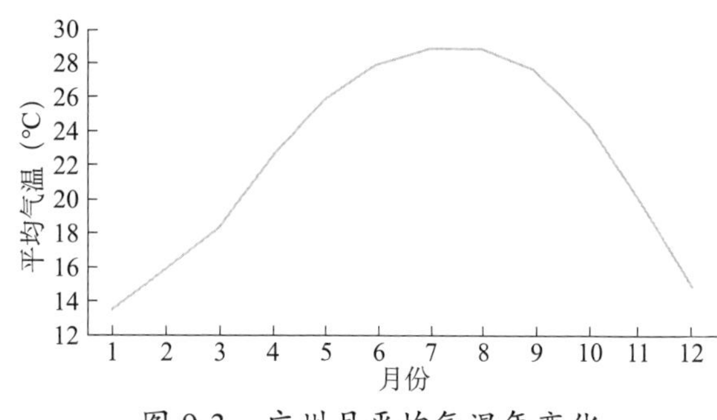

图 9-3　广州月平均气温年变化

2001—2017 年，广州市年平均气温呈波动变化，最低是 2011 年的 21.8℃，其次是遭遇历史罕见低温雨雪冰冻天气的 2008 年，年平均气温为 21.9℃，而年平均气温最高是 2002 年的 22.9 ℃。2001 年前后，广州市的年平均气温处于近百年历史的高位，2001—2011 年进入下降阶段，之后又开始上升，2015—2017 年后又回到高位。

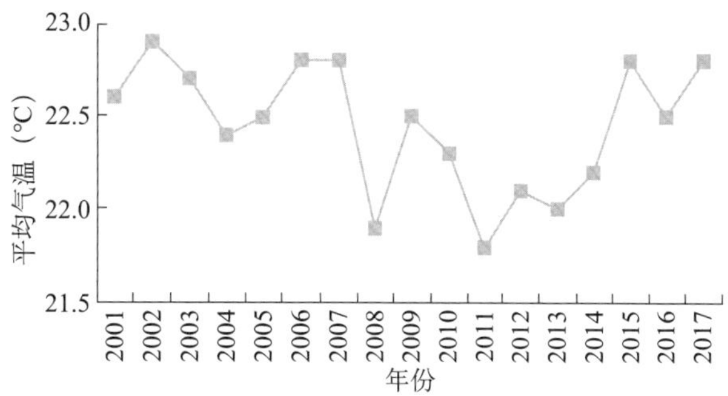

图 9-4　2001—2017 年广州年平均气温演变

（二）热量资源

广州市的年平均气温较高，且夏长冬短，具有非常丰富的热量资源。

广州市日平均气温≥ 10℃的年日数平均为 353.3 天，年积温为 8089.3℃・日，其中南部沿海冲积平原在 8200℃・日以上，中部丘陵盆地在 8000℃・日—8200℃・日之间，东北部山区在 8000℃・日以下。

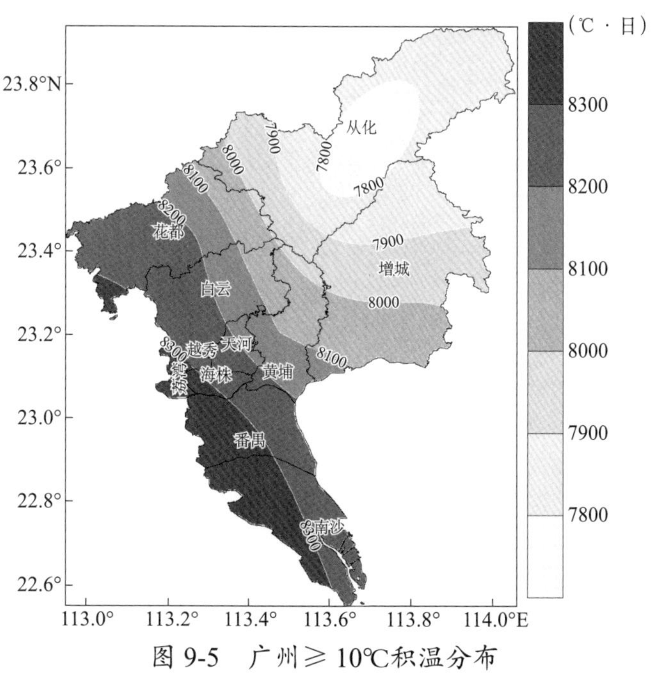

图 9-5　广州≥ 10℃积温分布

二、降水与降水资源

广州地处低纬度地区，南面是浩瀚的南中国海，海洋和大陆对广州的气候都有非常明显的影响，属海洋性亚热带季风气候区，雨量充沛，水资源十分丰富。汛期长达6个月，4—6月为前汛期，主要是锋面降水，7—9月为后汛期，主要为台风降水。广州是中国降水最多的地区之一，2001—2017年平均年降水量达1965.1毫米。

（一）降水量的空间分布

广州年降水量的空间分布大致呈西南向东北增多的趋势，根据2008—2017年数百个区域气象站降水资料统计分析，南部的番禺、南沙两区平均年降水量在1800毫米以下，而北部的从化区平均可超过1900毫米。降水分布十分不均，地形对降水有很大的影响，在从化棋盘山南侧迎风坡、从化平头顶与花都风云岭之间的平原地区、花都王子山南侧迎风坡地区、黄埔帽峰山南侧迎风坡地区、增城凤凰山南侧迎风坡地区，形成5个多雨中心，同时由于城市的雨岛效应，在中心城区越秀—天河—海珠一带，也形成了一个多雨中心，6个多雨中心的中心年降水量超过2000毫米，最大中心在2200毫米以上。

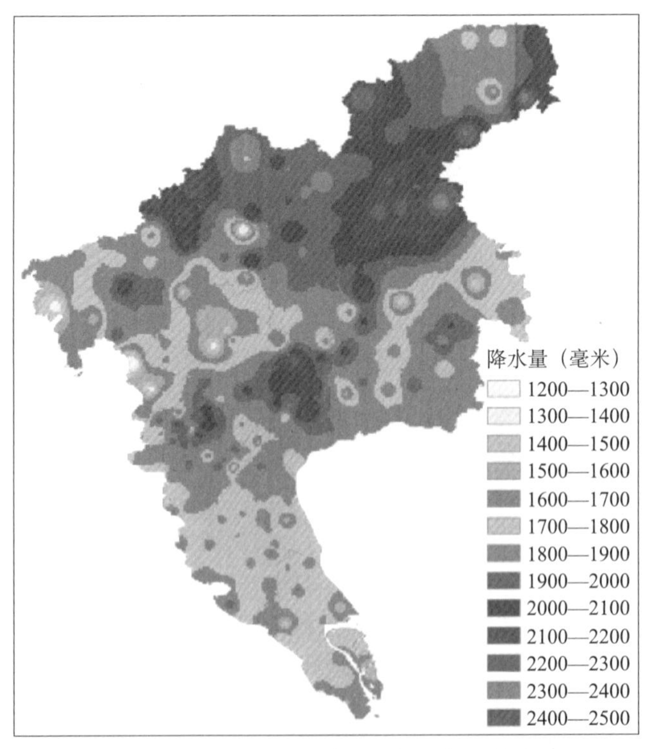

图9-6　2008—2017年广州年降水量分布

（二）降水量的时间分布

广州降水量年内呈单峰型，峰值在6月。4—9月为汛期，各月雨量在181.7—394.9毫米之间，汛期雨量占全年雨量的80%左右。其中，4—6月为前汛期，多年平均雨量为944.1毫米，以锋面暴雨为主，重要的暴雨天气系统有冷锋、静止锋、西南倒槽、低涡、切变线和低空急流等；7—9月为后汛期，多年平均雨量为660.5毫米，后汛期广州明显的暴雨天气过程主要由台风、热带辐合带、东风波、季风低压、中层气旋等天气系统造成，台风暴雨在酿成大暴雨和特大暴雨的过程中占主导地位。

广州5个国家级气象站各月多年平均降水量表

表9-1

站名	降水量（毫米）												
	年	1月	2月	3月	4月	5月	6月	7月	8月	9月	10月	11月	12月
花都	1946.4	59.3	40.2	114.0	182.1	359.9	398.7	224.9	224.3	186.7	65.7	52.0	38.7
从化	2014.4	63.0	50.3	119.6	213.1	376.6	433.1	211	234.3	158.2	59.2	54.0	42.0
广州	2024.0	58.9	41.2	110.0	172.9	376.9	378.2	249.1	283.0	212.5	57.9	48.1	35.2
增城	2066.8	54.2	41.1	116.3	207.7	391.3	469.1	243.1	242.9	166.3	45.9	49.0	40.0
番禺	1774.0	54.9	39.5	101.1	160.9	304.7	295.5	225.2	256.4	184.8	69.6	45.5	35.8

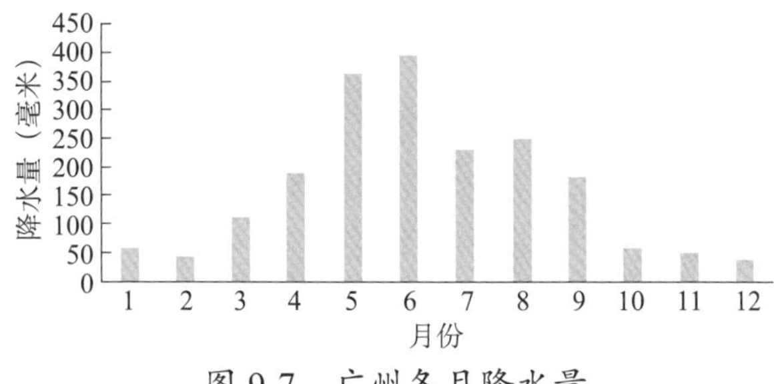

图9-7　广州各月降水量

（三）降水量的年际变化

广州全市平均降水量年际变化明显，如2011年降水量1410.1毫米，约为2016年（2638毫米）的53%，而各国家级气象站的这个比值就更低，在45%—51%之间（出现年份不一）。2002—2004年，广州连续3年降水偏少，导致2003—2005年各区出现不同程度的干旱，给农业种植、生产生活造成不利影响，特别是2004年，流域性干旱引发珠三角发生近20年最严重的咸潮，直接影响到番禺区居民生活和生产用水。2016年，广州全市平均年雨量为有记录以来最多值，年内暴雨不断，1月接二连三出现罕见冬季暴雨，前汛期强对流突出，龙舟水重，台风强，导致北部山区洪涝。

表 9-2

2001—2017 年广州 5 个国家级气象站年降水量极值

台站名	最多值		最少值	
	降水量（毫米）	出现年份	降水量（毫米）	出现年份
花都	2753.1	2001	1286.4	2003
从化	2650.7	2016	1307.0	2011
广州	2937.1	2016	1338.7	2003
增城	2702.5	2008	1385.5	2004
番禺	2613.8	2016	1241.6	2011

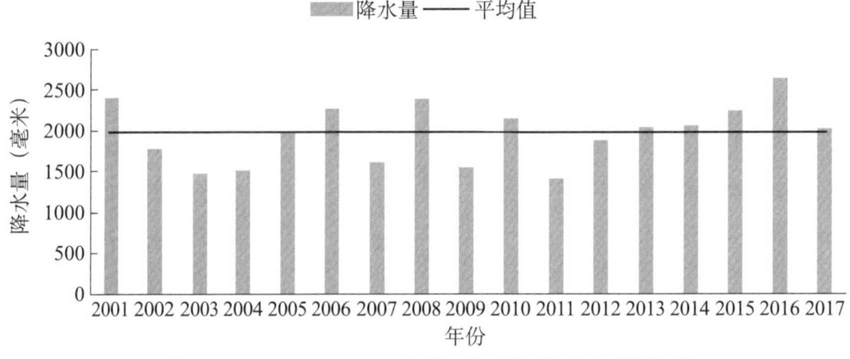

图 9-8　2001—2017 年广州历年平均年降水量

（四）降水资源

广州是全国降水资源最丰富的地区之一，2001—2017 年全市平均年降水量为 1965.1 毫米，按面积 7434.4 平方千米换算成降水资源为 146.12 亿立方米。由于受季风气候以及地形地势的影响，广州降水资源在时空分布上很不均匀，空间上南少北多，时间上除了每年有汛期与非汛期外，还存在着丰水年和枯水年。降水量严重偏少时可能导致干旱，降水太多太集中则容易出现洪涝，为了防洪排涝保障生产、生活、生命安全，多余的水要排入珠江流入南海，这使得广州降水资源的利用率不是很高。

三、风与风能资源

广州风的时空分布体现了明显的季风气候特征，秋冬季盛行偏北风，春夏季盛行偏南风，风力在季风盛行期（冬季、夏季）较强，季风转换期（春季、秋季）较弱。另外，地形和海陆分布也对局地风环境有影响，棋盘山、帽峰山和王子山南侧有明显的山谷风环流，南沙、番禺、中心城区等地春季、秋季存在明显的海陆风环流。城区建筑对风的阻挡作用使风速变小，冬季风速明显减弱。从化的部分高海拔地区以及山口狭管效应比较明显的地区风能资源较为丰富，具有较好的开发利用前景。

（一）风速的时空分布特征

风速分布表明，广州主要的大风通道与大型河道相联系，分布在狮子洋—帽峰山、蕉门水道—南沙港快速路、洪奇沥水道—珠江西航道、增江水道、流溪河水道等地。地面风速介于 1 米 / 秒—2 米 / 秒之间，白云南部—荔湾—海珠西北部—越秀一带、天河石牌—海珠琶洲—生物岛—小谷围—市桥一带以及增城新塘等部分建筑物密集区的风速≤ 1 米 / 秒（静小风区域）。

季节分布上，冬季风最强，夏季次之，春季、秋季较弱，体现了明显的季风气候特征，即冬季、夏季风盛行期风速较大，季风转换期风速较小。风速的逐月变化呈双峰结构，峰值分别出现在 12 月至次年 1 月（冬季风盛期）和 6—7 月（夏季风盛期）。年际变化方面，随着城市化的高速发展，广州五山的风速呈明显减弱趋势，2001—2017 年平均风速仅 1.43 米 / 秒，较 20 世纪 50 年代的 2.0 米 / 秒减弱了 28.5%。各个季节的风速也都呈减弱趋势，其中冬季风速减幅最大，夏季风速减幅最小。

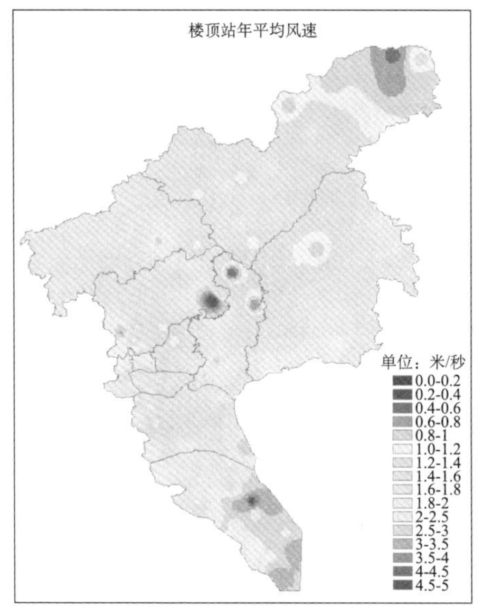

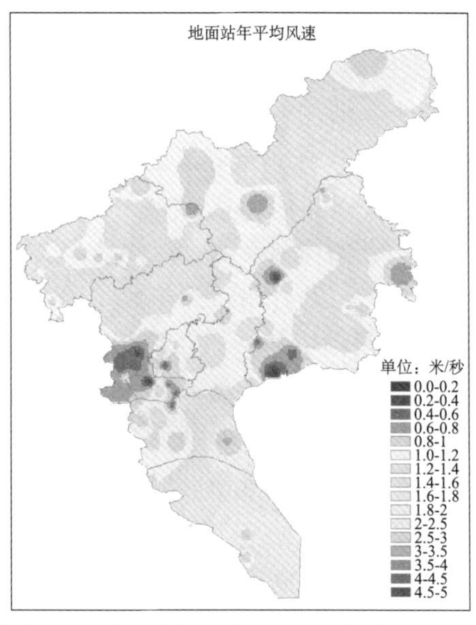

图 9-9　2008—2017 年广州平均风速分布（左：楼顶站；右：地面站）

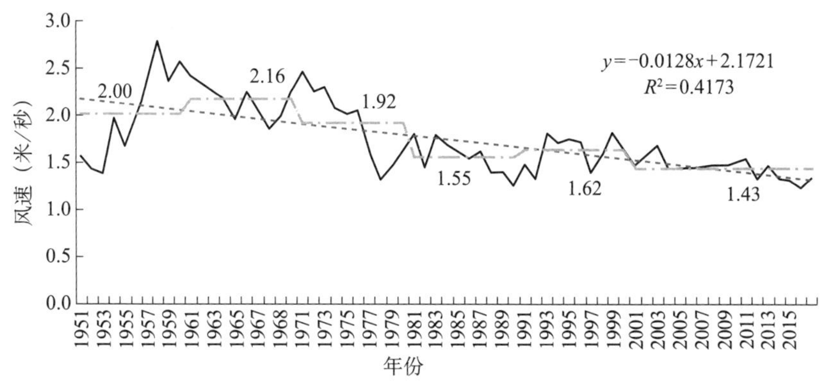

图 9-10　1951—2017 年广州（五山）年平均风速逐年变化

（二）风向的时空分布特征

广州大部分地区以偏北风为主导风，珠江前后航道以及凤凰山南侧—白云北部—花都南部一带部分地区以偏东风为主导，南沙地区以偏南风为主导。

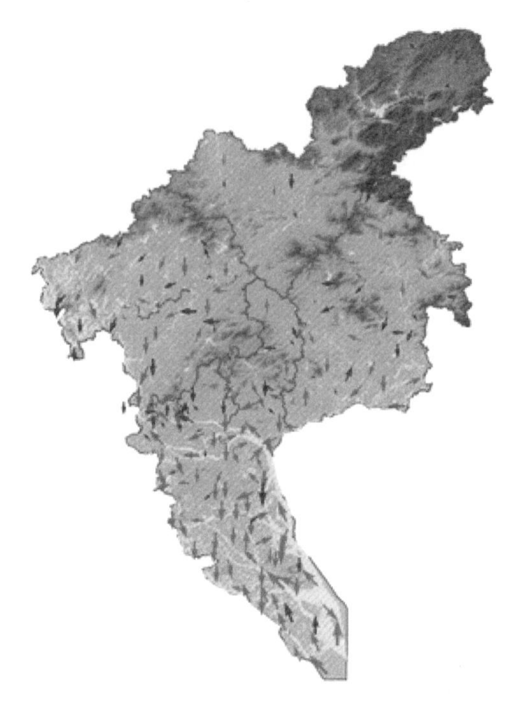

图 9-11　2008—2017 年广州主导风向分布

广州春季夏季以偏南风为主导，秋季冬季以偏北风为主导。其中：1—2 月受冬季风影响，大部分地区主导风为偏北风，从化、增城以及白云山西北部受地形影响主导风向为东北；3 月南沙大部分区域主导风向转为东南，中心城区和番禺则是东南和偏北交错分布；4 月南风分量增加，除从化北部山区以东北风为主导外，其余地区从偏北风转为东南风；5 月广州大部分地区主导风向为东南或南；6—7 月部分站点主导风向转为西南；8 月主导风向仍为偏南；9 月冷空气势力开始增强，除了南沙外，大部分区域主导风向开始转为东北；10—11 月冬季风逐渐增强，部分站点主导风向从东北转为偏北；12 月冬季风强盛，主导风向为偏北。

广州复杂的地形和海陆分布导致部分地区存在山谷风、海陆风等日间和夜间有显著风向转换的局地环流。棋盘山南侧的平原地区，由于山体较多、海拔较高，山谷风特征较为明显，帽峰山和王子山南侧也有明显的山谷风特征。海陆风在春季、秋两季较明显，主要出现在南沙、番禺和中心城区，03—13 时，主导风向为偏北（陆风），14—02 时，主导风向为东南（海风）。

（三）风能资源的分布特征

从 70 米高度数值模拟结果来看，广州大部分区域风能资源并不丰富，年平均风速为 3 米 / 秒—5 米 / 秒，风功率密度为 100 瓦 / 米 ^{2}—200 瓦 / 米 ^{2}，年有效时数（风速介于 3 米 / 秒—25 米 / 秒的小时数）为 5000 小时—7000 小时。但在海拔较高地区、沿海地区及山口狭管效应比较明显的地区，风能还是比较丰富的：从化中北部海拔较高山区，年平均风速 5 米 / 秒—7 米 / 秒，风功率密度为 400 瓦 /米 ^{2}—500 瓦 / 米 ^{2}，年有效时数 7000 小时—8000 小时；花都王子山与平头顶之间狭管效应明显的山口地带，年平均风速 4 米 / 秒—5 米 / 秒，风功率密度介于 200 瓦 / 米 ^{2}—300 瓦 / 米 ^{2}，年有效时数 6500 小时—7000 小时；南沙南部沿海地区，年平均风速 4 米 / 秒—5 米 /

秒，风功率密度为 200 瓦 / 米 ^{2}—250 瓦 / 米 ^{2}，年有效时数 7000 小时—7500 小时。

按照风电建设的技术水平，从化部分山区的风能资源具有大规模开发前景。

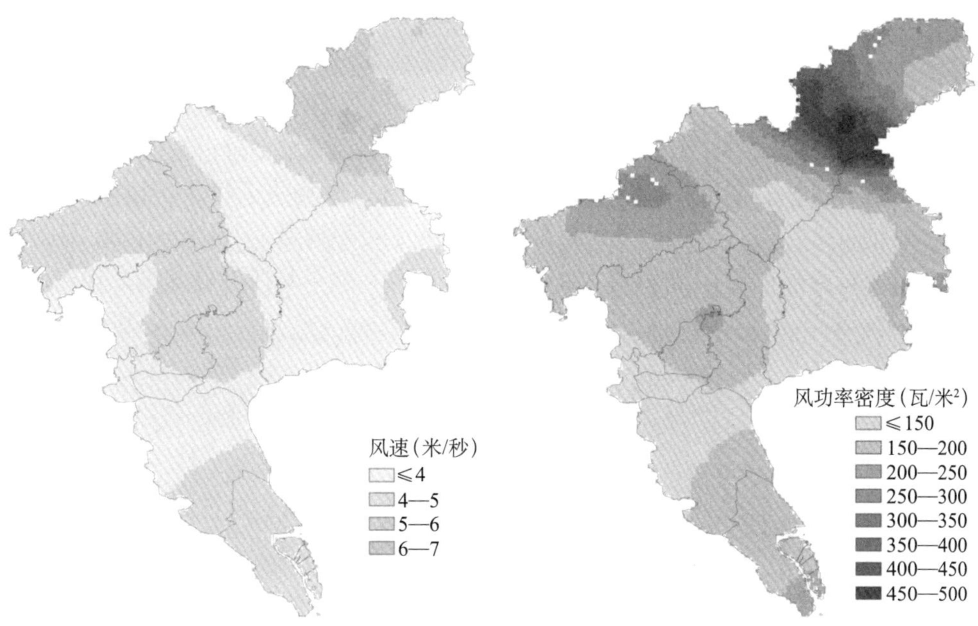

图 9-12　70 米高度年平均风速（左）和年平均风功率密度（右）数值模拟分布

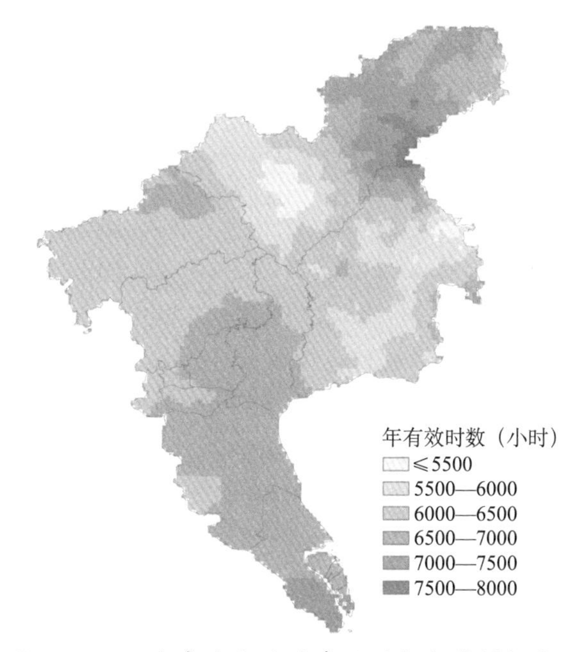

图 9-13　70 米高度年平均有效时数数值模拟分布

四、日照与太阳能资源

（一）日照

1. 日照时数及日照百分率逐月变化

广州地区一年之中，日照时数夏季最多，平均每天 5.6 小时，7 月平均每天 6.2 小时，为最多月；春季最少，平均每天 2.7 小时，3 月平均每天仅 2.1 小时，为最少月。广州地处亚热带，云多雨多，日照时数远低于可照时数。特别是春季，阴雨天气多，日照百分率仅为 21.5%，3 月最低仅为 17.6%，秋季日照百分率高，10—11 月可达到 54% 左右。

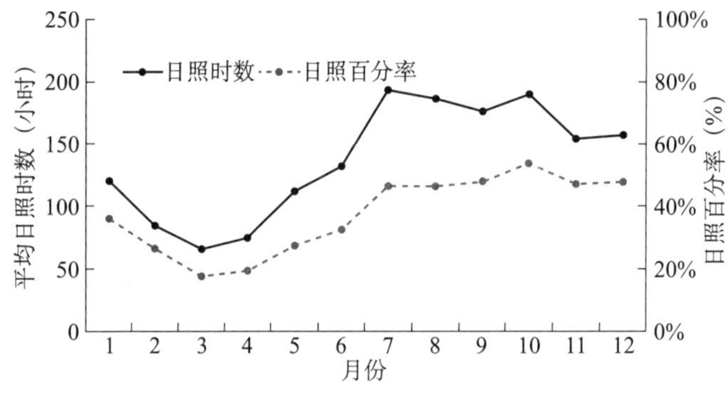

图 9-14　平均月日照时数及月日照百分率

2. 日照时数年际变化

2001—2017 年，广州年日照时数的平均值为 1645 小时，最少的年份 2012 年为 1412.1 小时，最多的年份 2004 年为 1916.8 小时。广州地区年总日照时数总体上呈现波动递减趋势。

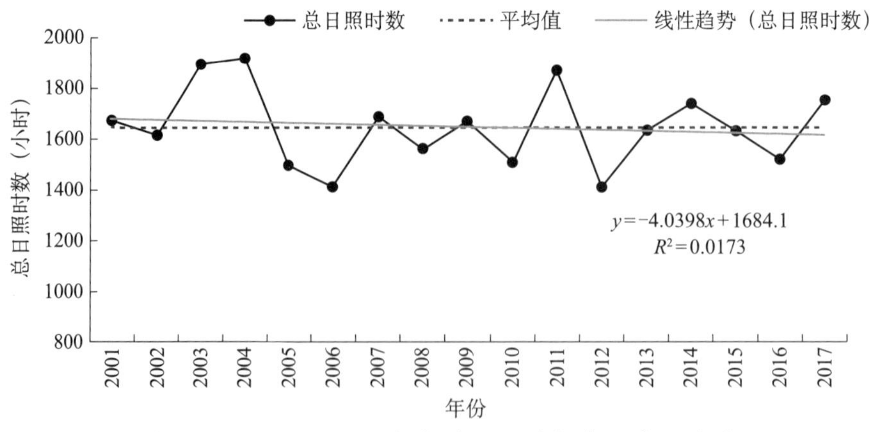

图 9-15　2001—2017 年年总日照时数年际变化曲线

3. 年日照时数空间分布

广州市年日照时数分布呈现东西（花都和增城）多，南北（从化、番禺和南沙）及中心城区少的特点。中心城区由于空气污染等原因降低了大气透明度，减少或削弱了到达地面的太阳辐射强度（低于 120 瓦 / 米 ^{2} 的时间将不被计入），日照时数为全市低值区。

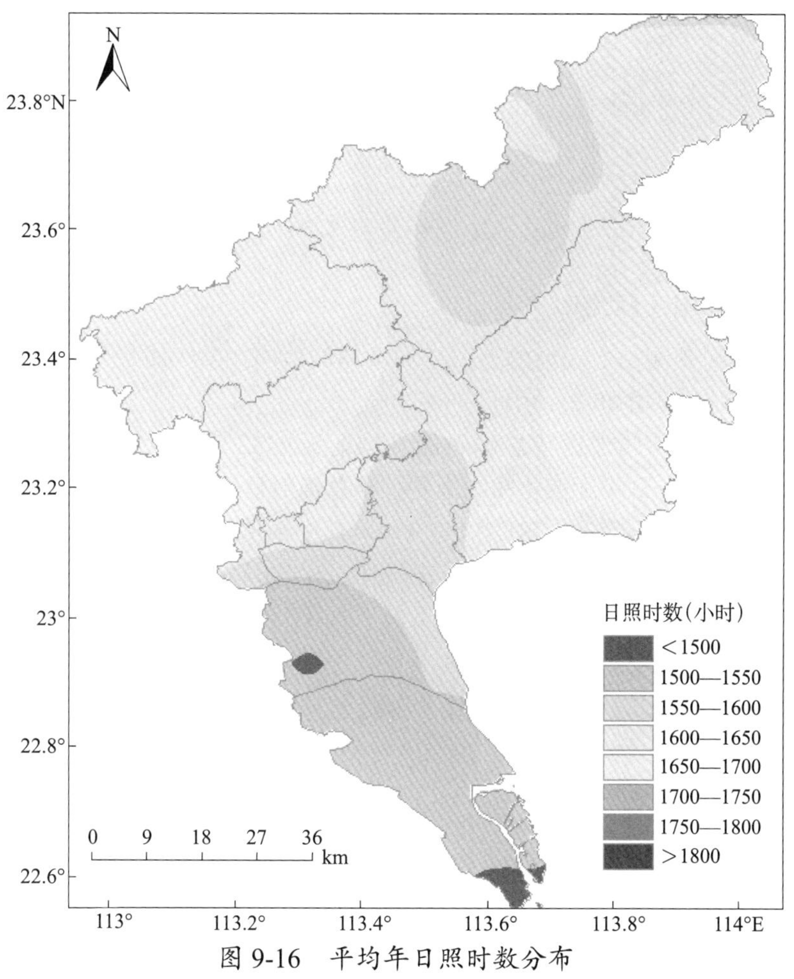

图 9-16　平均年日照时数分布

（二）太阳能资源

广州的太阳能资源在中国不算太丰富，但仍有利用价值，特别是下半年。太阳能资源与太阳辐射总量直接相关，这里仅给出广州单点的太阳辐射数据，太阳能资源的分布与前述日照时数的分布大致相同。

1. 太阳总辐射逐月变化

一年之中的总辐射值，以夏季（6—8 月）最大，冬季（12 月至翌年 2 月）最小，春季（3—5 月）和秋季（9—11 月）介于夏季、冬季之间。

根据广州气象站2001—2017年观测数据统计，广州市太阳总辐射的逐月变化曲线为单峰型，7月最大为495.7兆焦/米^2。2—7月随着太阳高度角的增大及白昼的延长，总辐射亦逐月递增；从8月开始至次年2月，随太阳高度角的减小及昼长的缩短，总辐射逐月递减，2月降至254.2兆焦/米^2，比7月少了近一半。

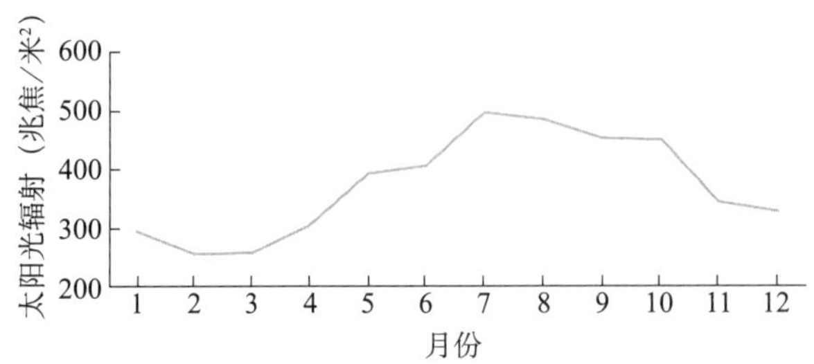

图9-17　2001—2017年广州各月平均太阳总辐射

2. 太阳总辐射年际变化

2011年辐射观测站由天河的五山迁到黄埔的萝岗，空气质量明显变好使得观测到的太阳总辐射明显增加。

2001—2017年广州地区年总辐射的平均值为4452.2兆焦/米^2，太阳能资源丰富，属资源丰富区。从年际变化曲线来看，年总辐射呈现出增加的趋势，2011—2017年平均较2001—2010年增加281兆焦/米^2，其中最低年份为2005年，总辐射值为3909.6兆焦/米^2，最高值为2011年，总辐射值为5007.9兆焦/米^2。

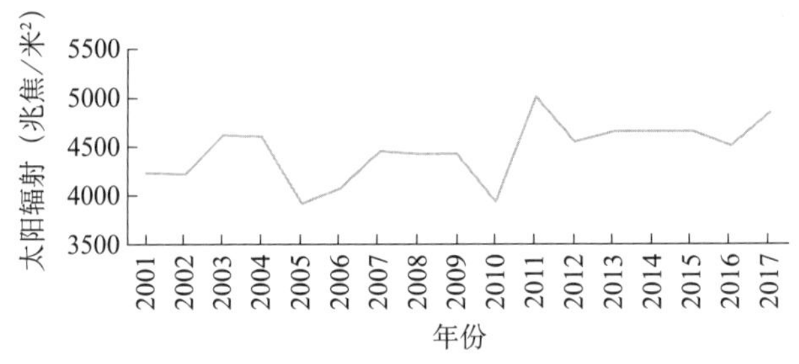

图9-18　广州太阳辐射年际变化曲线

五、空气湿度与蒸发

（一）相对湿度

2001—2017年全市平均年相对湿度为76.1%，各区年平均相对湿度在73%—78.6%之间。

相对湿度有明显年变化，4—6月相对湿度平均为80%—82%，全年最高，1月、10—12月为67%—72%，全年最低，其余月份介于76%—79%之间。

广州各国家级气象站年平均相对湿度

表 9-3

站名	年平均相对湿度（%）
花都	73.0
从化	78.6
广州	75.1
增城	78.6
番禺	75.1
平均	76.1

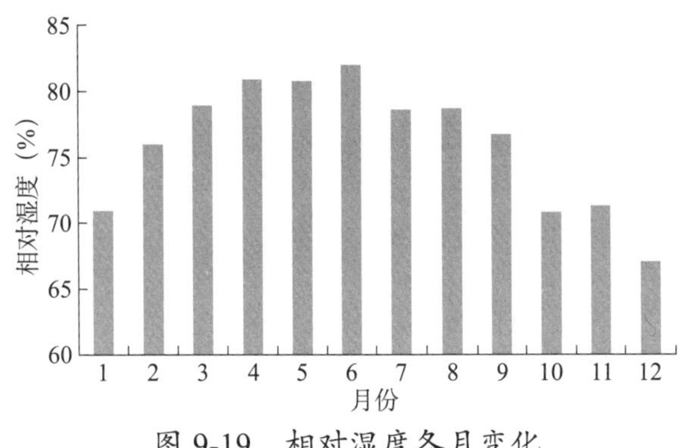

图 9-19　相对湿度各月变化

（二）蒸发

广州全市平均年蒸发量为 1585.1 毫米，各区年蒸发量在 1512.1 毫米—1628.2 毫米。

广州各国家级气象站年平均蒸发量

表 9-4

台站名	年平均蒸发量（毫米）
花都	1613.9
从化	1602.8
广州	1512.1
增城	1537.5
番禺	1628.2
平均	1585.1

蒸发量的大小是气温、风速、空气相对湿度等气象因子综合作用的结果。7—10 月气温高、蒸发量大，月蒸发量在 165 毫米—184 毫米之间；1—4 月气温低、蒸发量

小，月蒸发量在 76 毫米—100 毫米之间，约为 7—10 月的一半。

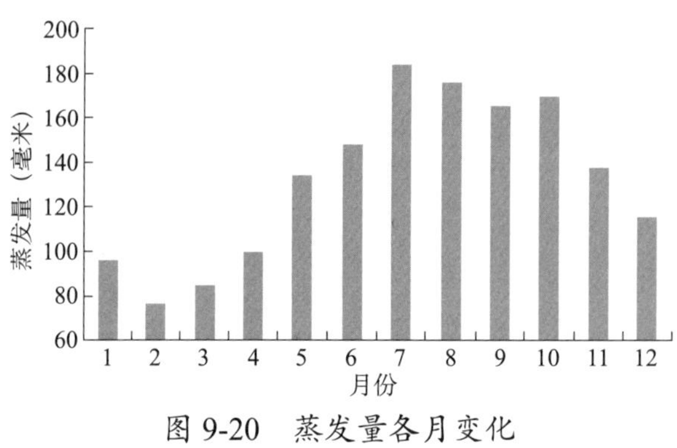

图 9-20 蒸发量各月变化

第二节 气候监测预测

一、气候监测

自 2002 年以来，市气象部门开展全市范围内的气候监测诊断业务并开始逐年发布《广州市年度气候公报》，主要内容包括气温、降水、日照等要素的基本概况和主要天气气候事件及影响，2004 年增加发布《月气候影响评价》，内容与年度气候公报基本一致。2014 年开始发布《广州市年度热岛监测公报》，主要采用城乡差值法，分析广州市当年热岛强度空间分布、季节变化和夏季热岛强度。从 2014 年开始，开展极端天气气候事件的监测工作，主要针对台风、暴雨、高温、低温和干旱等灾害性天气和极端天气气候事件进行监测和分析研判，确定相关监测业务指标，在极端天气和灾害性事件出现后，不定期发布《广州市气候监测快报》，为各级决策部门提供相关的监测及分析材料。

气候监测与诊断产品发布内容

表 9-5

产品	内容
年度气候公报	基本气候概况、主要气候事件
月气候影响评价	基本气候概况、主要气候事件、气候对行业的专题影响评价、气候展望和对策建议
气候监测快报	极端气候事件（台风、暴雨、高温、寒冷、干旱等）概况和评估、影响分析、成因诊断
年度热岛监测公报	热岛强度空间分布、季节变化、夏季热岛强度和评估及建议

二、气候预测

根据预测预报的时间尺度，0—10 天的预报是天气预测，月、季、年尺度的趋势预测是短期气候预测，而时间尺度在 11—30 天的天气预报为延伸期预报。不同尺度的预测预报方法不同，内容也不同。

短期气候预测发布内容

表 9-6

时间尺度	发布内容
年度	今冬明春的冷暖趋势、极端最低气温、最冷时段、低温阴雨年景； 今冬明春的降水趋势；年度主要气象灾害展望
汛期	开汛日期、汛期降水趋势、降水集中期、龙舟水、台风影响情况
季	季度降水量、平均气温、极端最低气温、极端最高气温 主要气候灾害（包括霜冻、寒潮、低温阴雨、倒春寒、寒露风、霜降风、龙舟水、台风、高温）
月	月降水量、平均气温、最低气温、最高气温 主要天气过程（降水过程、冷空气过程、高温过程、台风过程）
延伸期	未来 11 天—30 天主要天气过程（降水过程、冷空气过程、高温过程、台风过程）

2002 年成立市气候与农业气象中心，气候预测等业务系统是与省气候中心相关业务融合在一起的。直至 2013 年中心迁至番禺区南大路工业一路，市气候与农业气象中心逐渐建立了自己的业务平台。为实现 10 天以内的天气预报与月尺度的短期气候预测业务的无缝衔接，广州重点发展未来 11 天—30 天的延伸期预报技术。利用国家气候中心 DERF、欧洲中心 EC、美国 CFSV2 等模式延伸期逐日预报产品，结合低频波分析、天气尺度瞬变扰动分析、多元判据综合相似分析等解释应用方法，研发了未来 11 天—30 天广州降水过程和冷空气过程的影响时段以及极端强降水、极端低温等事件发生概率和转型期的预测模型，构建了广州延伸期预报业务系统。从 2016 年 6 月开始每周制作滚动延伸期预报产品，同时根据地方服务需求，不定期为广州马拉松、龙舟赛、横渡珠江、广交会、春运以及重大节日等重要时段提供延伸期天气预报服务。

第三节　气象灾害

一、台风

西北太平洋及中国南海是全球台风生成最多的地区之一，而广东省是全国受台风影响最多的省份。直接从珠江口登陆广州的台风非常少，但严重影响广州的台风平均每年有 2.6 个。

按照风速大小，台风共分为六个等级，即热带低压、热带风暴、强热带风暴、台风、强台风和超强台风。

热带气旋等级划分表

表 9-7

热带气旋等级	底层中心附近最大平均风速（米/秒）	底层中心附近最大风力（级）
热带低压（TD）	10.8—17.1	6—7
热带风暴（TS）	17.2—24.4	8—9
强热带风暴（STS）	24.5—32.6	10—11
台风（TY）	32.7—41.4	12—13
强台风（STY）	41.5—50.9	14—15
超强台风（SuperTY）	≥ 51.0	16 或以上

（一）影响广州台风的特征

在台风影响期间，广州 5 个国家级气象观测站记录到 6 级或以上风或者 ≥ 50 毫米的日雨量，则认为这个台风对广州市有影响。按此定义，2001—2017 年共 45 个台风影响广州，平均每年 2.6 个，其中有 15 个台风进入广州境内，平均每年 0.9 个。2008 年和 2017 年均有 5 个台风影响广州，为历年最多；2011 年没有台风明显影响广州。从年内变化来看，7—9 月影响广州的台风共有 36 个，占全年的 80%。最早影响台风出现在 4 月，0801 号“浣熊”于 4 月 19 日登陆阳江，给广州带来暴雨；最晚影响台风出现在 10 月，1622 号台风“海马”于 10 月 21 日登陆汕尾，给广州带来大风。

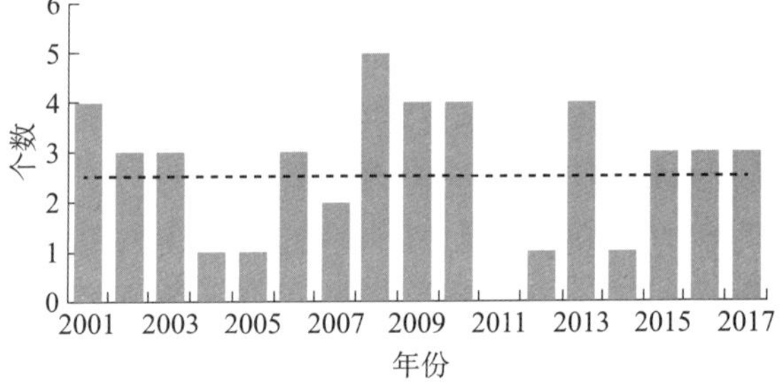

图 9-21　2001—2017 年影响广州台风个数

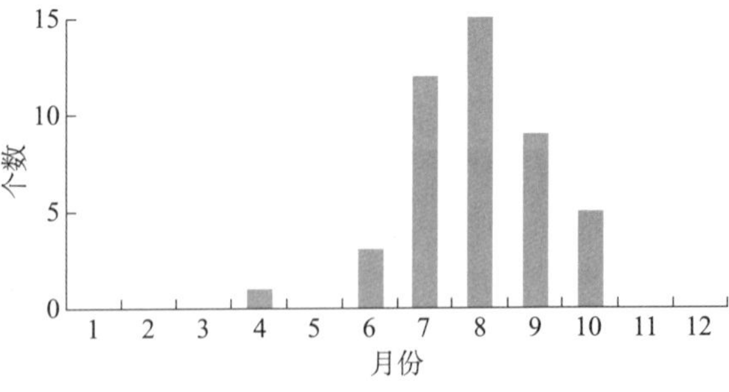

图 9-22　1—12 月影响广州台风个数

（二）台风的风雨影响

广州受台风影响主要体现为台风本身携带的大风、暴雨、风暴潮以及它们引发的一系列次生灾害共同构成的链状灾害，具有孕灾环境不稳定且复杂、致灾因子风险高且种类多，承载体脆弱性高的特征。

据统计，影响广州的台风暴雨具有强度强、大值中心多的特点。从受台风影响期间录得的最大日雨量来看，全市有 92% 测站大于 100 毫米，其中 15% 测站大于 250 毫米，最大值 426.8 毫米，出现在南沙区万顷沙镇（2008 年 6 月 25 日，0806 号台风“风神”）。雨量大值主要分布在南沙、番禺南部、花都西部以及从化和增城东部。从受台风影响期间的全市平均最大单日雨量、过程雨量、单站最大日雨量以及不同级别暴雨覆盖率等关键影响因子综合衡量，0806 号台风“风神”、0604 号台风“碧丽斯”、1006 号台风“狮子山”是台风引发暴雨灾害较强的台风。

从受台风影响期间录得的极大风速来看，具有风力强、空间分布南强北弱的特点。全市有 77% 测站大于 17.2 米 / 秒（8 级），其中 24% 测站大于 24.5 米 / 秒（10 级），最大值 47.9 米 / 秒（14 级），出现在花都区赤坭镇（2015 年 10 月 5 日，1522 号台风“彩虹”）。风力超过 11 级的大值主要分布在南沙沿海区域和其他区的局部地区。用台风影响期间的全市极大风速、不同级别大风覆盖率、大风持续时间等关键影响因子来综合评价，0313 号台风“杜鹃”、0906 号台风“莫拉菲”是引发大风灾害较强的台风。

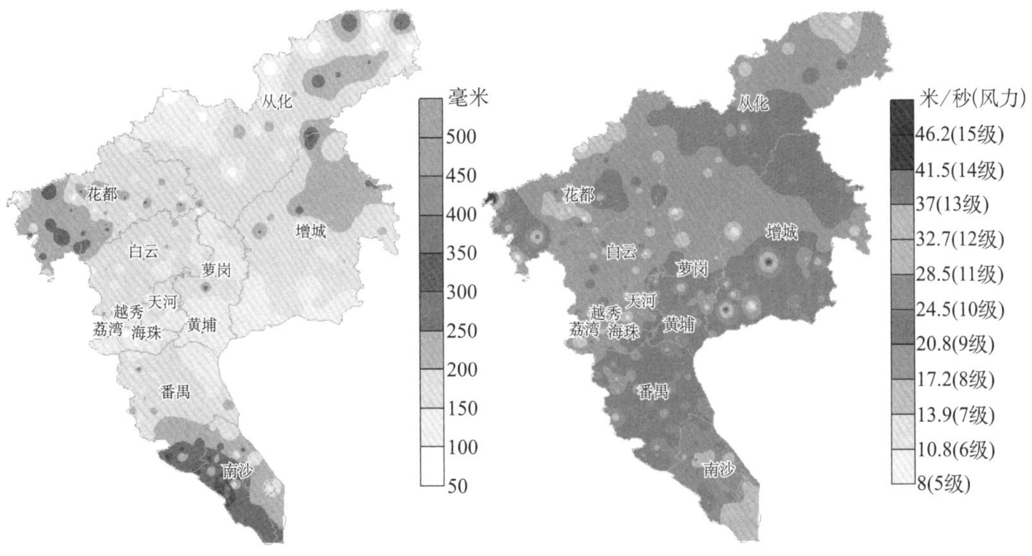

图 9-23　台风影响最大日雨量（左）、极大风速（右）

（三）2001—2017 年严重影响广州的台风

1. 0313 号台风“杜鹃”（强台风级）

台风“杜鹃”于 2003 年 9 月 2 日 19 时 50 分登陆惠东，登陆时中心最低气压

965 百帕，中心附近最大风速 35 米 / 秒（12 级）；20 时 50 分和 23 时 15 分前后再次分别登陆深圳东部沿海地区和中山市沿岸地区。受其影响，广州市出现狂风暴雨，其中番禺、天河 2003 年 9 月 3 日的日雨量分别达 114.8 毫米和 111.7 毫米，是过程中全省最大日雨量。3 日 00 时番禺区有 1 个区域站录得 47 米 / 秒（15 级）的最大风速。受“杜鹃”影响，番禺区农业损失 3.3 亿元。

2. 0806 号台风“风神”（强台风级）

“风神”于 2008 年 6 月 25 日登陆深圳，登陆时中心附近最大风力 9 级（23 米 / 秒）。受其影响，广州市 24—30 日出现大范围的暴雨到大暴雨、局部特大暴雨的强降水过程，全市 144 个测站中有 33 个测站累积雨量在 400 毫米以上。其中，25 日天河和番禺分别降暴雨和大暴雨，26 日从化、天河、增城出现大暴雨，花都出现 254 毫米的特大暴雨。“风神”带来的强降水致使 1.8 万名受困群众被迫转移，直接经济损失逾 4.4 亿元。

3. 1311 号台风“尤特”（强台风级）

“尤特”于 2013 年 8 月 14 日 15 时 50 分在阳江市阳西县溪头镇沿海登陆，登陆时中心最低气压 955 百帕，中心附近最大风力 14 级（42 米 / 秒）。受其影响，8 月 14—15 日，广州市普遍出现大雨到暴雨、局部大暴雨的强降水天气，珠江口内河面风力 7 级—8 级、阵风 9 级—10 级，陆地风力 6 级—7 级、阵风 8 级—9 级，其中南沙区 19 涌边防哨所录得 10 级的最大阵风，瞬时风速达 24.9 米 / 秒。8 月 16—18 日，受“尤特”残余环流和西南季风共同影响，广州市普降大雨到暴雨、局部特大暴雨，强降水区主要位于从化北部、增城东部和北部。“尤特”和西南季风带来的强降水和大风造成全市多个地区发生水浸，部分地区出现山体滑坡等地质灾害。

4. 1604 号台风“妮妲”（强台风级）

强台风“妮妲”于 2016 年 8 月 2 日 03 时 35 分在深圳市大鹏半岛登陆，登陆时中心最低气压 965 百帕，中心附近最大风力 14 级（42 米 / 秒）。“妮妲”登陆后向西北方向移动，台风中心经过广州市。受其影响，全市普遍出现暴雨和大风天气。2—3 日全市有 75% 的测站累计雨量大于 100 毫米，其中 17% 的测站累计雨量超过 200 毫米，大值中心主要在番禺区。强降水主要出现在 2 日 23 时至 3 日 03 时，番禺小谷围街 3 日 00 时录得 93.6 毫米的最大小时雨量。广州发布了 16 年来首个台风红色预警信号，市三防总指挥部发布防台风防汛全民动员令，宣布“三停”（停工、停产、停课）。在台风“妮妲”严重影响下，部分区域停电。暴雨及河涌水位倒灌叠加导致天河与番禺出现严重水浸，天河区华南师大南门积水深度达到 1 米，番禺区数十名群众被困。

二、暴雨洪涝

广州属海洋性亚热带季风气候，由于印度洋孟加拉湾、中国南海、西太平洋充沛的水汽输入和境内复杂的地形地貌，形成暴雨的水汽、热力及动力条件优越，暴雨强度之强、频次之多、雨季之长皆居全国前列。加上背山面海，又是西江、北江、东江三江汇合处，在上游洪水、台风、风暴潮等因素的叠加影响下，广州市暴雨洪涝灾害频发，严重威胁人们生命财产安全和城市运行安全，洪涝灾损占到自然灾害灾损的52.31%。

（一）广州暴雨的标准和特点

当24小时降水量达到50毫米或12小时降水量达到30毫米时，称之为暴雨。

降雨量级和雨量（毫米）对照一览表

表9-8

	暴雨	大暴雨	特大暴雨
12小时雨量	30.0—69.9	70.0—139.9	≥140
24小时雨量	50.0—99.9	100.0—249.9	≥250

暴雨日：某日只要有1个国家级气象站（共5个）出现暴雨则记为1个暴雨日。2001—2017年，广州年暴雨日数平均为23.4天，其中大暴雨日数5.7天，特大暴雨日数0.1天。相比2000年前的40年，无论是年暴雨日数或是年大暴雨日数，最近17年都是增多的。

广州各级暴雨日数年代际变化

表9-9

年日数（天） 时段	暴雨	大暴雨	特大暴雨
1961—1970年	19.7	3.2	0.3
1971—1980年	21.1	4.4	0
1981—1990年	21.5	4.4	0.1
1991—2000年	22.2	4.3	0.1
2001—2017年	23.4	5.7	0.1

暴雨事件：将全市范围5%或以上的测站出现暴雨定义为暴雨事件，暴雨事件的起止日期及过程，每天暴雨覆盖范围都要在5%或以上。2008—2017年数据统计表明，广州平均每年出现21.3次暴雨事件，2016年最多，为30次。暴雨事件各月均可发生，其中前汛期（4—6月）占50.2%、后汛期（7—9月）占35.7%。

综合考虑暴雨事件的强度、影响范围和持续时间，广州制定了暴雨事件影响强度等级划分标准。2001—2017年影响最严重的5个暴雨事件是：2008年6月25—27日台风"风神"带来的特大暴雨，致使1.8万名受困群众被迫转移，直接经济损失逾 4.4 亿元；2010 年 5 月 7 日的大暴雨到特大暴雨，导致严重城市内涝，35 个停车场被淹，水浸车辆 1400 多台；2013 年 8 月 14—18 日台风“尤特”和西南季风带来的持续性大暴雨到特大暴雨，导致京广线发生塌方、山体垮塌及泥石流等地质灾害；2014 年 5 月 23 日的特大暴雨，从化、增城、白云、花都遭受严重洪涝灾害，因灾死亡 7 人，直接经济损失超过 7 亿元；2017 年 5 月 7 日的大暴雨到特大暴雨，增城、花都、黄埔、白云、从化出现洪涝灾害，造成人员被困、房屋倒塌、农田受淹、堤围漫顶。

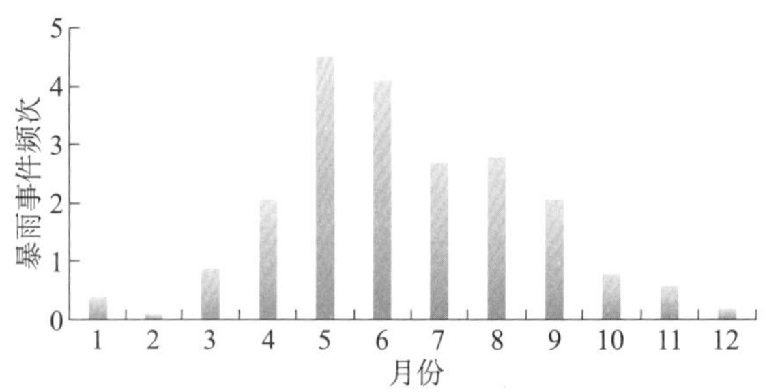

图 9-24 2008—2017 年平均广州逐月暴雨事件频次

广州暴雨事件影响强度等级划分标准

表 9-10

等级	指标
特别严重影响	全市平均过程累积雨量≥ 200 毫米或全市平均过程最大日雨量≥ 100 毫米或特大暴雨覆盖率≥ 2%
严重影响	全市平均过程累积雨量≥ 150 毫米或全市平均过程最大日雨量≥ 80 毫米或大暴雨覆盖率≥ 10%
较严重影响	全市平均过程累积雨量≥ 100 毫米或全市平均过程最大日雨量≥ 50 毫米或暴雨覆盖率≥ 20%
一般影响	上述以外的暴雨过程

（二）广州暴雨的空间分布特征

根据 2008—2017 年数据统计，广州各地年暴雨日数为 3 天—11 天，大致存在 8 个暴雨中心：①从化良口、温泉、江埔至增城派潭一带，该暴雨中心位于从化北部山体的南侧迎风坡地带，平均年暴雨日数 8 天—11 天，暴雨雨量 700 毫米—1000 毫米，是广州范围最大的暴雨中心；②从化鳌头—花都梯面、花山，暴雨中心三面环山（东侧为从化平头顶、西侧为花都王子山、北侧为佛冈麒麟山）呈喇叭口地形，平均年暴雨日数 8 天—11 天，暴雨雨量 700 毫米—900 毫米；③花都新华街，位于花都王子山南侧迎风坡地带，平均年暴雨日数 8 天—10 天，暴雨雨量 700 毫米—800 毫米；④增城荔城、增江、石滩一带，位于增城凤凰山南侧迎风坡地带，平均年暴雨日数 8 天—10 天，暴雨雨量 600 毫米—800 毫米；⑤黄埔九龙、萝岗、永和、东区至增城新塘一带，位于帽峰山、火炉山、龙头山等山体的南侧迎风坡地带，平均年暴雨日数 8 天—11 天，暴雨雨量 700 毫米—900 毫米；⑥中心城区越秀、天河、海珠至番禺北部，该暴雨中心地势平坦但为城市集中建设区，平均年暴雨日数 8 天—11 天，暴雨雨量 600 毫米—900 毫米；⑦番禺西部沙湾、榄核、大岗一带，位于十八罗汉山、大夫山等南侧迎风坡地带，平均年暴雨日数 8 天—10 天，暴雨雨量 600 毫米—800 毫米；⑧南沙横沥、南沙、珠江、万顷沙一带，位于珠江出海口也是喇叭口地形，同时处于黄山鲁、大山乸山等南侧迎风坡地带，平均年暴雨日数 8 天—10 天，暴雨雨量 600 毫米—800 毫米。可以看出，广州大部分暴雨中心位于迎风坡地带或喇叭口地形，暴雨形成与地形的动力抬升作用有关，而中心城区的暴雨中心周边地势平坦但人口和建筑物密集，暴雨的形成可能与城市“雨岛效应”有关。另外，暴雨中心①—⑥的分布与年降水大值中心相对应，暴雨中心⑦和⑧的年雨量并不多但暴雨突出。暴雨中心的暴雨贡献率（年暴雨雨量与年总雨量的比值）可达 35%—45%，其余地区的暴雨贡献率则为 25%—35%。

三、高温

广州夏季为西南季风的盛行期，在副热带高压的稳定控制下，常出现炎热天气，是极端最高气温出现的主要时期。2004 年 6 月 28 日—7 月 2 日出现全市性高温天气，各地极端最高气温均在 38.3℃—39.1℃之间，有 39 人因高温中暑死亡。2007 年 7 月 19 日—8 月 8 日，广州市出现持续 21 天高温过程，持续时间创历史最长纪录。2017 年 8 月 12—22 日，全市出现持续 11 天的高温过程，其中 20—22 日，台风“天鸽”到来前夕，是全年气温最高的时段，尤其 22 日番禺录得最高气温 39.7℃，打破了番禺和全市历史最高气温纪录，花都录得最高气温 39.3℃，与当地历史纪录持平。

（一）广州高温年内分布

广州市高温天气发生在每年的 5—10 月，其中 7—8 月最多，最早出现在 5 月 2 日（2012 年），最晚出现在 10 月 11 日（2017 年）。2001—2017 年全市平均高温日数 30 天，其中 7 月和 8 月的高温日数占全年的 71.5%，国家级气象站的极端最高气温在 38℃—40℃之间，其中 2017 年 8 月 22 日番禺录得 39.7℃的全市最高纪录。

广州国家级气象站年平均高温日数和极端最高气温

表 9-11

站名	≥ 35℃日数（天）	≥ 37℃日数（天）	年极端最高气温（℃）
花都	35.4	4.4	39.3（2005 年 7 月 18 日）
从化	27.1	2.6	39.0（2005 年 7 月 18 日）

续表 9-11

站名	≥ 35℃日数（天）	≥ 37℃日数（天）	年极端最高气温（℃）
广州	23.6	2.2	39.1（2004 年 7 月 1 日）
增城	26.4	2.4	38.6（2005 年 7 月 18 日）
番禺	29.3	3.5	39.7（2017 年 8 月 22 日）

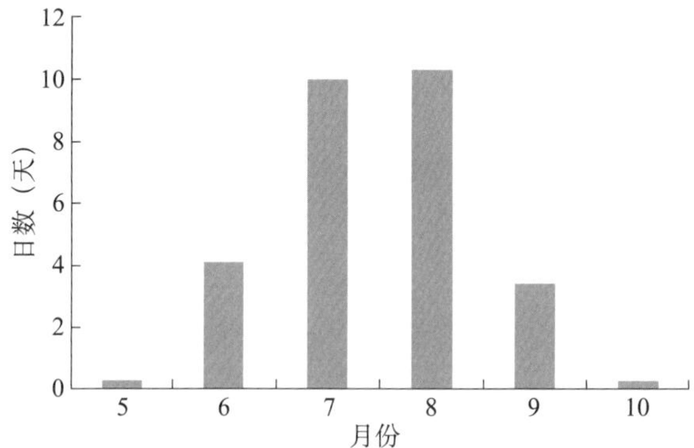

图 9-25　2001—2017 年 5—10 月平均广州高温日数

（二）广州高温的空间分布

广州 2001—2017 年平均年高温日数分布：西北部的花都区全市最多，达 35.9 天，其余地区为 27—30 天。

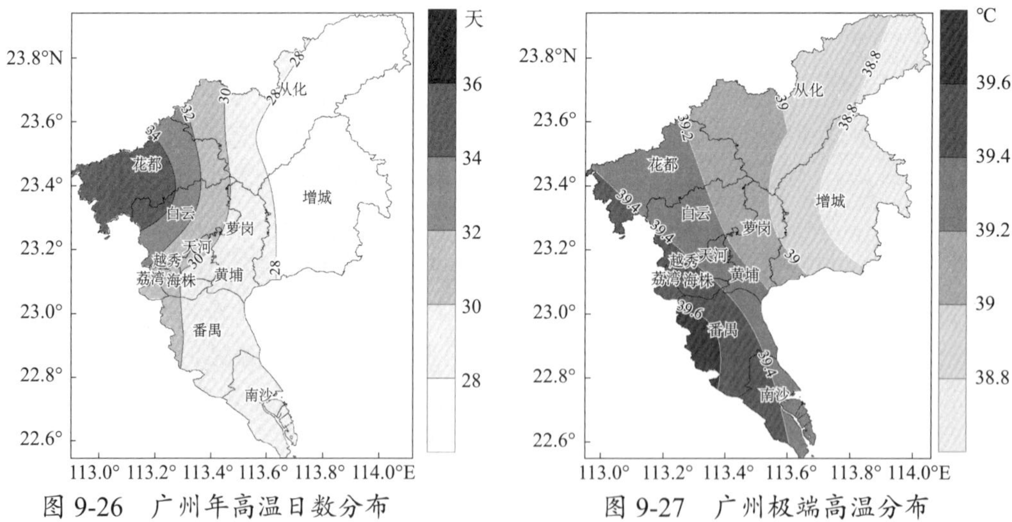

图 9-26　广州年高温日数分布　　图 9-27　广州极端高温分布

广州市各区的极端最高气温在 38.6℃—39.7℃，从东北向西南递增，全市极端最高气温 39.7℃，出现在番禺（2017 年 8 月 22 日）。

（三）广州高温的年际变化

2001—2017 年，年高温日数全市平均达到了 30 天，且呈现出“高温日数增多，最高气温升高”的趋势，2001 年全市平均高温日数不到 20 天，到 2017 年增加到 38.8 天，2014 年甚至多达 48.6 天。增速最快的要属番禺区和花都区，达 16 天 /10 年—19 天 /10 年，其余各区增加速率也在 4 天 /10 年—8 天 /10 年之间。年极端最高气温整体也呈上升趋势，番禺区比较明显，上升速率为 1.0℃ /10 年，其余地区上升速率均在 0.3℃ /10 年以下。

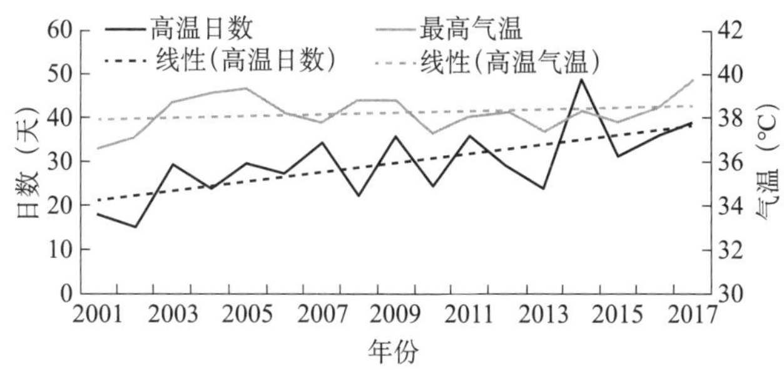

图 9-28　2001—2017 年广州平均年高温日数和极端最高气温

四、强对流天气

强对流天气突发性强、破坏力大，是广州的主要灾害性天气之一。

2001—2017 年影响广州的强对流天气具有发生频率高、类型多、活动期长、成灾强度大等特点。主要表现为：

（1）发生早、结束迟。广州的强对流天气一般 2 月开始出现，至 9 月以后逐渐减少。2019 年 2 月 21 日，广州出现强降水天气过程，并伴有雷电，白云区、天河区、海珠区出现冰雹，为有记录以来历史最早。

（2）出现频繁，水平尺度小，生命期短。强对流天气是广州各种自然灾害中出现次数最多的一种灾害性天气，雷雨大风、龙卷、冰雹和飑线出现均较频繁，尤以雷雨大风出现最多，有时一天可出现两三次雷雨大风天气过程；强对流的水平尺度小，一般小于 200 千米，有的仅几千米；生命期短，一般仅几小时。

（3）季节变化和日变化明显。总体来说，强对流出现频次夏季多、冬季少，雷雨大风冬季较少见，龙卷一般发生在春夏过渡季节或夏秋之交，飑线多发生在春夏过渡季节，冰雹大多出现在冷暖空气交绥激烈的 2—5 月。日变化方面，各类强对流天气主要发生在下午和傍晚（12—20 时），尤其是夏季；春季，除雷雨大风外，其他强对流天气多发生在下午和凌晨前后。

（4）强度大，破坏性强，灾害损失严重。强对流天气具有突发性强、强度大、持续时间短、破坏力强的特点。2015 年 10 月 4 日下午，受台风“彩虹”环流影响，番禺区南村镇出现龙卷，导致 3 人死亡、134 人受伤，多间房屋屋顶被掀掉；广东四大名园之一的余荫山房的部分建筑物及设施受损；位于南村镇的500千伏广南变电站因吹来的铁皮致使高压线短路而受损，引发了番禺、海珠大面积停电。

五、干旱

干旱是广州地区主要的气象灾害之一。为了监测干旱的发生，广州市气象部门根据前期降水的情况定义了“气象干旱”的轻重程度（即DI指数），并划分为无旱、轻旱、中旱、重旱和特旱五个等级。

气象干旱等级标准

表9-12

干旱等级	无旱	轻旱	中旱	重旱	特旱
干旱指数	–0.5 ＜ DI	–1.0＜DI≤–0.5	–1.5 ＜ DI ≤ –1.0	–2.0＜DI≤–1.5	DI ≤ –2.0

由于降水的时空分布很不均匀，广州四季都可能出现干旱。根据干旱发生的时段，干旱又可分成多种不同的类型。春旱型及冬春连旱型比较多，而夏季是雨季，出现春夏连旱、夏旱或夏秋连旱的情况不多。

2001—2017年增城区部分类型干旱次数

表9-13

干旱类型	冬旱	冬春连旱	春旱	春夏连旱	…	秋旱	秋冬连旱
次数	6	6	8	1	…	2	6

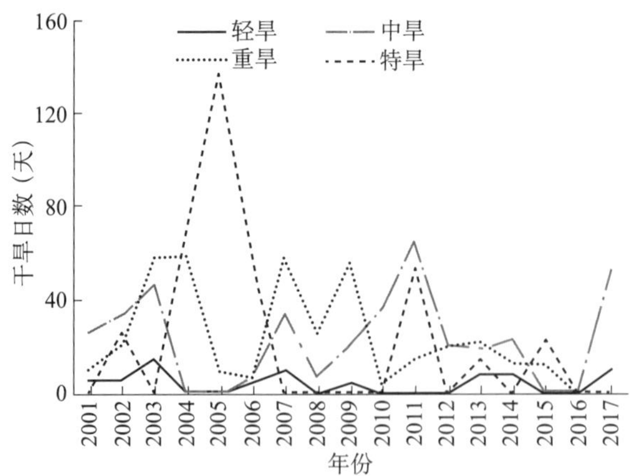

图9-29 2001—2017年广州不同等级干旱过程日数

2001—2017年，除2016年外，广州每年均有干旱发生，连续特旱年份主要出现在21世纪初期。2003—2005年广州连续3年出现持续日数较长的干旱过程（2003年

10 月至 2004 年 3 月 20 日，2004 年 9 月 23 日—2005 年 3 月，2005 年 10 月—2006 年 3 月）。

自 2003 年 10 月至 2004 年 3 月 20 日，广州市降水量较常年同期偏少 5 成—6 成，干旱的累积效应在 3 月上中旬显得特别突出，对春耕生产造成不利影响。流域性的干旱少雨导致珠江口出现了严重的咸潮灾害，直接影响番禺的生活和生产用水。

2004 年 9 月 23 日至 12 月 31 日，全市各区降水量在 10 毫米—27 毫米之间，均排在当地历史同期最少降水的前四位，较常年同期平均偏少近 9 成。干旱给晚稻等作物的生长造成不利影响，截至晚稻收割前，广州市作物受旱面积 1.4 万公顷，其中严重受旱面积 3067 公顷。珠江口年内再次出现咸潮。

2005 年发生两次秋冬春连旱特旱过程，分别为 2004 年 9 月—2005 年 3 月，2005 年 10 月—2006 年 3 月。全市旱情比较严重，主要表现为水库缺水、江河水位低、沿海地区出现海水倒灌、农作物受旱、部分群众用水困难、森林火险指数持续偏高、山火频发。

2010 年 10 月—2011 年 4 月，广州市平均降雨 216 毫米，较常年同期偏少 6 成，其中从化、广州、增城的降水量为当地历史同期第 2 少值记录。2011 年 4 月，由于前期降水少，加上气温偏高，导致番禺出现中度气象干旱，其余区（市）出现重度气象干旱。部分村社农田受旱，面积达 3300 公顷，占耕地总面积的 12.3%。派潭镇东洞、高滩、拖罗等村社部分群众用水出现困难，派潭镇高滩水厂第一取水点水量不足，部分旅游酒店业受到一定程度影响。

六、低温冷害

广州终年气温相对较高，特别是由于全球变暖，冬季气温升高，2001 年以来出现低温冷害较少。影响广州的低温冷害主要有低温阴雨、寒露风和霜降风，其中以低温阴雨的出现概率最大，倒春寒出现的概率最小。

广州冷害过程日数

表 9-14

台站名	低温阴雨过程日数（天 / 年）	寒露风过程日数（天 / 年）	霜降风过程日数（天 / 年）
天河—黄埔	6.6	3.6	2.4
花都	7.1	1.1	1.7
增城	6.5	4.5	3.2
番禺	4.6	1.5	2.4
从化	8.6	6.2	1.4

（一）低温阴雨与倒春寒

低温阴雨是指出现在 2 月 1 日—4 月 30 日期间的低温寡照天气，不利于早春作物播种，常导致早稻烂秧、死苗等，且贻误农时，影响后季生产。出现在3月 11 日—4 月 30 日的低温阴雨天气过程也称为倒春寒，2001 年以来广州倒春寒天气非常少见。

2006 年，广州市出现少见的倒春寒天气，受强冷空气影响，3 月 12 日开始广州市气温急剧下降，并出现小雨天气过程，13—14 日各区日平均气温只有 8.1℃—10.0℃、日最低气温只有 6.0℃—6.8℃。从化市 13—15 日连续 3 天平均气温低于 12℃，出现倒春寒天气。

2008 年自 1 月 12 日起至 2 月 17 日，受不断补充的强冷空气和降水影响，广州低温灾害过程持续日数破历史纪录，总体上过程持续时间超过 1951 年以后所有低温灾害过程。其中，2 月 3—17 日，广州出现了严重的低温阴雨寡照天气，导致电力、农业、渔业损失惨重，其中渔业损失近 4 亿元。广州的北部山区出现雨雪冰冻现象，从化砂糖橘、增城玉米和香蕉等成片受冻。

2010 年 2 月 12—20 日受强冷空气频繁入侵影响，广州市连续 9 天最低气温在 8℃以下，破历史同期（2 月中旬）最长纪录。20 日，最低气温大部分区（市）在 5℃以下，从化最低气温达 0℃，从化、增城出现霜冻。本次过程大部分区（市）均达到寒潮标准，低温阴雨日数各地均为 9 天。

（二）寒露风

寒露风是出现在 9 月 20 日—10 月 20 日的降温过程，当日平均气温≤ 23℃且持续时间≥ 3 天就作为一次寒露风天气过程。寒露前后晚稻均进入对低温极为敏感的幼穗分化期和抽穗扬花期，若有强冷空气南侵而引起的低温、偏北风或冷空气与台风遭遇而出现的长阴雨等天气，易造成花粉发育受阻、增加空壳率，使晚稻大面积减产。

2004 年 10 月上中旬，广州市气温普遍偏低，部分地区出现长时间的持续寒露风天气。受北方不断南下的冷空气影响，10 月 2—20 日，从化、增城出现长达 19 天的持续寒露风天气。广州、番禺 10 月上旬前期也出现 3 天—4 天寒露风天气。

2011 年 10 月 3 日起，受强热带风暴“尼格”和冷空气共同影响，3—6 日广州市出现寒露风天气。3—6 日广州市各地日平均气温≤ 23℃，其中 4 日气温最低，各地平均气温 20℃—21℃，最低气温 17.7℃—18.9℃，期间伴有小到中雨。

（三）霜降风

霜降风是指在霜降节气前后的一种低温、风害。霜降风与寒露风相似，产生这种天气的环流背景主要是入秋时期的冷空气南侵活动或在热带气旋活动与冷空气遭遇时伴现。10 月 21 日至 11 月 20 日，出现日平均气温≤ 18℃，且连续 3 天或以上者，为一次霜降风过程。

对正处于灌浆充实期的晚稻危害较大，不仅使千粒重降低，而且还会影响正常的光合作用，使稻茎、叶发生早衰而导致减产，甚至失收。

2009 年 11 月 12 日起，强冷空气影响广州市，期间气温不断降低，平均气温由 11 日的 25℃—26℃降至 17 日的仅 8℃—10℃，过程降温幅度 16℃—17℃，过程最低气温降至 5℃—7℃。19 日后气温缓慢回升，截至 20 日整个霜降风过程持续达 8 天，属重霜降风。此次霜降风过程前湿后干、降温幅度大、持续时间长，并伴有中到大雨、局部暴雨。由于前期广州市气温持续偏高，作物的抗寒能力较差，霜降风给作物的生长发育和部分还没有成熟收割的晚稻带来不利影响。

七、雾与霾

（一）雾

广州年平均雾日数为 1.6 天。番禺区年平均雾日数为 5.5 天，最多年份达 22 天。中北部雾日较少，全年雾日数在 1 天—3 天之间。

广州在一年之中，1—4 月出现雾的概率最大，其次为 10—12 月，夏季最少。就一日而言，雾多见于清晨日出之前。雾一般持续 2 小时—6 小时，持续时数超过 10 小时的较少见。

2002 年 12 月 3 日，广州出现大雾天气。受此影响白云机场 16 个航班被延误，4 个航班被取消，逾千名旅客滞留候机大厅。

2005 年春运期间，广东大部分地区出现大雾天气。2 月 24 日，广州有 15 条轮（车）渡航线停航，25 日下午，广州地区能见度 500 米左右，市区车流缓慢，广深高速公路及邻近的 107 国道上出现长达几十千米的堵车长龙。

2007 年 3 月 10 日广州出现大雾，最低能见度仅 200 米。受大雾影响，广州飞往海口、三亚、湛江等地的航班有 4 个延误、1 个取消。

2010 年 1 月 28—29 日，广州出现大雾天气，最低能见度为 430 米，从化发布了大雾橙色预警，持续时间为 8 小时 29 分钟。广州交通拥堵严重，交通事故频发，海珠区新滘南路 1 人被大客车撞成重伤；中山大道华南师大往西方向两辆大货车相撞；海印桥北往南方向落桥处两辆面包车相撞；珠江隧道南往北方向，3 辆小汽车连环相撞；广州大桥上南往北 10 米内同时发生两起追尾事故，5 辆车“受伤”，车龙排出近 2000 米；鹤洞大桥西往东方向一起小汽车撞上施工围蔽墙等。另外，广州主干道、高速公路出现行车缓慢现象，12 条轮渡航线一度停运。2 月 26 日，南沙区发布了大雾红色预警，持续时间为 1 小时 37 分。

2012 年 2 月 23 日，广州大雾弥漫，市区能见度只有 200 米左右，水路、公路、铁路等交通均出现停顿现象。广三、广肇等高速公路全线封闭，水上交通更是全线停航。新光快速路被大雾笼罩，从新光隧道向北，能见度不足 150 米，车辆时速普遍偏低，塞车严重。白云机场航班延误 1 小时以上的航班共 13 班，取消航班 10 班。

2014 年 3 月 12 日 08 时 25 分，广州发布大雾橙色预警信号，持续时间为 21 小时 48 分钟，广州气象站 16 时测得能见度只有 100 米。受大雾天气影响，广州市客轮公司水上巴士航线、市区郊区过江轮渡航线以及虎门机动车轮渡、南沙和莲花山往返港澳的高速客轮全部停航，广州的水上巴士也全线停航。白云国际机场部分航班发生延误。

2016 年 3 月 18 日和 19 日早晨，广州各区发布大雾橙色预警信号，持续到午后结束。18 日上午，广州的能见度为 100—500 米，给市民的驾车出行造成了一定的影响。

（二）霾

广州地区年平均霾日数分布极为不均，黄埔、花都多，增城少。从出现的季节看，霾主要出现在春季和秋冬季。

自 2001 年起，广州地区平均霾日数呈先增后降的趋势。2001 年霾日数为 51 天，2006 年升至峰值（104 天），2007 年随着广州市政府大力推进“退二进三”“腾龙换鸟”和“双转移”，广州地区霾日数出现拐点，转为波动下降趋势。2010 年广东省环境保护厅开展“珠江综合整治暨环境质量保障工作”以及“蓝天保卫战”等环境治理政策的实施，广州市霾日数大幅度下降，2017 年霾日数仅 34 天。

2006 年 1 月 11—17 日，广州各区出现轻微至重度霾，造成此次过程的原因主要是气象条件不利于污染物扩散，空气质量超标，颗粒物吸湿增长导致能见度下降。18 日大气扩散条件转好，空气质量改善，能见度转好。

2017 年 1 月 1—8 日，广州各区出现轻微至中度霾。造成此次过程的原因主要是气象条件不利于扩散，地面风速小，近地面有逆温层；广州地面有风向辐合，是污染物积聚地；早晚相对湿度大，有利于颗粒物吸湿增长，影响能见度及空气质量。

八、雷电

广州市雨量充沛，雷暴天气频发，自然条件复杂，特殊的天气和地理环境使得广州成为气象灾害高风险区，每年 4—10 月为雷电高发期，雷击频率高、强度大。

广州市年平均地闪密度为 35.2 次 / 千米 ^{2}。根据广州市 1999—2016 年平均地闪密度空间分布图，总体空间格局上，广州市从化和增城北部、番禺南部和南沙为地闪密度低值区，花都和中心城区为地闪密度高值区。据不完全统计，2004—2017 年广州市发生雷灾约 1500 起，共伤亡 160 余人，直接经济损失超过 1 亿元。其中仅 2004 年因雷击就造成 51 人伤亡，直接经济损失 3500 万元。2010—2017 年广州市共发生雷灾事故约 240 次，造成直接经济损失 1000 余万元，其中 2016 年直接经济损失最大，约 300 万元。

2004 年 6 月 22 日晚，花都区新华镇石塘村一菜农和莲塘小学一名 9 岁女生遭雷击身亡。9 月 8 日，南沙西部工业区大三角变电站因雷击而停电，导致名幸电子有限公司所有生产线上的产品全部报废，直接经济损失近 50 万元。

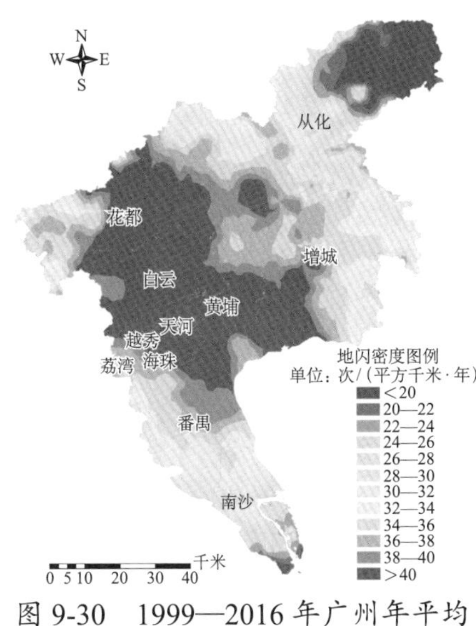

图 9-30　1999—2016 年广州年平均地闪密度分布

2015 年 7 月 29 日中午，番禺区石楼镇茭塘村一出租屋发生一起雷击事故，造成 1 人死亡。8 月 10 日下午，海珠区出现强雷雨天气，6 名游客在海珠湖公园一间木屋避雨时遭遇雷击，多人受伤，其中 1 名游客伤势严重，最终抢救无效死亡。

2016 年 5 月 5 日下午，增城区中新镇莲塘村改建民舍遭遇雷击。事故共造成 2 人死亡，直接经济损失 40 万元，间接经济损失 200 万元。

2017 年 6 月 3 日下午，从化区太平镇高田村村民在农田巡视时遭遇雷击。雷击事故造成 1 人死亡，直接经济损失 50 万元，间接经济损失 100 万元。

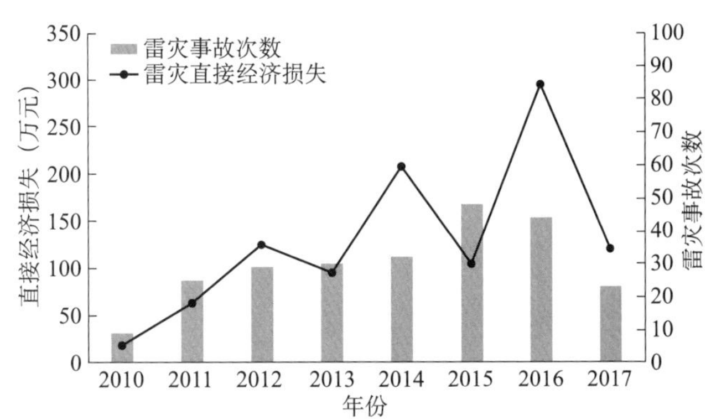

图 9-31　2010—2017 年广州逐年雷灾次数及直接经济损失

第四节　气候事件

一、2001 年主要气候事件

2001 年广州年平均气温 22.6℃，各区年平均气温在 22.1℃—23.3℃之间。各区极端最高气温在 36.3℃—36.6℃之间。全市平均年雨量为 2414.4 毫米，各区年雨量介于 2055.7 毫米—2753.1 毫米之间。各区年平均风速在 1.4 米 / 秒—2.5 米 / 秒之间，年极大风速在 17.1 米 / 秒—25 米 / 秒之间。全市平均年日照时数 1676.5 小时，年灰霾日

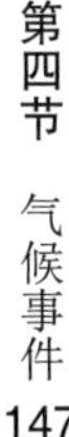

数 50.6 天。全年有 5 个台风影响广州。

1. 0104 号台风“尤特”

0104 号台风“尤特”（台风级）于 7 月 6 日 07 时 50 分在海丰和惠东交界的沿海地区登陆，登陆时中心附近最大风速 30 米 / 秒，中心最低气压 970 百帕。登陆后，其中心穿过广州南部。“尤特”具有范围广、移速快、强度大、影响较大的特点。受其影响，6 日和 7 日广州连降暴雨，各地过程雨量在 123.1 毫米—194.6 毫米之间，番禺 8 日录得 105.3 毫米的大暴雨；各地出现 6 级—10 级瞬时大风，从化录得 25 米 / 秒的极大风速。

2. 0114 号台风“菲特”

0114 号台风“菲特”于 8 月 30 日 03 时登陆海南省文昌沿海地区，中午移入北部湾北部海面，并加强为热带风暴，31 日中午 11 时在广西北海市沿海地区再次登陆，9 月 1 日上午减弱为低压槽，继续影响广州市。受其影响，广州各地出现一次大范围的暴雨到大暴雨天气过程，广州站 8 月 31 日和 9 月 2 日均录得大暴雨；8 月 31 日至 9 月 2 日 3 天全市平均总雨量达到 160.4 毫米，其中广州气象站录得 329 毫米，为其中雨量最多。

3. 0116 号台风“百合”

0116 号台风“百合”于 9 月 20 日 10 时 30 分在惠来到潮阳之间登陆，登陆时台风中心附近最大风速达 30 米 / 秒，具有生命期长、强度多变、路径怪异的特点。受其影响，9 月 21 日，广州市出现暴雨到大暴雨天气过程，花都录得 131.3 毫米的大暴雨。

4. 花都、广州年雨量创新高

2001 年全市平均年雨量为 2414.4 毫米，为 1951 年以来第 3 多值；其中花都为 2753.1 毫米，打破 2633 毫米（1683 年）的年雨量最多纪录，广州为 2678.9 毫米，打破 2516.7 毫米（1975 年）的年雨量最多纪录。全市平均年暴雨日数为 12.2 天，为历史同期第 2 多值；广州为 16 天，是历史同期最多值，花都和番禺分别是 13 天和 12 天，分别为历史同期第 2 和第 3 多值。尤其是 6 月 4—13 日出现的持续暴雨到大暴雨降水过程，期间增城 4 日、5 日和 11 日都录得暴雨，从化有 2 天降暴雨、花都和广州有 1 天；5 日雨势最大，全市平均降雨 67.6 毫米，花都雨量 141.9 毫米为最大。番禺过程雨量 101.7 毫米，其他各区多在 243.9 毫米—365.8 毫米之间。

二、2002 年主要气候事件

2002 年广州年平均气温 22.9℃，各区年平均气温在 22.3℃—23.6℃之间。各区极端最高气温在 36.5℃—37.1℃之间。全市平均年雨量为 1775.4 毫米，各区年雨量介于 1457.9 毫米—2054.8 毫米之间。各区年平均风速在 1.6 米 / 秒—2.5 米 / 秒之间，年极大风速 14.6 米 / 秒—21.9 米 / 秒之间。全市平均年日照时数 1615.8 小时，年灰霾日数 50.0 天。全年有 4 个台风影响广州。

1. 3 月 22—24 日暴雨

3 月 22—24 日，受北方冷空气影响，广州市各地气温明显下降，冷空气与来自海上的暖湿气流相互作用，24 日广州市各地均降暴雨，降雨量花都 57.2 毫米，从化 63.8 毫米，广州 63.6 毫米，增城 54.9 毫米，番禺 64.2 毫米。这场雨缓解了广州市持续近 50 天的干旱，对春耕生产、森林防火、植树造林都十分有利。

2. 5 月 9—22 日暴雨

5 月 9—22 日，全市各地降大到暴雨，降雨量花都 22 日 53.8 毫米，广州 14 日 66.4 毫米、20 日 54.1 毫米、21 日 79.2 毫米，番禺 19 日 94.0 毫米。

3. 0218 号台风“黑格比”

0218 号台风“黑格比”（强热带风暴级）于 9 月 12 日登陆阳江，具有生成到加强较快、移动较快、大风大雨范围较大、螺旋云带紧密的特点。受“黑格比”及其登陆后残余势力的影响，广州市 9 月中旬前期降大到暴雨，其中 9 月 12 日广州 82.6 毫米、花都 84.5 毫米、增城 64.2 毫米，达到了暴雨级别。

4. 0220 号台风“米克拉”

0220 号台风“米克拉”（热带风暴级）先后于 9 月 25 日登陆海南三亚、27 日登陆广西钦州，29 日登陆广东廉江、遂溪一带。受“米克拉”及其残余云系的影响，广州市 9 月下旬后期普降大到暴雨，其中 9 月 28 日从化 86.5 毫米、广州 76.4 毫米。

三、2003 年主要气候事件

2003 年广州年平均气温 22.7℃，各区年平均气温在 22.3℃—23.1℃之间。各区极端最高气温在 36.9℃—38.7℃之间。全市平均年雨量为 1473.8 毫米，各区年雨量介于 1285.7 毫米—1598.5 毫米之间。各区年平均风速在 1.7 米 / 秒—2.9 米 / 秒之间，年极大风速在 19.6 米 / 秒—25 米 / 秒之间。全市平均年日照时数 1896.6 小时，年灰霾日数 80.8 天。全年有 4 个台风影响广州。

1. 冬春连旱和夏秋连旱

1—3 月，广州市多站出现长达 70 多天的无透雨日数，气候上达到重旱程度。6 月底至 8 月初，由于持续高温少雨，广州市出现 30 多天的夏秋连旱。各站 7 月 1 日至 8 月 10 日的雨量均比常年同期偏少 4 成—7 成。

2. 5 月 14—18 日暴雨

5 月 14—18 日广州市出现明显的降水过程，广州和番禺 14 日分别出现 64.4 毫米和 84.1 毫米的暴雨。14 日，广州市东山区自动气象站 16 时至 21 时累积雨量达 110.5 毫米，市区出现大面积的水浸街和严重的积水现象，广东省气象台于 20 时 45 分发布了自实施暴雨预警信号以来广州市的首次黑色暴雨预警信号。

3. 0307 号台风“伊布都”

0307 号台风“伊布都”（强台风级）于 7 月 24 日 10 时登陆阳西到电白之间的沿海地区，登陆时中心附近最大风力达 12 级（38 米 / 秒），最低气压 960 百帕。受其影响，广州市 7 月 23—25 日出现风力 6 级、阵风 8 级的大风和小到中雨的降水。24 日晨，在台风和珠江水大潮的共同影响下，海珠区黄埔涌琶洲河段发生漫堤险情。

4. 0313 号台风“杜鹃”

0313 号台风“杜鹃”（强台风级）于 9 月 2 日 19 时 50 分开始先后在惠东县港口镇、深圳市东部沿海和中山市沿岸地区 3 次登陆。受其影响，广州市出现暴雨或大暴雨，其中番禺、广州 9 月 3 日的日雨量分别达 114.8 毫米和 111.7 毫米，是过程中全省最大的日雨量。3 日 00 时番禺一自动气象站测到 47 米 / 秒的最大风速。受“杜鹃”的影响，番禺区农业损失 3.3 亿元。

5. 6 月底至 8 月初高温持续

受副热带高压长时间控制，6 月底至 8 月初，广州市大部分时间处于高温炎热天气之中。期间，极端最高气温从化为 38.6℃（历史纪录 38.1℃）、花都为 38.7℃（历史纪录 38.1℃），均破历史极值纪录。广州市所有站点 7 月的月平均气温均破同期历史纪录，分别达到 30.5℃（从化）、30.6℃（花都）、30.4℃（广州）、29.6℃（增城）、30.1℃（番禺）。由于持续高温，广州市的日供水量创历史新高，日用电量多次刷新历史纪录，中暑、感冒入院人数大增。7 月 29 日起，广州市气象台正式开展高温预警信号发布工作。

四、2004 年主要气候事件

2004 年广州年平均气温 22.4℃，各区年平均气温在 21.7℃—22.9℃之间。各区极端最高气温在 38.3℃—39.1℃之间。全市平均年雨量为 1506.3 毫米，各区年雨量介于 1385.5 毫米—1636.5 毫米之间。各区年平均风速在 1.4 米 / 秒—2.7 米 / 秒之间，年极大风速在 15.1 米 / 秒—27.9 米 / 秒之间。全市平均年日照时数 1917 小时，年灰霾日数 101.4 天。全年有 3 个台风影响广州。

1. 秋冬春连旱引发咸潮

2003 年 10 月至 2004 年 3 月 20 日，广州市降水较常年同期普遍偏少 5 成—6 成，由于 2003 年是广州市自 1959 年以来第三少雨年份，因此干旱的累积效应在 3 月上中旬显得特别突出，对春耕生产造成不利影响。此外，珠三角 20 年来最严重的咸潮灾害直接影响了广州市番禺区居民的生活和生产用水。

2. 4 月 14—17 日暴雨

4 月 14—17 日，广州、从化、增城出现暴雨，局部伴有 8 级以上短时雷雨大风。14 日夜晚，从化市良口镇遭受暴雨侵袭，14 日 08 时—15 日 08 时累积雨量达到 158.4 毫米，最大 1 小时雨量 63.4 毫米。该镇的米埔、塘尾、良新、良明等村受灾，经济损失约 1270 万元。

3. 6 月 5—6 日暴雨

6 月 5—6 日，受弱冷空气、切变线和副热带高压减弱的共同影响，全市出现暴雨和强降水，局部伴有短时雷雨大风。花都 6 日的 93.0 毫米降水是 5 个常规气象观测站中的最大值，而 5 日夜间至 6 日 07 时，花都部分自动气象站记录到超过 100 毫米的降水量，暴雨、强降水使多个乡镇出现灾情：花山镇铜鼓坑河上的一处堤坝坍塌；芙蓉镇、狮岭镇、雅瑶镇有 1000 多间房屋受浸、400 公顷左右的农作物受浸或受损，鱼塘漫顶超过 27 公顷（其中决堤 0.67 公顷）；花山镇铁山河水位暴涨，出现河堤漫顶和决堤现象，因房屋受浸、倒塌和水稻受浸、鱼塘漫顶等事件使全镇累计经济损失约 500 万元；洪秀全水库超防洪限制水位 1.0 米；梯面镇正迳引渠渠首约 50 米处出现外坡滑坡等事件。

4. 6 月 20—25 日暴雨过程

6 月 20—25 日，受高空槽移近及随后副热带高压西进加强的影响，全市出现一次有间歇的暴雨过程，并伴随出现雷雨大风和强降水。20 日，受雷雨大风天气影响，广州天河区出现了人员伤亡事故，4 人丧生；21 日，番禺因暴雨发生多处塞车；23 日各测站基本无降水，但增城市朱村镇遭遇雷雨大风，324 国道两旁许多大树被连根拔起或拦腰吹断，致使该路段交通堵塞。

5. 6 月 26 日—7 月 4 日高温

6 月 26 日—7 月 4 日，受副热带高压脊控制，加上台风“蒲公英”外围下沉气流的增温作用，全市各站气温连日攀升，6 月 30 日，各站的最高气温均破历史同期最高纪录，番禺（38.3℃）打破历史最高纪录，7 月 1 日，花都（38.8℃）、增城（38.6℃）破历史最高纪录，广州（38.7℃）平历史最高纪录，番禺平前一日的历史最高纪录。6 月 28 日—7 月 2 日，全市最高气温均超过 35℃，有 39 人因高温中暑死亡，“120”出车次数破历史纪录，汽车自燃事件发生多起，全市用水用电连创高峰。

6. 10 月上中旬寒露风

10 月上中旬，受北方不断南下的冷空气影响，广州市气温普遍偏低，部分地区出现长时间的持续寒露风天气。自 10 月 2 日起，从化、增城日平均气温均低于 23℃（除增城 5 日平均气温为 23.1℃外），出现长达 19 天的持续寒露风天气，广州、番禺 10 月上旬前期也出现 3 天—4 天寒露风天气。寒露风不利于晚稻的抽穗扬花。

7. 秋冬连旱晚稻受旱

9 月 23 日—12 月 31 日，在 3 个多月的时间里，全市仅降雨 5—16 毫米，从化、广州、番禺居历史同期最少降水之冠，花都、增城排在历史同期最少降水的第二位。

各地降水均较常年同期平均偏少9成以上。干旱对晚稻等作物的生长造成不利影响，截至晚稻收割前，广州市作物受旱1.4万公顷，其中严重受旱0.31万公顷。受干旱影响，番禺年内再次遭遇咸潮。

五、2005年主要气候事件

2005年广州年平均气温22.5℃，各区年平均气温在21.9℃—22.8℃之间。全市平均高温日数29.6天，各区极端最高气温在38.6℃—39.3℃之间。全市平均年雨量为1938.2毫米，各区年雨量介于1384.4毫米—2278.3毫米之间。各区年平均风速在1.5米/秒—2.8米/秒之间，年极大风速在14.5米/秒—24.2米/秒之间。全市平均年日照时数1495.5小时，年灰霾日数98.6天。全年有1个台风影响广州。

1. 罕见秋冬春连旱

2004年秋季开始的严重秋冬连旱持续至2005年初春。1月各地雨量仅为8毫米—10毫米，与常年同期相比偏少8成左右。2月各地月雨量30毫米—60毫米，与常年同期相比偏少3成—6成。长期降水总量严重偏少导致全市旱情比较严重，主要表现为水库缺水，江河水位低，沿海地区出现海水倒灌。1月10—14日，番禺沙湾水厂和东涌水厂水源氯化物严重超标，致使供水不足，番禺区供水管压急降，一些地段深夜停水。

2. 3月22日强对流袭击

3月22日一条南北向长达300多千米的飑线自西向东扫过广州，各区（市）先后出现8级以上的雷雨大风，白云区的人和、花都的北兴测到风速达12级，石井镇测得最大阵风25.3米/秒。五山和花都观测到冰雹，其中五山测到的冰雹直径8毫米，是继1984年4月10日后再次观测到冰雹。广州市区多个路段水浸，有大树被连根拔起，从化良口镇几百间民房受损。

3. 6月暴雨频现灾损重

6月1—5日广州市各地出现大到暴雨，局地雷雨大风天气。4日夜至5日晨广州市受强雷暴袭击长达近6小时，5日广州五山气象站记录到109毫米的大暴雨。这次大到暴雨过程造成广州市8500多人受灾，农作物受灾面积3438公顷，倒塌房屋37间，1人死亡，直接经济损失6399万元。中旬中期至下旬前期再次出现连续性暴雨过程，全市出现暴雨10站·日，花都21日降下157.2毫米的大暴雨。由于珠江广州段受上游洪水的涌入、天文大潮和本地暴雨的共同影响，部分地区灾情较重。从化市境内道路交通损毁严重，105国道和部分县道、社道80多处塌方，其中105国道连麻段塌方造成交通堵塞13小时；良口镇供水中断；直接经济损失达227.55万元。受龙门县泄洪及本地暴雨影响，21日凌晨增城正果镇遭水浸，受浸农田67公顷，受浸房屋300多间，1400多人被困。

4. 盛夏高温破纪录

盛夏极端最高气温除广州气象站外均破（平）历史纪录，高温事件发生频繁、持续时间长、高温天数多。最强的高温过程出现在7月中旬，旬初受强盛副热带高压和台风“海棠”外围下沉气流共同影响，出现了长时间持续的高温炎热天气，各区（市）13—21日出现7天—9天高温天气，广州五山气象站18—20日连续3天出现了38.0℃以上酷热天气。其中18日是2005年最热的一天，花都、从化、番禺、增城的最高气温均破（平）历史纪录，广州五山气象站为39.0℃，仅比历史最高气温纪录低0.1℃。7月以来高温天气使医院日均门诊、急诊量比6月激增3成—5成，使洋紫荆树叶变黄落叶，呈现出一片金黄的秋意。用水用电出现高峰，18日广州十区两市主要供水企业供水量达588万米^3，创历史新高。同日14时许广州用电负荷728万千瓦，创下新的历史纪录，远超出2004年创下的637.72万千瓦的历史最高纪录。7月19日、20日，市供电局连续挂出错峰预警。

六、2006年主要气候事件

2006年广州年平均气温22.8℃，各区年平均气温在22.2℃—23.2℃之间。全市平均高温日数27.8天，各区极端最高气温在37.4℃—38.2℃之间。全市平均年雨量为2264.9毫米，各区年雨量介于1963.0毫米—2613.9毫米之间。各区年平均风速在1.3米/秒—2.7米/秒之间，年极大风速在11.7米/秒—24.0米/秒之间。全市平均年日照时数1414.2小时，年灰霾日数103.6天。全年有3个台风影响广州。

1. 热带气旋带来强降水

2006年影响广州市的热带气旋主要有3个，即0604号强热带风暴“碧利斯”、0605号台风“格美”和0606号台风“派比安”。“碧利斯”“格美”给广州市带来暴雨到大暴雨、“派比安”带来暴雨，强降水对广州铁路、公路和航空运输带来了较大影响，其中“格美”影响期间105国道从化境内路段先后发生5起特大塌方和泥石流灾害。

2. 史上最强龙舟水害

2006年广州市出现历史上最严重龙舟水害。5月下旬到6月中旬，广州各区（市）平均总雨量为825毫米，较常年同期偏多1.6倍，较之前的最高纪录多了近4成。各地雨日多达27天—28天。全市各区（市）平均暴雨日数达5.8天，其中大暴雨1.2天。暴雨连日导致广州市屡见水浸街，严重影响城市交通和市民的日常生活。5月21日海珠区凤阳街五凤村附近因洪水淹没了路面，一名5岁男孩被冲走。5月下旬前期花都区花山镇洛场村果园遭遇水浸。6月15日从化市温泉镇、江浦和城郊街受水灾，直接经济损失208.7万元。

3. 秋季受罕见强对流袭击

10月18日花都区狮岭镇局部突发短时强降水，两小时内降雨量达到249毫米，造成直接经济损失达4296万元。11月21日午后广州市受强雷雨袭击，从化降冰雹，为广州近百年来首次11月受冰雹袭击。

七、2007年主要气候事件

2007年广州年平均气温22.8℃，各区年平均气温在22.1℃—23.2℃之间。全市平均高温日数34.4天，各区极端最高气温在36.6℃—37.8℃之间。全市平均年雨量为1613.2毫米，各区年雨量介于1370.3毫米—1964.5毫米之间。各区年平均风速在1.2米/秒—2.4米/秒之间，年极大风速在12.1米/秒—29.5米/秒之间。全市平均年日照时数1688.9小时，年灰霾日数97.0天。全年有2个台风影响广州。

1. 6月9—10日洪涝灾害

6月9—10日广州市普降暴雨到大暴雨。9日晚到10日凌晨，从化市良口镇下溪村一电站被山洪冲垮，2人被冲走；10日02时，增城区增江街光辉村的泄洪沟渠突然决堤，山洪倾泻，27公顷农田和鱼塘一片汪洋；天河区某地10多家商铺被浸1米多深，地下车库10多辆车被淹。

2. 高温持续不断

7月10日至8月10日，受副热带高压影响，广州市出现持续高温天气（花都出现全市年内最高气温37.8℃），各地极端最高气温并不突出，但高温持续时间之长创历史同期之最。广州各区（市）持续时间最长的一次高温预警信号均在400小时以上，其中从化市最长一次为722小时，即持续1个月不间断的高温预警。持续的高温天气使广州市用电用水负荷不断刷新纪录，7月11日广州用电负荷达到845万千瓦时，比之前最高纪录803.8万千瓦时净增长41.2万千瓦时，7月12日再创新高，用电负荷达862.7万千瓦时。7月10—27日，广州市自来水公司日供水量连续18天超过400万米^3，7月14日更是达到了破纪录的412.63万米^3。

3. 阶段性干旱明显

7月下旬至8月上旬，受副热带高压脊及热带气旋外围下沉气流的影响，广州持续出现晴热少雨天气，从化市局部出现轻旱，受旱面积达到400公顷，其中水稻面积337公顷，蔬菜面积13公顷，其他农作物53公顷。10—12月，受冷高压脊控制，广州市较长时间天气晴朗干燥，降水量较常年同期偏少7成以上。12月白云区江高、钟落潭、太和3镇出现旱情，受旱面积133公顷。

八、2008年主要气候事件

2008年气温正常。2008年全市年平均气温21.9℃，虽与常年持平，但却是近11年来最低值。各区（市）年平均气温在20.6℃—22.5℃之间，呈南高北低形势分布，其中从化年平均气温仅为20.6℃，破当地历史最低纪录。年内气温变化相当剧烈，1月、2月、6月各区（市）平均气温显著偏低，2月更是偏低2.8℃—3.6℃，其余月份则大部分地区正常或偏高，其中3月、9月、10月各区（市）大都显著偏高0.5℃以上，9月花都、番禺、广州市区偏高1.5℃以上，三地月平均气温均创下新的历史同期最高纪录。各区（市）年极端最高气温在37.4℃—38.8℃之间，出现在7月26—28日。年极端最低气温在–0.2℃—4.6℃之间，除从化出现在1月3日，其他区（市）均出现在2月3日。

2008年降水偏多。2008年全市平均年降水量2388毫米，比常年偏多3成以上。各区（市）年降水量在2200毫米—2800毫米之间，呈东多西少分布格局，其中增城2708毫米破当地最高历史纪录。逐月降水分布显示，1月、5月、6月及9—11月各区（市）大部分偏多，其中1月各区（市）偏多超8成，广州市区、增城、番禺偏多超过1倍。6月各区（市）月降水量均偏多1倍以上，广州、增城、番禺更是偏多2.0倍—2.3倍，均创同期最高历史纪录。12月各地降水量显著偏少，番禺偏少接近8成。

2008年日照大部分地区偏少。2008年广州市各区（市）年日照时数在1200小时—2000小时之间，以花都最多，番禺最少。与常年相比，除花都区偏多不到1成，番禺偏少3成多外，其余各区（市）偏少1成左右。年灰霾日数87.4天。

1. 低温阴雨异常严重，损失大、影响广

受不断补充的强冷空气和降水影响，1月中旬至2月中旬广州市出现长时间的低温阴雨天气。其特点是：①持续时间长、平均气温低。1月25日—2月15日，全市连续22天日平均气温低于12℃，创1951年以来持续时间最长的低温阴雨纪录，其中1月25日—2月9日全市连续16天日平均气温均低于10℃，1月30日—2月2日全市连续4天日平均气温更是低于7℃。②降水异常偏多。过程期间各区（市）降水量122毫米—135毫米，较常年同期偏多1倍—3倍，均位居新中国成立以来气象记录前5位。其中1月25日和30日全市各地日降水量均超过20毫米，番禺25日降水量达48.2毫米，接近暴雨量级。③日照严重偏少。过程期间全市平均日照时数仅38小时，较常年同期偏少近5成。1月25日—2月2日连续9天全市各地日照时数为0，创下新的历史纪录。

过程期间正值春运高峰，又逢粤北及周边省份出现历史罕见的低温雨雪冰冻灾害天气，导致京广铁路、京珠高速公路南北交通动脉受阻，广州火车站附近日聚集旅客最高时达30万人，给市内交通等方面带来巨大压力，并成为全国乃至世界关注的焦点。另外，持续长时间的低温阴雨天气导致电力、农业、渔业损失惨重，其中渔业损失近4亿元。

2. 台风“浣熊”4月影响广州，为新中国成立以来最早

4月18日，0801号台风“浣熊”在海南省文昌市登陆后，19日早晨减弱为热带风暴，中午前后穿过海陵岛后减弱为热带低压，14时15分在广东省阳江沿海登陆，登陆时中心附近最大风力7级，相当于17米/秒的风速，中心最低气压998百帕。“浣

熊”是新中国成立以来登陆广东和中国最早的台风，也是新中国成立以来影响广州市最早的台风。受其影响，19—20 日，全市普降大雨局部暴雨，20 日增城、从化分别录得 61 毫米和 57 毫米的暴雨，暴雨导致部分地区出现灾情。

3.“风神”成“雨神”，“刮走”数亿元

0806 号台风“风神”于 6 月 25 日在深圳葵涌镇沿海登陆，登陆时减弱为热带风暴，中心附近最大风力有 9 级（23 米 / 秒），风力不大但雨水多。受“风神”影响，广州市 25—27 日出现大范围的暴雨到大暴雨、局部特大暴雨的强降水过程，其中，25 日广州和番禺分别降暴雨和大暴雨，26 日从化、广州、增城出现大暴雨，花都出现 254 毫米的特大暴雨。“风神”带来的强降水致使 1.8 万名受困群众被迫转移，直接经济损失逾 4.4 亿元。

4.“黑格比”带来风暴潮，多处“水漫金山”

9 月 24 日，受 0814 号强台风“黑格比”在茂名沿海登陆影响，广州市普遍出现中到大雨和 8 级—9 级的大风。受其环流影响，广州遭遇了特大风暴潮，多个潮位站出现历史最高潮位。“黑格比”带来的风暴潮导致全市 14 个乡镇 99 个行政村（居委会）受淹，转移群众 2 万多人，全市外江堤围 193 处出现漫顶，农作物 1.02 万公顷受灾。因江河潮水位迅速升高，给江河堤围造成严重压力，番禺还发生 2 处决堤。市区的黄埔、长洲岛、新洲、滨江东等多处发生水浸现象，黄埔庙头村出现水位比村子高出 1 米多、水面与堤面几乎持平的现象，南海神庙的古码头成了“内湖”，长洲岛则是湖岸不分，水陆不辨，一片泽国。

5.“鹦鹉”正面来袭，全市交通大受影响

0812 号台风“鹦鹉”于 8 月 22 日先后在香港和中山登陆，正面影响广州。“鹦鹉”影响期间的降水并不明显，23—24 日广州、花都、从化、增城、番禺仅降小到中雨，但其带来的大风却使全市交通、旅游等大受影响。22 日 10 时，广州内港所有轮渡、车渡、水巴航线停航；23 日，白云机场共取消航班 136 班，近千名旅客出行受阻；广州东站停开了 23 日 15 时以后 5 趟广九直通车。此外，受“鹦鹉”影响，22 日各旅行社 3000 多名游客报名的海岛游和港澳游暂停。

6.“龙舟水”降水量大，排历史第二位

5 月 21 日—6 月 20 日，全市平均降水量达 706 毫米，较常年偏多 1.2 倍，仅次于 2006 年的 825 毫米。“龙舟水”期间降水呈现两大特点：①强度大。全市普遍出现暴雨量级以上降水，其中增城、番禺、从化出现了大暴雨，过程总降水量均在 500 毫米以上，增城 962 毫米为全市最多，广州（五山）、从化超过 700 毫米，其中广州市区累计降水量破历史同期最高纪录。②持续时间长。过程期间天气虽有短暂转好，但强降水过程基本是连续的，广州各区（市）降水日数高达 27 天—29 天。

7. 年雨量 7 年来最丰，秋冬无旱

2008 年广州市年平均降水量 2388 毫米，较常年偏多 32%，为 2002 年以来最丰的一年。各区（市）年降水量均高居历史最大值前 7 位，其中增城年降水量 2705 毫米，破当地历史最高纪录。2008 年全市年降水量异常丰沛的原因是“龙舟水”及台风“风神”带来强降水，全市 6 月平均降水量达到 878 毫米，比常年多出了近 1 倍。此外，年初低温阴雨时期降水显著、热带气旋影响降水量大以及“秋雨”明显，使得 1 月、9 月、10 月和 11 月的降水也不同程度偏多。

8. 灰霾天气近 5 年影响最轻

广州市年平均灰霾日数为 92.4 天，是近 5 年来最少的一年，但仍较常年偏多近 1 成。年内全市 10 区和 2 县级市共发布黄色灰霾预警信号 19 次。灰霾日数冬半年多于夏半年，3 月全市平均灰霾天数 15.2 天，为全年最多的月份。1 月 7 日广州市出现能见度低于 3 千米的严重灰霾天气，当天细颗粒物（$PM_{2.5}$）浓度达到 125.37 微克 / 米^3。

9. 盛夏高温不突出，9 月却热似盛夏

受副热带高压逐渐加强西伸和强台风“凤凰”外围下沉气流增温影响，7 月下旬中后期，广州市出现持续高温天气。24—29 日，广州市日最高气温普遍高于 35℃，28 日高温天气达到顶峰，各区（市）日最高气温为 37.3℃—38.8℃，以花都 38.8℃为全市最高。

9 月，广州市平均气温 28.1℃，仅次于 2005 年的历史同期最高纪录。9 月 9—23 日，受副热带高压脊影响，全市出现持续 15 天的炎热天气，期间各区（市）平均高温日数达 6 天，比 8 月的高温日数还要多。9 月在广州出现持续时间这么长炎热天气过程还没有过先例。9 月 22 日时光似乎倒流回盛夏季节，各地日最高气温均在 37℃以上，花都更是以 38℃创下了当地 9 月的月极端最高气温纪录。持续的高温天气导致全市用电负荷显著增大。

10. 雷电灾害持续减少

据闪电定位网监测，2008 年广州市雷电日数为 201 天，落雷密度 26.5 次 / 千米^2，均较前两年有明显增加。但由于防雷减灾等安全工作到位，全市发生雷灾的次数却不增反降。据不完全统计，2008 年广州市各区（市）共发生雷灾 93 宗，雷击造成人员伤亡的有 7 起（5 人死亡、4 人受伤），各项指标均低于前两年。

5 月 4 日晚上，花都区狮岭镇某公司遭雷击致车间和仓库起火烧毁倒塌，屋内设备全部烧坏，直接经济损失 950 万元，幸无人员伤亡。4—5 月，广州大学城一区域供冷自控系统遭受感应雷击，损坏通信模块、光电转换器等设备，经济损失约 50 万元。6 月 14 日派潭一酒店遭受雷击，6 月 29 日祈福新邨迎风阁遭受雷击，经济损失均在 20 万元左右。7 月 16 日，荔湾湖公园内 2 人散步时遭雷击，造成 1 死 1 重伤。

九、2009 年主要气候事件

2009 年广州年平均气温 22.5℃，各区年平均气温在 21.3℃—23.1℃之间。全市平均高温日数 35.6 天，各区极端最高气温在 37.4℃—38.8℃之间。全市平均年雨量为 1549.1 毫米，各区年雨量介于 1411.2 毫米—1941.9 毫米之间。各区年平均风速在 1.5 米 / 秒—2.2 米 / 秒之间，年极大风速在 13.4 米 / 秒—22.4 米 / 秒之间。全市平均年日照时数 1670.1 小时，年灰霾日数 85.6 天。全年有 4 个台风影响广州。

1.“莫拉菲”携狂风暴雨正面袭击

0906 号台风“莫拉菲”于 7 月 19 日 00 时 50 分在深圳市大鹏半岛沿海地区登陆，登陆时中心附近最大风力 13 级，风速 38 米 / 秒。登陆后，“莫拉菲”向偏西北方向移动，穿过南沙、番禺区，07 时减弱为热带风暴并逐渐远离广州市。“莫拉菲”强度强、发展快、移速快、风雨影响范围广，是 1951 年以来 7 月登陆珠江三角洲最强的台风。受其影响，广州地区出现 8 级—9 级大风，阵风 11 级，南沙出现最大阵风风速 29.2 米 / 秒；18—20 日，全市普降中到大雨，南沙、番禺出现暴雨，广州中大站的最高潮位超警戒达 2.07 米。“莫拉菲”带来的狂风暴雨给市民出行、道路交通、航运、市政绿化、农业生产等造成严重影响，部分地区受灾严重，广州市共接到市政绿化抢险信息 128 宗；广州白云机场 55 个出港航班延误；南沙区农作物受损 2171 公顷，水产养殖受损面积 193 公顷，房屋倒塌 70 间，经济损失 3803 万元；万顷沙附近水域一艘货轮避风时意外沉没。

2.“巨爵”引发风暴潮

0915 号台风“巨爵”于 9 月 15 日 07 时在台山市北陡镇登陆，中心附近最大风力 12 级。“巨爵”具有移速快、时间长、影响广、降水强和风暴潮严重的特点。受其影响，14—16 日广州市普降中到大雨，局部暴雨，珠江口附近海面出现 80 厘米—160 厘米风暴潮增水，南沙和番禺沿海以及市区珠江河段普遍出现 2.3 米—2.7 米以上 20 年一遇高潮水位，其中黄埔站出现超 50 年一遇的 2.5 米高潮位。在强降水和风暴潮作用下，广州三元里大道、沙面、天河车陂、萝岗、白云区等地水浸严重，其中白云区黄石西路装饰城由于河水倒灌，百余家商户被淹，水深约 50 厘米，损失近百万元，萝岗开发区河水漫堤，百余亩菜地被淹。

3.“天鹅”滞留，暴雨倾城

0907 号热带风暴“天鹅”于 8 月 5 日 06 时 20 分在台山海宴镇沿海地区登陆，其后维持少动并在江门境内停留超过 24 小时，7 日 10 时进入北部湾，至此，“天鹅”在广东境内停留超过 48 小时，这是广东省有热带气旋记录以来最长陆地滞留时间。“天鹅”移动速度慢、路径变化多、影响时间长、累积降水多。受其影响，8 月 5—6 日广州市出现明显降水过程，伴随有强雷电、短时雷雨大风等强对流天气。6 日雨势最强，除花都、从化降中雨外，其他区（市）均降暴雨到大暴雨，番禺、南沙区多个自动气象站测得 100 毫米以上的大暴雨。暴雨倾城导致广州市“水漫金山”，交通受到严重影响，市区出现 18 处水浸，岗顶到中山三院路段马路变成河流；番禺迎宾路被淹 200 多米、水深达 1 米，交通中断近 5 个小时；白云机场 43 个出港航班延误。

4. 6 月上旬末至中旬中期持续暴雨、局部大暴雨

6 月 7—16 日，在高空槽、切变线及季风云团的共同影响下，广州市出现持续强降水过程。8 日 20 时至 9 日 08 时，万顷沙十九涌绿泽农场 12 小时内降水 230.2 毫米，龙穴岛 174.8 毫米，均达特大暴雨等级。10 日降水出现短暂停歇后，11 日雨势再次增强，增城出现 180 毫米的大暴雨，从化出现 97 毫米的暴雨。12—16 日维持中到大雨、局部暴雨。在暴雨袭击下，增城市小楼镇的高元村、新楼村等多个村庄低洼处的农田、鱼塘和道路被淹，水稻、花生等农作物损失严重，鱼塘的鱼被洪水冲走。

5. 秋冬连旱

2008 年 11 月 11 日至 2009 年 2 月 28 日，广州市平均降水量仅有 26.9 毫米，比常年同期的 171.3 毫米显著偏少 84%，各区（市）降水量均不足 40 毫米，其中番禺仅 16.7 毫米。期间，各区（市）无透雨（连续降水总量不足 20 毫米）日数全部超过 100 天。加上 2 月广州市气温异常偏高，蒸发量大，土壤失墒迅速，导致广州市出现明显秋冬连旱。2 月 28 日干旱监测结果表明，番禺区出现较重气象干旱，其余区（市）出现中等气象干旱。受旱的主要是经济作物，灌溉条件较差的高岗旱地、沙滩地和望天田旱情相对比较严重。

6. 7 月初龙卷袭击番禺

7 月 4 日 15 时，龙卷袭击番禺东涌镇南涌、鱼窝头、东深等村，造成东涌镇 5 家企业部分厂房损坏和南涌、鱼窝头、东深等村部分农作物及住宅受损，9 人受伤，直接经济损失约 836 万元。

十、2010 年主要气候事件

2010 年广州年平均气温 22.2℃，各区年平均气温在 21.2℃—22.9℃之间。全市平均高温日数 24.8 天，各区极端最高气温在 36.6℃—37.3℃之间。全市平均年雨量为 2148.4 毫米，各区年雨量介于 1932.0 毫米—2353.6 毫米之间。各区年平均风速在 1.4 米 / 秒—2.2 米 / 秒之间，年极大风速在 11.9 米 / 秒—22.2 米 / 秒之间。全市平均年日照时数 1510.6 小时，年灰霾日数 92.6 天。全年有 6 个台风影响广州。

1.“5 · 7”大暴雨为汛期最强降水

5 月 6—7 日，受高空槽和切变线的共同影响，广州市出现汛期强降水过程，除番禺暴雨外，其余区（市）都出现了大暴雨，此次大暴雨过程具有三个历史罕见：雨量之多历史罕见；雨强之大历史罕见；范围之广历史罕见。7 日，全市最大日雨量 218.9 毫米（花都），其次是 214.7 毫米（广州，接近 1989 年出现的 215.3 毫米 5 月历史极值），第三是 172.6 毫米（增城，接近 1989 年出现的 179.7 毫米 5 月历史极值）。7 日 01—02 时广州市一小时雨量达 99.1 毫米，小时雨量强度创历史新高。7 日，广州市区突发大暴雨，导致严重的城市内涝。

据统计，“5·7”特大暴雨灾害过程中，广州共 935 人受灾，7 人死亡（天河区甘元路一处厂房倒塌导致 3 名员工死亡；白云区沙太路一处路基坍塌致 3 人死亡，花都区 1 菜农遭雷击死亡），87 个镇（街）受淹，38 间房屋倒塌，3579 公顷农田受浸，共发生内涝点 118 个，其中 89 处为新增内涝点，44 处严重水浸。广州超过 30 个地下车库被淹，水浸车辆达数千辆，被淹车库包括酒店、学校、住宅小区等，遍及市内各区。从化市 3506 人受灾，转移安置 1446 人；倒塌房屋 42 间，损坏房屋 391 间；农作物受灾面积 1730 公顷；直接经济损失 4650.9 万元。

2.“狮”吼雨泄逾 14 小时

1006 号强热带风暴“狮子山”减弱为热带风暴后，于 9 月 2 日登陆福建漳浦古雷镇，登陆时中心最低气压 990 百帕，中心附近最大风力 9 级，风速达到 23 米 / 秒。登陆后西行进入广东饶平，于 3 日 08 时在从化境内减弱为低气压，3 日 22 时移出花都，在广州境内滞留了 14 个小时，给广州带来了暴雨到大暴雨、局部特大暴雨。3—4 日，广州共有 5 个区发布了暴雨红色预警信号。广州市 5 个人工气象观测站在 9 月 3—4 日共出现 6 站日的大暴雨和 1 站日的暴雨，其中，花都 9 月 4 日降水达 223 毫米。

3.“莫兰蒂”走远，强降雨发威

1010 号台风“莫兰蒂”9 月 10 日在福建省石狮市沿海地区登陆，登陆时中心最低气压 975 百帕，中心附近最大风力 12 级，风速 35 米 / 秒，登陆后向偏北方向移动，强度逐渐减弱，远离广州市。受“莫兰蒂”消失后的残留云系、季风槽和低涡等相继影响，10—12 日全市普降暴雨，局部大暴雨。9 月 12 日白云区、天河区等地在 4 小时内相继出现了强降水过程，造成天河区华南师大门口、柯木朗黄屋一街 11 号、广州大道梅花园地铁工地、天河区东圃大观路航天奇观对面、东圃二马路、员村四横路等地出现 30 厘米—50 厘米积水，白云区白云大道体育馆对面、黄园路、机场路新市段出现 30 厘米—100 厘米水浸，一度引发交通堵塞。

4. 2 月中旬的寒潮来袭导致长时间低温天气

2 月中旬，强冷空气频繁入侵，广州市出现寒潮天气。此次过程具有降温幅度大、低温时间长、降水频繁的特点。冷空气 12 日开始影响广州，全市气温大幅度下降，24 小时降温均超过 13℃，花都达 19.1℃。15—16 日、17—19 日两股较强冷空气补充影响广州市，低温天气长时间持续，广州市连续 9 天最低气温在 8℃以下，破历史同期（2 月中旬）最长纪录。20 日，大部分区（市）最低气温在 5℃以下，从化最低气温达 0℃，从化、增城出现霜冻。21 日后冷空气东移减弱，气温明显回升。此次冷空气过程降雨明显，12—19 日广州市出现持续性降水，过程雨量全市平均为 40.8 毫米，呈东多西少分布，番禺 54.2 毫米为全市最多。本次过程大部分区（市）均达到寒潮标准，低温阴雨日数各地均为 9 天，属中等。

5. 12 月中旬的寒潮使农作物受灾

12 月 13 日夜间至 18 日，受强冷空气南下影响广州遭遇了寒潮天气过程，广州市气温大幅度下降，并伴有明显的降水、大风及霜（冰）冻天气，其中从化、增城出现冰冻，广州市区出现霜冻。14—16 日全市 48 小时降温幅度达 10.4℃（花都）—12.6℃（增城）；15—16 日，全市普降中雨，从化吕田镇录得全市最大降水 34.1 毫米，且全市出现 5 级—6 级、阵风 7 级—8 级的偏北大风，从化良口镇录得 20.2 米 / 秒的最大阵风；17—18 日全市出现大范围的霜（冰）冻天气，在辐射降温作用下，17 日全市最低气温降至 –1.6℃（从化）—3.0℃（番禺），广州市区五山观象台录得 1.8℃的最低气温，这是自 1975 年以来 12 月中旬同期广州市出现的最低气温。此次寒潮天气对广州市北部山区的冬种作物造成不利影响，部分不耐寒蔬菜、花卉出现不同程度的“冻伤”，其中薯类受害严重，部分叶片受冻干枯死亡。另外，冷空气带来的降水使农田得到有效滋润，解除了前期旱情。

十一、2011 年主要气候事件

2011 年广州年平均气温 21.8℃，各区年平均气温在 20.9℃—22.7℃之间。全市平均高温日数 32.2 天，各区极端最高气温在 36.8℃—38.1℃之间。全市平均年雨量 1410.1 为毫米，各区年雨量介于 1241.6 毫米—1632.3 毫米之间。各区年平均风速在 1.8 米 / 秒—2.7 米 / 秒之间，年极大风速在 15.7 米 / 秒—19.5 米 / 秒之间。全市平均年日照时数 1871.0 小时，年灰霾日数 59.2 天。全年有 5 个台风影响广州。

1. 秋季暴雨猛

10 月 12—14 日，受高空槽、地面弱冷空气和热带扰动共同影响，广州市出现 10 月罕见强降水天气，各区（市）过程雨量 100 毫米—320 毫米，广州第五中学录得全省最大的 320.2 毫米过程雨量，广州大学城自动气象站 14 日 00 时录得最大一小时降水量为 85.3 毫米，花都和番禺国家级气象站分别录得 161 毫米和 164 毫米的日降水量。此次降水过程造成广州城区出现严重内涝。广州市区于 13 日 16 时起先后发布了暴雨黄色、橙色和红色预警信号，这是 2000 年有暴雨预警信号以来广州市首次在国庆节后发布暴雨红色预警信号，媒体称之为史上最迟“红色暴雨”预警信号。

2. 强台风“纳沙”带来大风大雨，给广州市造成不利影响

1117 号强台风“纳沙”于 9 月 29 日 14 时 30 分在海南文昌翁田镇沿海地区登陆，21 时 15 分“纳沙”在徐闻县角尾乡沿海地区再次登陆，登陆时中心风力 12 级（35 米 / 秒），中心最低气压 968 百帕，并以 20 千米 / 时左右的速度继续向西北偏西方向移动，随后进入北部湾。强台风“纳沙”造成广州市 29 日、30 日出现大风和中到大雨、局部暴雨的天气。广州市区多处路段出现水浸街现象，一居民楼上的铝梯被风吹落砸伤一名 2 岁女童，有树木被吹折；从广州出发或前往有关地区的铁路、航班、客轮（轮渡）停运、停航或取消，广州往海南的公路客运班线也停班。

3. 春旱重

2010年10月1日—2011年4月30日，广州市平均降雨216毫米，较常年同期偏少6成，其中从化降水量仅为199毫米，创历史同期最少降雨纪录，广州、花都、增城为当地历史同期第2、第3少降雨记录。4月由于前期降水少，加上气温偏高，导致番禺出现气象中旱，其余区（市）出现气象重旱，各地出现不同程度的春旱。

4. "4.17" 强对流袭击南沙等地

4月17日，受高空槽、切变线和锋面低槽的共同影响，广州部分地区出现短时强降雨、雷雨大风天气，南沙区出现冰雹及龙卷天气，广州市城区普降中雨。南沙区横沥镇于13时03分出现全市最大阵风（42.5米/秒，14级），13时40分南沙区珠江街降下直径15毫米的冰雹。番禺区出现2011年第一声春雷，这是广州有气象记录以来最晚的初雷。番禺区17日12时53分—13时23分普遍出现了强降水和雷雨大风，几乎所有镇街都录到7级以上雷雨大风，有7个镇街录到8级以上雷雨大风，最大风力出现在大岗镇新一村，达到35.5米/秒（12级）。多数区域自动气象站在13—14时录到强降水，沙头街录得一小时降雨量为28.6毫米，大岗镇畜牧站20分钟录到的最大雨量高达56.4毫米。受强雷暴影响，广州等地出现了不同程度的人员伤亡（据不完全统计，南沙区3人死亡）和财产损失。

十二、2012年主要气候事件

2012年广州年平均气温22.1℃，各区年平均气温在21.3℃—23.1℃之间。全市平均高温日数22.4天，各区极端最高气温在36.8℃—38.3℃之间。全市平均年雨量为1886.4毫米，各区年雨量介于1730.8毫米—2068.6毫米之间。各区年平均风速在1.7米/秒—2.5米/秒之间，年极大风速在18.1米/秒—22.8米/秒之间。全市平均年日照时数1412.1小时，年灰霾日数71.4天。全年有2个台风影响广州。

1. "韦森特" 影响大

1208号台风"韦森特"于7月24日在台山市赤溪镇登陆，登陆时中心附近最大风力13级（40米/秒），中心最低气压955百帕。"韦森特"是2012年对广州市影响最大的热带气旋，具有路径曲折、近海加强、风大雨强的特点。受其影响，广州市出现风大雨强的天气，7月24—27日广州市普降大到暴雨，其中番禺、增城日最大降水量均超过90毫米，24日各区（市）均出现6级—7级、阵风8级—9级的大风天气，珠江口内江河面出现10级—11级阵风。

2. 6月下旬出现持续性强降水过程

受季风槽影响，6月21—27日广州市出现一次持续性降水过程，局部伴有强降水、雷雨大风等强对流天气。各区（市）过程雨量在160.0毫米（番禺）—298.9毫米（增城）之间，整个过程期间全市5个站共录得7个暴雨日。21—24日雨势较猛，普降大到暴雨，其中21日增城出现大暴雨，25—26日雨势减弱，27日花都降暴雨。

3. 入秋阴雨天异常多

入秋以后，广州市本应进入季节性少雨期，但11月广州市阴雨天异常多。11月，广州各区（市）降水量在156.2毫米—197.3毫米之间。与常年同期相比，各区（市）一致显著偏多3倍—4倍，花都、从化、广州、增城的降水均为建站以来历史同期最多值，番禺也为建站以来第2多值。11月20日至12月5日，受冷空气影响，广州市出现持续阴雨寡照天气，期间全市平均降水量达177.6毫米，较常年同期偏多10倍，各区（市）均创下历史同期降水量最多纪录，其中11月28日雨势最猛，花都、从化出现暴雨，其余区（市）为中到大雨。

4. 10月灰霾天气严重

10月1—24日干燥无雨，灰霾天气多发。广州市全月平均灰霾日数达11.4天（与3月并列全年各月最多），列历史同期第二位，尤其是3—16日，灰霾天气出现概率达到57%。14—15日由于平均风速只有1.0米/秒—1.3米/秒，空气中的污染物无法迅速扩散，广州中心区域的平均能见度低至5.6千米，最低时不足5千米。期间，市环保部门测得$PM_{2.5}$超标及空气质量污染，直至18日广州市$PM_{2.5}$指数当月才首次挂“绿”。

十三、2013年主要气候事件

2013年广州年平均气温22.3℃，各区年平均气温在21.1℃—23.1℃之间。全市平均高温日数22.6天，各区极端最高气温在35.8℃—38.5℃之间。全市平均年雨量为2015.4毫米，各区年雨量介于1900.3毫米—2178.5毫米之间。各区年平均风速在1.4米/秒—2.2米/秒之间，年极大风速在19.9米/秒—24.3米/秒之间。全市平均年日照时数1636.8小时，年灰霾日数50.2天。全年有6个台风影响广州（统计使用了花都、从化、黄埔、增城、番禺、南沙、白云站的数据）。

1. 前汛期强对流天气致从化受灾

3月26—30日，广州市出现持续强降水，并伴有强雷电和大风。其中28日和30日雨势较大，全市普降大到暴雨并伴有雷雨大风、短时强降水等强对流天气。28日因受短时强降雨和大风影响，从化105国道（太平至温泉路段）、S355省道（鳌头路段）和城区部分路段发生公路旁绿化树倾倒现象，导致平中线（太平至增城）和城区部分路段交通阻塞；从化太平镇汾水村118省道旁的3棵大树被风吹倒，大树砸塌旁边工地上的一处简易工棚，导致正在工棚内睡觉的2名四川籍民工当场死亡。4月25日，从化出现强雷雨天气，有10个乡镇录得一小时雨量超过20毫米的短时强降水，有5个乡镇录得8级大风；5月15—22日从化市吕田镇、良口镇普降暴雨到大暴雨，局部特大暴雨。其中自动气象站录得最大24小时雨量达到了287.1毫米，最大 1 小时雨量 77.6 毫米，强降水引发了局地洪涝。

2. 8 月 3 个热带风暴来袭

强热带风暴“飞燕”、强台风“尤特”和台风“潭美”分别在 8 月 2 日、14 日和 22 日登陆广东或福建，给广州带来不同程度的风雨。其中 1311 号强台风“尤特”和西南季风带来的强降水和大风影响最大。1311 号强台风“尤特”于 8 月 14 日 15 时 50 分在阳江市阳西县溪头镇沿海登陆，登陆时中心附近最大风力 14 级（42 米 / 秒），中心最低气压 955 百帕。受其影响，8 月 14—15 日，广州市普遍出现大雨到暴雨、局部大暴雨，珠江口内河面风力 7 级—8 级、阵风 9 级—10 级，陆地风力 6 级—7 级、阵风 8 级—9 级，其中南沙十九涌边防哨所录得 10 级的最大阵风，瞬时风速达 24.9 米 / 秒。8 月 16 日白天到 18 日，受“尤特”残余环流和季风共同影响，广州市普降大雨到暴雨，局部特大暴雨，强降水区主要位于从化北部、增城东部和北部，8 月 17 日，从化吕田温塘肚村录得该过程广州出现的最大日雨量 311.3 毫米。期间，由于韶关也出现连续暴雨，位于其境内的京广铁路张滩至土岭区间发生山体垮塌及泥石流，京广线上下行中断行车，致使广州火车站北上列车全部停运，大量旅客滞留。

3.“天兔”正面袭击广州

1319 号强台风“天兔”于 9 月 22 日 19 时 40 分在广东汕尾市遮浪半岛登陆，登陆时中心附近最大风力 14 级（45 米 / 秒），中心最低气压 935 百帕，是 2013 年登陆广东省最强的热带气旋，从登陆时中心最低气压衡量它是历史上登陆广东时强度最强的热带气旋之一（与 9615 号强台风“莎莉”并列）。“天兔”登陆后向西北偏西方向移动，9 月 23 日 05 时以强热带风暴强度进入广州市境内。受“天兔”影响，广州市普降暴雨，部分地区出现大暴雨，荔城街萝岗村录得全市最大雨量 164.6 毫米；全市出现 9 级—11 级大风（阵风），其中萝岗区天麓湖录得最大阵风 30.2 米 / 秒（11 级），珠江口内江（河）出现阵风 10 级—11 级。

4. 12 月出现罕见冬季暴雨，利大于弊

12 月 13—17 日，广州市受高空槽和冷空气共同影响，出现了大范围持续暴雨过程，此次降水过程具有持续时间长、影响范围广、累积雨量大的特点。暴雨范围几乎覆盖整个华南地区，冬季出现如此明显的暴雨，实属罕见。全市 5 个国家级气象站均录得 100 毫米以上的累计雨量，平均降水量 139.7 毫米，过程连续降水量均打破 12 月历史上连续降水量最多纪录。这次降水过程既清洁了空气，又增加了蓄水，同时还降低了森林火险等级。14—17 日 4 天全市范围降水 9000 余万米^3，总体来说冬季降水利大于弊。

十四、2014 年主要气候事件

2014 年广州年平均气温 22.4℃，各区年平均气温在 21.3℃—23.3℃之间。全市平

均高温日数 48.6 天，各区极端最高气温在 36.8℃—38.9℃之间。全市平均年雨量为 2009.1 毫米，各区年雨量介于 1648.5 毫米—2234.0 毫米之间。各区年平均风速在 1.5 米 / 秒—2.2 米 / 秒之间，年极大风速在 16.5 米 / 秒—24.8 米 / 秒之间。全市平均年日照时数 1742.9 小时，年灰霾日数 36.8 天。全年有 2 个台风影响广州（统计使用了花都、从化、黄埔、增城、番禺、南沙、白云站的数据）

1. 年初冷空气活动频繁

1 月和 2 月冷空气活动频繁，加上 2013 年 12 月全市平均气温较常年显著偏低 2.9℃，致使 2013/14 年冬季（2013 年 12 月至 2014 年 2 月）全市平均气温仅 13.0℃，较常年同期大幅度偏低了 1.6℃，为近 30 年来最冷的冬季，在全球变暖的大背景下，可谓逆势而动。1 月 8—24 日冷空气活动频繁，并具有持续时间长、间歇短、温度低的特点。冷空气 8 日开始影响广州，仅在 11 日、12 日、18 日和 21 日短暂升温。14—24 日，从化有 8 天日平均气温≤ 10℃，萝岗和增城各有 6 天；而日最低气温≤ 5℃的天数，从化、萝岗和增城分别为 8 天、6 天和 4 天；其中 23 日是最冷的一天，各地最低气温均≤ 5℃，从化最低气温仅 –2℃，是全市年内最低气温。2 月寒潮入侵。受冷空气影响，2 月 8—14 日广州市出现持续低温阴雨天气。广州气象站 8 日平均气温 10.2℃，较前一日下降了 8℃，并逐日下降到 12 日的 4.8℃，过程最低气温 3.7℃，达到寒潮标准。11—13 日最冷，全市日平均气温均低于 6℃，其中 11 日北部的花都和从化两地最低气温仅 3.3℃。

2. 3 月底全市大暴雨，平均日雨量创纪录

3 月 30—31 日，受高空槽和强盛西南气流影响，全市出现大范围暴雨过程。多地出现 8 级以上大风，最大阵风 10 级—12 级；广州中心城区、南沙、番禺、增城等地还出现了冰雹等强对流天气。3 月 30 日 08 时至 31 日 08 时，全市平均日雨量 187 毫米，是有完整气象记录以来的最大平均日雨量。各地均出现大暴雨，广州中心城区、从化、增城、番禺 4 站均是首次在 3 月录得大暴雨。花都、从化雨量分别达到 206.5 毫米和 195.7 毫米，为当地有记录以来第二多日雨量。各地于 3 月 30 日开汛，较常年同期偏早 6 天。

3. 5 月特大暴雨引发严重洪涝

5 月 16—24 日，受高空槽和强盛西南暖湿气流影响，广州市出现持续强降水过程，并伴有雷雨大风等强对流天气，具有时间长、总雨量大、强度强、致灾重的特点。全市平均过程雨量为 296 毫米，从化和增城分别多达 496 毫米和 396 毫米。其中 23 日雨势最强，全市平均日雨量 109.4 毫米，从化降 288.7 毫米的特大暴雨，打破了当地 245.3 毫米的日雨量历史最大纪录。广州市区域气象监测站网资料显示，23 日有 13 个站录得 250 毫米以上特大暴雨、27 个站录得 100 毫米以上大暴雨、18 个站录得暴雨。增城派潭大丰门水库录得最大日雨量 477.4 毫米，为增城有气象记录以来的最大日雨量。从化气象局旧站 13 时录得 93.9 毫米的最大 1 小时雨量。暴雨使得从化的

良口、温泉、江埔、吕田和增城的派潭遭受严重的洪涝灾害，造成了重大的人员伤亡和经济损失。

4.“8·20”暴雨内涝致灾重

8月19—20日，受高空槽和切变线影响，广州市出现大到暴雨、局部大暴雨天气过程。全市区域气象站录得暴雨以上降水189站次，其中41站次为大暴雨，20日广州两度启动防暴雨内涝三级应急响应。期间，南沙区南沙街大涌村（南沙电厂）录得177.1毫米的最大日雨量，白云区的平均过程雨量达到82毫米，广园中学为195.7毫米。暴雨引起白云区棠乐路京广铁路涵洞水浸，一辆小汽车误入导致车上7人死亡。

5.高温日数创历史新高

2014年高温具有出现早、强度强、频次多的特点。全市平均高温日数达48.6天，较常年偏多31.9天，为历年最多，各地均创年高温日数新高。8月1日则成为年内最热的一天，全市平均最高气温达38.1℃，其中五山气象站最高气温达39.2℃，比2004年7月1日该站录得的39.1℃的历史纪录还要高。

十五、2015年主要气候事件

2015年广州年平均气温23.3℃，各区年平均气温在22.0℃—24.5℃之间。全市平均高温日数30.8天，各区极端最高气温在36.6℃—39.2℃之间。全市平均年雨量为2045毫米，各区年雨量介于1496.6毫米—2615.7毫米之间。各区年平均风速在1.5米/秒—2.2米/秒之间，年极大风速在9.9米/秒—32.1米/秒之间。全市平均年日照时数1441.2小时—1780小时，年灰霾日数32.2天。全年有3个台风影响广州（统计使用了花都、从化、黄埔、增城、番禺、天河、海珠、越秀、荔湾、南沙、白云站的数据）。

1.多次强雷电致人员伤亡

7月29日，番禺区出现雷雨天气，一出租屋顶发生一起雷击事故，造成1人死亡。8月10日下午，海珠区出现强雷雨天气，6名游客在海珠湖公园一间木屋避雨时遭遇雷击，多人受伤，1人死亡。9月7日一女子在海珠湿地附近绿道上撑伞行走时遭雷电击中。

2.5月暴雨破多项纪录

5月广州市平均月雨量达752.2毫米，较常年同期偏多148.7%，刷新了历史同期最多纪录。同时，5个国家级气象站月内共测到暴雨以上降水23次，是常年5月的近3倍，也创下历史5月暴雨日数最多纪录。其中5月16—26日广州出现持续强降水过程，并伴有雷雨大风等强对流天气，此次降水过程具有过程雨量大、暴雨时间集中且范围大的特点。全市有47%的测站录得300毫米以上过程雨量，主要分布在增城、从化、白云和花都，其中从化区溪头村录得的 626.7 毫米为最大。20 日雨势最强，全市平均雨量达 69.4 毫米，有 75.8% 的测站录得暴雨以上降水，其中 15% 的测站录得大暴雨以上降水，以从化区大岭山林场站录得的 315 毫米为最大。

3. 最强台风“彩虹”带来龙卷

1522 号台风“彩虹”（强台风级）于 10 月 4 日在湛江市坡头区沿海登陆，登陆时中心附近最大风速 50 米 / 秒（15 级），是 1949 年以来在 10 月登陆广东的强度最强的台风。花都录得 296.5 毫米的全市最大日雨量，天河区录得 29.8 米 / 秒（11 级）全市最大阵风。受“彩虹”环流影响，4 日番禺区南村镇出现罕见龙卷，导致 3 人死亡、134 人受伤，多间房屋屋顶被掀掉。

4. 12 月冬季暴雨

12 月出现了少见的冬季大范围暴雨，全市平均月雨日为 16.2 天，较常年同期偏多 2.3 倍，为历史同期最多，其中花都、从化、番禺的月雨日均为当地历史同期最多值。全市平均月降水量达 124.1 毫米，较常年同期偏多近 3 倍。12 月 9 日出现了全省范围的暴雨天气，花都、从化、增城、番禺录得 53.6 毫米—61.5 毫米日降水量。

十六、2016 年主要气候事件

2016 年广州年平均气温 22.4℃，各区年平均气温在 21.7℃—24℃之间。全市平均高温日数 35.6 天，各区极端最高气温在 37.2℃—38.4℃之间。全市平均年雨量为 2638.3 毫米，各区年雨量介于 1912.2 毫米—2939.7 毫米之间。各区年平均风速在 1.5 米 / 秒—2.2 米 / 秒之间，年极大风速在 19.3 米 / 秒—27.2 米 / 秒之间。全市平均年日照时数 1519.7 小时，年灰霾日数 30.5 天。全年有 3 个台风影响广州（统计使用了花都、从化、黄埔、增城、番禺的站数据）。

1. 中心城区降雪

1 月 22—25 日，袭卷全国的寒潮给广州带来降雪天气，23 日夜间开始，广州出现大范围雨夹霰天气，24 日中午前后转雨夹雪，中心城区出现了新中国成立以来第一场雨夹雪，广州市民坐在家中也能够“赏”雪啦。23—25 日北部山区出现了冰冻，24 日广州气象站的气压达到 1030.8 百帕，历史罕见；25 日早晨广州中心城区录得最低气温 1.8℃，为进入 21 世纪以来的次低值。

2. 1 月 3 场冬季暴雨

2016 年 1 月广州罕见地在 5 日、28 日和 29 日出现 3 次大范围的暴雨、局部大暴雨天气。其强度之大，范围之广以及频次之多均为历史同期罕见，使 1 月全市平均雨量多达 376.3 毫米，较常年同期偏多 723%，打破历史同期最多纪录。5 日广州气象站录得 120.7 毫米降雨，打破该站冬季最大日雨量纪录；28 日全市 5 个国家级气象站平均雨量 87.4 毫米，是冬季历史最大日降水量；5 日平均雨量 79.4 毫米，是冬季历史第 3 大值。5 日和 28 日全市分别有 74% 和 95% 的测站录得暴雨以上级别降水。全市 5 个国家级气象站共录得 13 个暴雨日，即单站暴雨日 2.6 天（常年值仅为 0.1 天），远超历史冬季暴雨日最多纪录。

3.“4・13”飑线携狂风吹袭广州

4 月 13 日早晨一条飑线自西向东影响广州市，导致广州出现了强雷雨和 7 级—10 级局地 11 级—13 级的瞬时大风。全市有 74% 的区域出现 6 级以上强风，其中有 32% 是 8 级以上大风，黄埔区长洲街录得最大阵风 39.9 米 / 秒（13 级）。由于风力强，多地出现树木、工棚倒塌，道路受阻，车辆被毁，供电线路受损等灾情。飑线过境还带来强降水，全市 49% 的测站出现了暴雨或大暴雨。

4. 5 月强降水致中心城区积涝

5 月 9—10 日受高空槽和切变线共同影响，广州出现大到暴雨、局部大暴雨，并伴有 8 级—11 级大风和强雷电，此次过程具有强度大、范围广、强降水时段集中的特点。强降水集中出现在 10 日 00—09 时，有 63% 的测站录得 20 毫米 / 小时以上的短时强降水。同时全市有 31% 的测站录得 6 级（≥ 10.8 米 / 秒）以上强风，南沙区万顷沙镇录得阵风 30.5 米 / 秒（11 级）。市气象台于 10 日 07 时 57 分发布 2016 年首个暴雨橙色预警。强降水导致中心城区出现年内最严重的城市内涝，多条道路出现严重水浸，部分出现交通中断，08 时至 10 时 30 分中心城区交通指数均达严重拥堵级别，此时正值上班高峰，成为 2016 年最堵早高峰。地铁 6 号线长湴站 C 出口出现路面水倒灌。

5. 8 月初强台风“妮妲”穿越广州

1604 号台风“妮妲”（强台风级）于 8 月 2 日 03 时 35 分在深圳市大鹏半岛登陆，登陆时中心附近最大风力 14 级（42 米 / 秒），中心最低气压 965 百帕。“妮妲”登陆后向西北方向移动，台风中心经过广州市。受其影响，全市普遍出现暴雨和大风天气。2—3 日全市有 75% 测站累计雨量大于 100 毫米，其中 17% 超过 200 毫米，大值中心主要在番禺区。强降水主要出现在 2 日 23 时至 3 日 03 时，番禺小谷围街 3 日 00 时录得 93.6 毫米的最大小时雨量。广州发布了 16 年来首个台风红色预警信号，市三防总指挥部发布防台风，防汛全民动员令，宣布“三停”——停工、停产、停课。在“妮妲”严重影响下，部分区域停电。暴雨及河涌水位倒灌叠加导致天河与番禺出现严重水浸，天河区华南师大南门积水深度达 1 米，番禺区数十名群众被困。

6. 8 月特大暴雨致从化洪涝灾害

受热带扰动的影响，8 月 12 日从化、增城和花都出现暴雨到大暴雨，局部特大暴雨，三区平均有 54% 的测站录得 50 毫米以上的暴雨，从化温泉镇新田村和大岭山林场都录得 254.9 毫米的特大暴雨。强降水集中出现在 12 日 07—14 时，从化温泉镇、良口镇、江埔街以及增城派潭镇有 7 个测站都录得了 200 毫米以上的 6 小时累计雨量，尤其 09—10 时江埔街和温泉镇分别录得 91.9 毫米和 92.2 毫米小时雨量。暴雨导致从化区江埔、温泉、良口、鳌头、吕田 5 个镇 79 村受灾，受灾群众 2.67 万人，直接经济损失 1.17 亿元；6 条公路受到影响，个别路段交通中断一个多小时。

7.“莎莉嘉”引发暴雨，“海马”招来狂风

1621 号台风“莎莉嘉”和 1622 号台风“海马”接踵而至，10 月 18—22 日广州持续受到暴雨狂风袭击。台风“莎莉嘉”于 10 月 18 日 09 时 50 分登陆海南万宁，登陆时中心附近最大风力 14 级，中心最低气压 950 百帕。受其外围环流影响，18—19 日广州出现暴雨、局部大暴雨天气，全市有 61% 的测站录得暴雨以上级别降水，增城区正果镇 19 日录得 124.4 毫米，为最大日雨量。台风“海马”于 21 日 12 时 40 分登陆海丰县，登陆时中心附近最大风力 14 级，中心最低气压 960 百帕，是有记录以来 10 月下旬以后登陆广东省的首个强台风。“海马”具有强度强、移速快、影响范围广的特点，受其影响，广州市有 80% 的测站录得 6 级以上强风，其中 20% 测站录得 8 级以上大风，海珠区第九十七中学录得最大阵风 26.9 米 / 秒（10 级）。20 日 20 时后全市各区陆续发布台风黄色预警信号，所有托儿所、幼儿园、中小学 21 日停课。

十七、2017 年主要气候事件

2017 年广州年平均气温 22.8℃，各区年平均气温在 21.7℃—23.6℃之间。全市平均高温日数 38.8 天，各区极端最高气温在 38.0℃—39.7℃之间。全市平均年雨量为 2033.5 毫米，各区年雨量介于 1793.7 毫米—2261.5 毫米之间。各区年平均风速在 1.5 米 / 秒—2.2 米 / 秒之间，年极大风速在 15.6 米 / 秒—18.9 米 / 秒之间。全市平均年日照时数 1752.9 小时，年灰霾日数 34.2 天。全年有 6 个台风影响广州（统计使用了花都、从化、天河、增城、番禺站的数据）。

1.“5·7”暴雨历史罕见，多项强降水纪录被刷新

5 月 7 日，广州出现了历史罕见的大暴雨到特大暴雨降水过程，全市共有 242 个测站录得雨量超过 50 毫米的暴雨，128 个测站录得超过 100 毫米的大暴雨，12 个测站录得雨量超过 250 毫米的特大暴雨。这次特大暴雨过程具有以下特点：①强度大，短历时及日降水量破纪录。花都、增城、黄埔、白云、天河区均出现了 100 毫米 / 时以上的强降水，增城永宁街 05—06 时录得 184.4 毫米降水，打破广州小时雨量 155 毫米历史极值，在广东省历史排名第二（排第一的是阳江的 188 毫米）。增城永宁街录得 3 小时（05—08 时）雨量 382.6 毫米，打破广州 3 小时雨量历史极值（215.2 毫米），同时也刷新了广东 3 小时雨量 339.4 毫米的历史极值纪录。7 日，黄埔区九龙镇录得 542.7 毫米的日雨量，打破了广州市日雨量 477.4 毫米的历史极值纪录。②突发性强，持续时间长。本次突发暴雨从花都区局地生成并在短时间加强向周围发展，预报难度非常大。而珠三角特殊的喇叭口地形和山丘地形对暴雨云团的滞留作用和源源不断的暖湿水汽补充，使得此次降水雨强大、持续时间长，如黄埔区九龙镇 7 日 04—09 时的逐小时雨量都超过了 70 毫米。

受此次特大暴雨过程影响，增城、花都、黄埔、白云、从化等区出现了不同程度的洪涝灾害。据广州市三防指挥部的报告，全市20000余人受灾，紧急转移安置9000余人，倒塌房屋约450间。

2.“天鸽”引发强风暴潮

1713号台风“天鸽”（强台风级）于8月23日12时50分在珠海市金湾区沿海地区登陆，登陆时中心附近最大风力14级（45米/秒），中心最低气压950百帕。“天鸽”是1965年以来登陆珠江三角洲的最强台风，也是2017年登陆中国的最强台风，具有风强雨大暴潮重的特点。“天鸽”登陆前后风力较强，23日广州港区出现13级—14级瞬时大风，全市35%的测站录得8级以上阵风，9%的测站录得10级以上阵风，南沙区万顷沙镇十九涌录得陆地最强阵风29.9米/秒（11级）；受其外围环流影响，23—24日广州市普遍出现中到大雨、局部暴雨。影响期间，恰逢天文大潮，引发强烈的风暴潮过程，广州市沿岸普遍出现187厘米—217厘米的风暴增水，多个潮位站的高潮位超过红色警戒潮位，万顷沙西站、南沙站、三沙站、大石站、黄埔站和中大站陆续出现超历史的高潮位。

3.“帕卡”紧跟“天鸽”而至

“天鸽”刚走，“帕卡”就来，8月27日09时前后1714号台风“帕卡”（台风级）在台山东南部沿海地区登陆，登陆时中心附近最大风力12级（33米/秒），中心最低气压978百帕。“天鸽”和“帕卡”4天内先后以强台风和台风强度在台山崖门口附近区域登陆，是广东台风历史上的首例。受“帕卡”残余环流和西南季风影响，27—28日广州市出现大范围降水过程。27—28日全市普遍出现大到暴雨，全市有34%的测点录得100毫米以上的累积降水，71%的测点录得50毫米以上的累积降水，番禺区小谷围录得全市最大降水，达207.4毫米。

4.极端高温创纪录

7月26—31日，全市日最高气温均超过35℃，广州迎来一段持续高温过程。其中29—30日为整个过程中的最热时期，30日番禺日最高气温达38.4℃，也高居7月当地历史同期第二位。8月20—22日，台风“天鸽”到来前夕，是全年气温最高的时段，其中22日番禺录得最高气温39.7℃，远高于番禺历史最高气温纪录（38.6℃，2005年7月18日），也打破了广州地区的气温纪录，花都录得最高气温39.3℃，与当地历史纪录持平。

第十章　气象基础设施

2002 年，市气象局正式成为市政府的一个正局级职能部门后，市委市政府领导多次对气象工作做出重要指示，要求采取有效措施，改善广州气象部门基础设施设备陈旧落后现状，全面提高市气象部门对各种灾害性天气的监测和预报预警能力、延长天气预报时效、提升气象服务水平。

第一节　市气象监测预警中心

为更加有利于有效开展气象防灾减灾工作，保障安全生产和保护人民群众的生命财产安全，市政府决定建设广州市气象监测预警中心项目。2003 年市政府为落实“十项民心工程”中的第十项“城乡防灾减灾工程”的一个重要组成部分，贯彻落实市政府“十项民心工程”中提高城乡防灾减灾能力的要求，市气象局以提高广州城市气象保障能力为目的，组织起草了《广州市气象建设方案》。

2005 年 4 月 4 日下午，市政府常务会议通过实施《广州市气象建设方案》，方案的建设内容主要包括风雨监测网、雾和灰霾监测网、雷电监测网、气候监测基地和气象监测预警中心等 5 个部分（简称“三网一基地一中心”）。项目分成两个子项目，分步实施建设，“三网”即风雨监测网、雾与灰霾监测网、雷电监测网，于 2006 年 7 月通过立项实施；“一基地一中心”，即气象监测预警中心、气候监测基地于 2007 年启动，2009 年开工建设，2012 年竣工。2012 年 8 月市气象局整体搬迁到番禺区大石街植村工业一路 68 号气象监测预警中心，业务办公条件得到了极大改善。

图 10-1　2012 年市气象监测预警中心正式启用

市气象监测预警中心地上建筑面积为 7563.3 米 ^{2}，地下建筑面积为 2218 米 ^{2}，合计 9781.3 米 ^{2}。气候监测基地包括综合观测场、风廓线仪、气象卫星接收处理系统、气象天文科普实验基地；气象监测预警中心一期包括气象综合业务用房、综合气象监测业务系统构建，其中专业技术用房主要包括气象科普教育及服务大厅、计算机及网络中心机房、天气预报制作及可视会商室、新闻发布中心、气象短信和12121电话信息制作平台、雷达和卫星资料接收处理室、气象灾害及风险评估室、农业气象及气候分析预测制作室、遥感资料分析室、气象资料审核统计室、气象仪器检定和校准室、自动气象站技术支持室、通信网络设备维护室、雷电监测及实验室、气象仪器装备仓库、值班室等。

一、选址立项过程

自2005年4月市政府常务会议通过《广州市气象建设方案》后，市规划、国土部门高度重视气象用地的选址工作，先后推荐8个地块进行筛选。经市气象局组织专家对逐个地块进行论证后，确定位于番禺大石镇礼村和植村之间的一个地块为气象监测预警中心项目用地。市规划局穗规〔2007〕323号文表示“建议气象监测预警中心项目用地选址在番禺区大石街新光快速路以东、石南公路以南地段”，该文件市政府批复同意。至此，经过2年的努力，选址问题在2007年4月最终落实。

市发改委于2008年5月同意市气象监测预警中心立项，选址在番禺区大石街新光快速路以东、石南公路以南地段，项目建设总用地面积53400米^2（5.3公顷），内容包括气候监测基地（综合观测场、气象卫星接收处理系统、气象天文科普实验基地）、气象预警中心。2008年9月中旬，市发改委委托市国际工程咨询公司对《广州市气象监测预警中心工程可行性研究报告》进行专家评审，并通过专家评审形成评估报告。

二、建设过程

市气象监测预警中心于2008年5月经市发改委同意立项，项目列入市重点建设工程，项目选址位于番禺区大石街新光快速路以东地段，总占地面积53985平方米。2008年12月，市政府为加快项目征地和建设召开协调会，由市重点办负责该项目的征地和建设工作，委托番禺区政府征地。当年7月10日全面启动征地拆迁工作。

图10-2 市气象监测预警中心效果图

三、建筑特色

市气象监测预警中心项目在设计上借鉴传统岭南建筑的天井、冷巷、敞厅和庭

图 10-3　市气象监测预警中心实景

院等空间元素和气候适应性设计手法，将传统岭南建筑应对地域气候的空间策略与场地条件利用结合起来，应用于现代的建筑和场地设计，以乡土、低技、低成本的方式实现绿色建筑、适应地域气候、满足舒适和健康的环境要求。

气象监测预警中心项目建成后获得各方好评。曾获得 2014 年度中国建筑设计奖、2014 年度中国建筑学会建筑创作奖金奖、第二届广东省岭南特色建筑设计金奖、2013 年度香港建筑学会两岸四地建筑设计大奖银奖、广东省 2013 年度优秀工程勘察设计一等奖、第七次广东省注册建筑师优秀建筑创作奖一等奖、广州市 2012 年度优秀工程勘察设计一等奖、2012 广州市绿色建筑优秀设计奖。

第二节　市突发事件预警信息发布中心

2012 年 8 月后，市气象“一基地一中心”，即气象监测基地已基本建设完成，满足了气象预报预警及观测的基本要求。

图 10-4　市突发事件预警信息发布中心实景

2012 年 10 月，市编委决定成立“广州市突发事件预警信息发布中心”，赋予其“承担广州市突发事件预警信息发布平台的建设、维护和运行工作”的职能，并委托市气象局管理。该机构及其职能是市委、市政府赋予气象局的一项全新的工作任务。2013 年 6 月，市长陈建华主持召开市政府常务会议，专题研究气象现代化工作，提出要加快广州市气象现代化建设，在全省率先实现气象现代化；2013 年 7 月，市政府办公厅出台《广州市人民政府办公厅关于加快建设步伐率先实现广州市气象现代化的意见》，提出要大力实施“气象卓越发展计划”和“气象惠民行动计划”，并要求“切实加大气象工程、气象基础设施和技术开发项目的投入，加快推进广州市突发事件预警信息发布中心项目建设”；2013 年 11 月，中国气象局局长郑国光与市长陈建华共同视察指导广州气象工作，全力支持广州市气象现代化工作走在全省的最前列；广州市成立了以常务副市长为总召集人的广州气象现代化联席会议制度，2014 年 3 月，市领导主持的首次联席会议提出为提升气象规划项目的保障率，要深入推进气象“十二五”规划的两个重点项目，其中包括“广州市突发事件预警信息发布中心工程”的立项和建设。市突发事件预警信息发布中心工程于2014年11月获得市发展改革委的批复，同意“广州市突发事件预警信息发布中心工程”建设，建设期限为 2014—2016 年。项目于 2016 年 3 月 12 日开工建设，2017 年 8 月 23 日竣工验收。

项目功能区主要可分为三个部分：

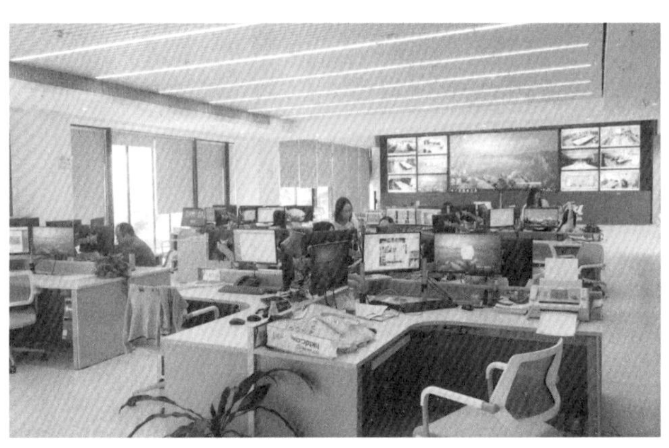

图 10-5 预报预警服务大厅

第一部分为突发事件预警信息发布中心区，是市政府应急体系的组成部分之一。上可承接省应急发布体系发布的应急任务，下可指导区（县）一级的应急发布任务。突发事件预警发布中心的建设，一是为了实现集中式办公的工作模式，实现“五区六岗”的功能，即信息录入、确认、审核、发布、传播和评估等业务扁平化管理；二是横向整合应急、三防、地震和气象等多部门的预警信息发布业务，纵向打通区、县预警发布中心联动发布，并与乡镇气象服务中心互联，实现“信息联动，快速发布”的目的。

第二部分是生态环境和大气化学分析室。市气象局针对广州天气、气候特点，开展城市环境（以灰霾为主）的监测预测、天气气候条件分析和影响评估、重大建设项目的气候可行性论证等工作。大气物理与化学成分及气象条件分析对城市空气质量与生态环境影响明显，急需建设气象生态资源中心（广州市灰霾监测中心），并设立生态环境和大气化学分析室。

第三部分是气象科学开放实验室。以提高天气预报准确率为核心，研发强对流短时临近预报技术、集合数值预报技术、数值预报解释应用技术、业务系统智能化技术，建立国际化的合作创新平台，加强与国内外一流气象科研和业务机构的合作交流，引进国内乃至国际高精尖气象人才，建立常态化、高参与度的对外科技合作，创造良好的开放实验室环境，满足广州作为中心城市气象预警预报能力的需要。

市突发事件预警信息发布中心项目的建成，为广州率先实现气象现代化打下了坚实的硬件基础。同时，极大地完善了智能化城市气象服务体系，向公众提供分时、分众、分区的智能化气象服务，最大限度地满足社会对气象服务信息全方位、个性化的需求；进一步打通部门间的信息通道，推进部门间有关信息的共享和快速传播；使广州市气象部门有能力建立和拓展畅通有效的气象灾害、地质灾害、公共卫生事件和社会安全事件等突发事件预警信息发布与传播渠道；使广州拥有一个与其社会经济发展相适应的、功能较为齐全的突发事件预警发布服务基地，对全面提高广州市气象部门对各种灾害性天气的监测和预报预警能力、延长提高天气预报时效、提高广州市突发事件信息发布服务水平等有着重要意义。

第十一章 人物

2002年以来，广州气象事业快速发展。一大批适应广州气象事业发展的管理干部和气象专业技术人才，为广州气象事业发展做出了巨大贡献。

2002年以前市气象机构名称及主要领导变更情况表

表11-1

名称	主要领导	任职时间
广州气象站	刘文德	1975年1月—1976年7月
广州气象台	江　潮	1976年7月—1979年3月
广州气象管理处	蔡周凤	1979年3月—1982年11月
广州市气象局	易　华	1982年11月—1992年5月
广州市气象局与广东省气象台	王静渊	1992年5月—1994年1月
广州市气象局与广东省气象台合署办公	薛纪善	1994年1月—1995年4月
广州市气象局与广东省气象台合署办公	余　勇	1995年4月—1996年9月
广州市气象局与广东省气象台合署办公	杨亚正	1996年9月—2000年5月
广州市气象局与广东省气象台合署办公	许永锞	2000年5月—2002年10月

2002—2017年市气象局历任党组书记、局长名录

表11-2

姓名	任职时间
杨少杰	2002年10月—2009年1月
许永锞	2009年1月—2011年1月
梁建茵	2011年1月—2015年9月
庄旭东	2015年9月—2016年5月
刘锦銮	2016年5月—

2002—2017 年市气象局历任党组成员、副局长、纪检组长及副巡视员名录

表 11-3

姓名	职务	任职时间
许永锞	党组成员、副局长	2002 年 11 月—2004 年 3 月
丘智炜	党组成员、副局长 党组成员、党组纪检组长	2002 年 11 月—2004 年 6 月 2004 年 6 月—2011 年 12 月
胡斯团	党组成员、副局长 党组成员、党组纪检组长	2004 年 12 月—2014 年 6 月 2014 年 6 月—2017 年 12 月
翁俊铿	党组成员、党组纪检组长 党组成员、副局长	2012 年 1 月—2014 年 6 月 2014 年 6 月—
冯永基	党组成员、副局长 副巡视员	2012 年 1 月—2014 年 6 月 2014 年 6 月—
吕小平	党组成员 党组成员、副巡视员 副巡视员	2012 年 7 月—2014 年 3 月 2014 年 3 月—2015 年 8 月 2015 年 8 月—
贾天清	党组成员、副局长	2015 年 7 月—
肖永彪	党组成员	2015 年 8 月—

2002—2017 年市气象局正高以上职称人员名录

表 11-4

姓名	获职称时间	评定部门
梁建茵	2001 年	中国气象局正研级专业技术职务评审委员会
刘锦銮	2008 年	中国气象局正研级专业技术职务评审委员会
王春林	2009 年	中国气象局正研级专业技术职务评审委员会

2002—2017 年市气象局获省部级表彰且享受省部级劳模待遇人员名录

表 11-5

姓名	性别	出生年月	工作单位	所获荣誉	授予主体	授予年份	发文文件及文号
陈泽华	男	1963 年 10 月	广州市气象局	省部级“广州亚运会亚残运会先进个人”荣誉称号	人力资源和社会保障部、国家体育总局、解放军总政治部、中国残疾人联合会、中共广东省委、广东省政府	2011	广州亚运会亚残运会先进集体和先进个人光荣册

2002—2017 年市气象局内设机构、直属单位及区气象机构主要负责人名录

表 11-6

名称	姓名	年份
中共广州市气象局机关委员会	李少群 林志强 何溪澄	2005 年 10 月—2009 年 3 月 2009 年 4 月—2016 年 8 月 2016 年 9 月—
办公室	李少群 林志强 邹冠武 林志强 邹云波	2002 年 12 月—2003 年 6 月 2003 年 6 月—2006 年 6 月 2006 年 6 月—2013 年 1 月 2013 年 2 月—2016 年 3 月 2016 年 4 月—
计划财务处	郑　鑫 方瑞玲	2002 年 2 月—2006 年 4 月 2009 年 7 月—
人事教育处	张　勇 吕小平 肖永彪	2002 年 2 月—2009 年 7 月 2012 年 7 月—2014 年 8 月 2014 年 8 月—
业务处	何溪澄	2002 年 2 月—2012 年 12 月
观测预报处	何溪澄 林志强	2012 年 12 月—2016 年 9 月 2016 年 9 月—
应急减灾处	王晓鹏 邹冠武	2012 年 11 月—2016 年 4 月 2016 年 4 月—
政策法规处	邓春林	2017 年 8 月—
广州市防雷减灾管理办公室	邓春林 林志强 张　勇	2002 年 9 月—2012 年 6 月 2012 年 6 月—2015 年 3 月 2015 年 3 月—
广州市气象台	庄旭东 罗森波 肖伟军 陈　荣 胡东明	2005 年 3 月—2010 年 2 月 2010 年 3 月—2012 年 7 月 2012 年 7 月—2013 年 12 月 2013 年 12 月—2015 年 3 月 2015 年 3 月—
广州市气候与农业气象中心	刘锦銮 吕勇平	2003 年 1 月—2008 年 5 月 2008 年 5 月—
广州市气象技术装备中心	敖振浪 李源鸿	2002 年 12 月—2007 年 12 月 2007 年 12 月—2012 年 10 月
广州市气象信息网络中心	李源鸿 肖伟军 陈晓宇	2012 年 10 月—2013 年 11 月 2013 年 12 月—2016 年 12 月 2016 年 12 月—2017 年 7 月

续表 11-6

名称	姓名	年份
广州市突发事件预警信息发布中心	陈晓宇	2017 年 7 月—
广州市防雷设施检测所	金　良 陈　昌 邹云波 颜　志	2002 年 12 月—2010 年 4 月 2007 年 12 月—2013 年 12 月 2014 年 1 月—2016 年 8 月 2010 年 9 月—2016 年 9 月
广州市气象公共服务中心	颜　志	2016 年 9 月—
番禺区气象局	朱建军 张锦华	2003 年 2 月—2006 年 4 月 2006 年 5 月—
花都区气象局	张锦华 谢　斌 徐永辉 邓春林 肖伟军	2003 年 2 月—2006 年 4 月 2006 年 5 月—2012 年 6 月 2009 年 2 月—2012 年 7 月 2012 年 6 月—2016 年 12 月 2016 年 12 月—
增城市气象局	徐永辉 谢　斌 李　斌 王和权	2003 年 2 月—2005 年 3 月 2005 年 8 月—2006 年 4 月 2006 年 4 月—2009 年 3 月 2009 年 3 月—2017 年 1 月
增城区气象局	王和权	2017 年 1 月—
从化市气象局	巢汉波 罗靖民	2002 年 12 月—2003 年 2 月 2003 年 2 月—2017 年 1 月
从化区气象局	罗靖民 曾志雄	2017 年 1 月—2018 年 2 月 2018 年 2 月—
白云区气象局	毛绍荣 林继生	2006 年 10 月—2016 年 7 月 2016 年 7 月—
黄埔区（萝岗区）气象局	常　越 李少群	2006 年 7 月—2014 年 4 月 2014 年 4 月—
南沙区气象局	朱建军 林继生 钱湘红	2010 年 3 月—2012 年 7 月 2012 年 7 月—2016 年 12 月 2016 年 12 月—
海珠区气象局	邹冠武 林镇国	2014 年 1 月—2016 年 4 月 2016 年 3 月—

2002年市气象局筹建组人员名单

表 11-7

姓名	时任单位及职务
杨少杰	广东省气象局党组成员、副局长，筹建小组组长
许永锞	广东省气象台，台长，原广州市气象局局长、筹建领导小组成员
吴友侃	广东省气象局，人事处处长，筹建领导小组成员
李少群	广东省气象台，副台长，原广州市气象局党组成员、副局长
林志强	广东省广州中心气象台综合办公室主任
张　勇	广东省气象局，人事处主任科员
邱新润	广东省防雷中心，办公室主任
郑　鑫	广东省气象局，计财处处长
方瑞玲	广州市防雷减灾办公室，主任助理
何溪澄	广东省气象局科技教育处，副处长；兼广东省气象科技培训中心，副主任
许俊英	广州市防雷设施检测所黄埔分所，所长
毛绍荣	广州中心气象台专业科、短时科，预报员
丘智炜	广东省防雷中心，科长

大事纪略

广州亚运会亚残运会气象服务保障

广州2010年亚运会、亚残运会分别于2010年11月12—27日和12月12—19日在广州成功举行。市气象局以“惠民气象，服务亚运”为宗旨，为亚（残）运会火炬接力传递、开闭幕式、赛事举办、城市运行等提供了全方位、精细化的气象服务，受到各方高度评价。

一、确定开幕日期气象服务

2007年12月10日，根据对最近10年（1997—2006年）的气象和水文资料分析，市气象局向第16届亚运会组委会报送了关于2010年广州亚运会比赛日期选择气象分析材料，并在2007年12月11日亚组委秘书长会议上作《关于2010年广州亚运会比赛日期气候分析和建议》的报告，建议运动会的比赛日期选择在11月12—27日。理由是这个时段时值深秋，多以秋高气爽天气为主，气候条件相对比较适宜进行各项比赛和运动员发挥正常水平。如果把赛期提前，则气温会相应较高，降水概率也会增大；如果赛期推后，则气温会相应较低，受较强冷空气影响的概率增大，尤其是对其后举办残疾人亚运会，受到强冷空气影响的可能性会明显增加。会议采纳了气象部门的建议，亚组委将亚运会开幕式日期确定为2010年11月12日。

二、开、闭幕式气象服务

广州亚运会开、闭幕式分别于2010年11月12日和27日在以珠江为舞台、以城市为背景的广州海心沙举行，首次把舞台和看台从封闭的体育场搬到开放的空间，把表演场地从地上迁到水上，涉及珠江彩船巡游、高空威亚、焰火燃放等多项活动，是最具城市特色的亚运会开、闭幕式表演，其特殊的地理环境和复杂的江面

图12-1　2007年12月11日，亚运会组委会秘书处会议采纳市气象局建议，将开幕式时间确定为2010年11月12日

气象条件也对气象保障提出更高要求。

广州亚残运会开、闭幕式分别于 2010 年 12 月 12 日和 19 日在广东奥林匹克体育中心体育场举行，相比于亚运气象服务，亚残运会开幕式气象服务在“天气更复杂”的情况下，实现了“准备更有序，预报更准确，应对更迅速，措施更有效，服务更细致”的工作目标。

广州亚运气象服务中心根据亚运会开、闭幕式工作的需要，2010 年 8 月 27 日经广州亚组委批准，正式成立亚运会开、闭幕式核心区服务保障气象服务团队，隶属于亚运会开、闭幕式运行团队，全称“亚运会开、闭幕式运行团队核心区服务保障子团队气象专业组”。由于开、闭幕式的重要性和开、闭幕式核心区气象服务团队的出色工作，2010 年 10 月 23 日，亚组委决定将开、闭幕式运行团队核心区服务保障子团队气象专业组升级为气象保障分指挥部，市气象局局长许永锞任指挥长，直接对亚运会开幕式执行指挥部负责。

针对开、闭幕式天气预报联防需求，建设了广东及周边地区五省实时气象信息共享系统，实时获取周边地区雷达基数据、自动气象站观测数据。开展了广东及周边地区五省高空探空观测站、风廓线雷达监测网、移动雷达等各种观测设备加密观测，获取分钟级气象观测数据，为开、闭幕式活动提供实时气象监测服务。考虑海心沙广场的特殊地理环境及开幕式珠江巡游的特殊保障需求，沿珠江加装了 4 套自动气象站和一套移动自动气象站。根据焰火燃放对气象条件的要求，在广州塔塔身的 121 米、454 米和 526 米安装了自动气象站、三维超声风速仪、大气成分采样机等，为亚运会开、闭幕式提供了多种类、全方位、高密度的气象保障，该塔还在后亚运时代为广州市民提供高空大气成分监测、高层建筑抗风的宝贵数据，因而被媒体称为“气象塔”。

充分借鉴北京奥运会、上海世博会等多项预报新技术成果，并进行了创新改进，进一步提高了预报准确率。2010 年 11 月 1 日起，每日向各级政府和亚组委发送当天至 12 日的亚运会开幕式场地天气专报，提前 10 天准确预报开幕式当天天气，提前 8 天准确做出开幕式期间海心沙的各种天气要素及广州塔 500 米高度风向风速等要素预报，提前 5 天明确提出“广州亚运会开幕式期间天气不极端、降雨不明显、周边风不大、能见度不差、温湿度适中，天气不会影响开幕式顺利进行”；对闭幕式天气也提前 8 天做出“海心沙地区是多云天气”的准确预报，给亚组委吃了“定心丸”。据评估，亚运会开、闭幕式当日逐时温度预报误差为 0.87 ℃；风速预报误差为 0.75 米 / 秒；广州塔 526 米高度风速预报误差为 0.68 米 / 秒。

亚运会开、闭幕式当日，市气象局派出 6 台气象应急保障车驻扎在珠江巡游两岸的海心沙广场、二沙岛、洲头咀码头和人民桥，实时监测开、闭幕式现场气象信息。亚运气象保障分指挥部副指挥长胡斯团带领现场气象服务组进驻海心沙现场，为开、闭幕式指挥部提供随事件而动的定制天气专报和现场咨询服务。根据开幕式期间风力较小、风向偏东、扩散较差的天气条件，现场气象服务组向指挥部提出建议调整广州塔焰火燃放方案并被采纳，指挥部临时取消了三段焰火表演，提前 6 分钟宣布开幕式结束，政要提前退场，避免了烟灰对现场观众的影响，取得了良好的保障效果。现场气象服务组在亚运会开、闭幕式彩排期间注意到，现场喷泉表演在偏东风的引导下可能会淋湿前十排的观众，为此建议组织者在观众大礼包中准备了一件薄雨衣，让观众感到十分贴心。亚运会闭幕式期间根据天气条件对焰火燃放进行了调整，减少表演舞台正面的焰火数量和次数，增加外围焰火数量，取消了闭幕式开场焰火海心沙核心区燃放计划，将海心沙广场舞台正面的焰火燃放时间从 90 秒调整为 30 秒，燃放次数减少为 1 次。根据广州塔自动气象站的监测数据，亚组委开、闭幕式团队及时调整开、闭幕式烟花燃放方案，开、闭幕式表演获得最佳效果。

为准确预报亚残运会开、闭幕式天气，从 12 月 1 日起，亚运气象服务中心预报服务部每日向亚组委和中国气象局、省委省政府、市委市政府发送当天至 12 日的亚残运会开幕式场地天气专报，实现了提前 10 天准确预报开幕式当天天气。12 月 1 日就明确告知组织者“广州亚残运会开幕日，广州奥体中心及周边地区云量增多，天气较清凉，不排除出现零星小雨的可能，但对开幕式庆典活动影响不大。”为亚组委办好“同样精彩”的开幕式提供了信心保障。

亚残运会开幕式当天，市气象局派出 5 部气象应急保障车开赴奥体中心周边地区，全力以赴做好亚残运会开幕式气象应急保障工作。5 部应急车在奥体中心周边开展现场气象观测，并第一时间将实时资料传回亚残运会气象服务中心，还负责向亚残运会开幕式总指挥部通报天气变化情况，对高影响天气提出对策和建议。为满足焰火团队对开幕式现场风向风速等实时气象资料的需求，市气象局派出技术骨干，在焰火团队消防官兵的帮助下，登上了奥体中心的屋顶，测量实时风向风速，并指导消防官兵使用测风仪。根据现场测量的资料，以及市气象局“12 日晚风力较小，不利于焰火燃放后的烟雾扩散”的预报，焰火团队决定减少 20% 的燃放量，保障焰火燃放的最优效果。

此外，市气象局为组委会、运动员和观众提供人性化的贴心气象建议，如早在 10 月底的亚残运会动员大会上，市气象局在向组委会汇报亚残运会期间气象服务筹备情况及气象风险评估时指出，亚残运会期间遭受强冷空气袭击的概率比亚运会期间要大，寒冷天气对残疾人影响更大，一定要加强防寒保暖工作。在会上，广州亚运亚残运会运行总指挥部突发事件应急处置组组长、副市长陈国当场要求给各国代表团每位成员准备一件棉质御寒背心。

图 12-2　2010 年 11 月，火箭作业人员进入待命状态

为了确保开幕式万无一失，亚运会、亚残运会开、闭幕式人工消（减）雨工作协调小组决定按照预案做好人工消（减）雨作业准备工作，2010 年 11 月 1 日起 5 架飞机和地面火箭作业装备以及作

业队伍，曾为北京奥运会和国庆 60 周年服务的部分专家陆续汇聚广州。在全面考虑各类气象条件的基础上，制定了 8 套人工消（减）雨作业方案，并向空管部门申报了 12 日的飞机飞行和地面火箭作业计划及空域。11 月 12 日上午监测到广西境内有降水云系往广东移动，并造成湛江、茂名等地出现小雨，人工消（减）雨地面作业组按照作业实施方案分别在肇庆、云浮、清远等地的作业点发射了 248 枚火箭，对从广西方向移入广东境内的云系进行消云作业，效果明显。下午又先后出动飞机 5 架次，在广东的西部和南部进行人工消雨作业，确保了开幕式当天广州的一方蓝天。27 日，根据卫星、雷达监测，在阳江、肇庆等地区实施地面火箭消云作业，发射火箭 148 枚，组织实施 4 架次飞机消云作业，累计作业飞行 6 个小时。经过飞机、火箭立体消云作业，作业区云团明显减弱或消散，取得较好效果。

根据亚残运会开幕式天气处于转折阶段、较为复杂，可能出现分散性小雨的会商结论，广东省气象局人工影响天气办公室与中国气象局人工影响天气中心等单位的专家反复分析研究各种资料后制定了 3 套作业方案，在地面火箭作业的基础上，增加了飞机人工影响天气作业。12 月 12 日 08 时，全省 8 个作业防区 44 个地面火箭作业组 200 多名作业人员全部按时到达指定作业点待命，10 时起 3 架作业飞机起飞在广州北部、西部、南部分别进行降雨云系拦截作业。中午时分，广州周边地区出现分散小雨，为拦住外围云团向广州移动，13 时 30 分在韶关、清远等地区实施地面火箭消雨作业，发射火箭弹 156 枚；15 时 14 分和 15 时 26 分，2 架飞机先后起飞在广州中心区外围实施暖云催化；17 时 10 分在韶关、肇庆、阳江等地区再次实施第二轮火箭消雨作业，发射火箭弹 254 枚，进一步巩固了作业效果。全日累计作业飞行 5 架次，飞行时间 10 小时，发射火箭弹 410 枚。经过空地交叉配合作业，降雨云团明显减弱，确保了亚残运会开幕式奥体中心上空无雨。19 日也适时开展了人工影响天气作业，效果良好。

两个亚运期间共组织实施了 4 次人工影响天气作业，累计作业飞机 32 架次，共飞行 48 小时，发射火箭弹 1054 枚。人工消（减）雨作业力保开、闭幕式“云淡风轻”，确保了亚运会、亚残运会开、闭幕式广州上空无雨，圆满完成了亚组委要求气象部门“采取一切措施，努力确保开、闭幕式时段不下雨”的保障任务。

三、赛事气象服务

广州亚运会共设 42 项比赛项目，其中 28 项为奥运项目，14 项为非奥运项目，马术比赛首次在中国大陆举办；广州亚残运会共设 19 项比赛项目，气象保障服务面临很大挑战。

为增强外广州及周边地区的中小尺度灾害性天气事件的现代化监测能力，增强对亚运赛事活动保障的针对性，气象部门科学建设以中尺度天气探测为主的气象监测网，建设探测资料数据库系统。一是通过增加关键地区、场馆气象监测站点，广州区域自动气象站总数达到 256 个，平均站间距达到 5 千米，成为全省区域站点监测网格最精细的地区；二是建成11个亚运会重要赛场内的高标准自动气象站，为亚运开幕式气象服务保障提供直接的气象观测资料；三是从香港天文台引进了暑热压力仪（WBGT），为亚运会马术比赛进行专门的气象服务；四是完成4个风廓线雷达、16个能见度仪和10个大气电场仪的建设；五是于2009年6月30日在汕尾红海湾建成广东第一个气象浮标站，为亚运会帆船比赛提供赛区海域的风向、风速、流向、流速、最大波高及平均波周期等海洋气象要素；六是开幕式前分别在萝岗观测场布设一部移动C波段多普勒天气雷达应急车，在汕尾海上帆船项目比赛现场布设一部激光雷达探测车。

针对帆船比赛受气象条件影响的情况，市气象局专门建设了海上浮标站和微波遥感器，在汕尾新建了新一代天气雷达，研发了海上气象预报服务系统，为亚帆赛顺利举办提供了优质服务。2010年11月15日，市气象局准确预报出当日17时至凌晨将会出现6级—7级大风、阵风8级，第一时间向亚组委安保部、竞赛部发布了大风警报，有关部门连夜派员加固船只，在大风来临之前做好了防御准备，保证了比赛帆船的安全。11月20日早晨，在前日赛区风力较小导致赛程延后、赛事组委会非常着急的情况下，亚运气象服务中心与汕尾分中心、现场预报服务团队加强天气会商研究，向赛事组委会提出“20日赛区风力较大、适宜比赛，21日风力较小、不利于比赛，建议将全部帆船比赛赛程提前至20日”的建议并被采纳，保障了亚运帆船比赛提前1天顺利结束。据了解，这是国际帆船比赛中为数不多的完成全部十二轮赛程的一次比赛。竞赛主任曲春专门发来感谢信，称赞气象部门“为帆船比赛全程提供了非常及时、精细、准确、周到的气象服务，针对赛事组委会、安保、媒体、运动队等不同群体的需求，提供了赛事所需要的全方位贴身服务，产品内容翔实、图文并茂，获取方式便捷，信息及时准确，令赛事组委会全体成员印象非常深刻”。

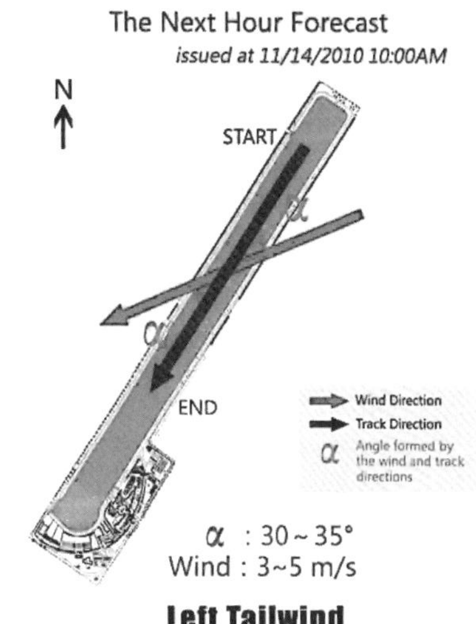

图12-3 2010年，服务赛艇比赛，首创水上赛道与风向夹角图

2010年12月12日上午，预报15日前后将有强冷空气影响广州，届时将出现强降温、降水和大风天气，亚运气象服务中心针对射箭、网球、赛艇、田径、足球等室外比赛项目受到强冷空气影响较大的特点，迅速制作赛事服务专报《强冷空气15日起携雨入穗，大风降温及降水将影响户外赛事》，并第一时间提交竞赛指挥部，建议做相应赛程变更。亚残运会组委会副秘书长、竞赛指挥中心副指挥长田新德在收到赛事气象预报和建议后，迅速召集各项目运行组织开会研究赛程变更事项，围绕赛程是否变更展开激烈的讨论。由于赛程变更牵涉到很多相关事宜，一些项目运行组织反对变更赛程，但亚组委充分相信天气预报的准确性，采纳气象部门建议，坚

决要求受天气影响的各单项更改赛程，将原定于15日的赛艇决赛提前到14日举行，15日下午和16日上午的射箭比赛推迟到16日下午，确保运动员的安全和比赛的顺利进行。亚残运会组委会副秘书长、竞赛指挥中心副指挥长田新德等亚组委领导纷纷盛赞气象部门的预报非常准确及时，服务周到温馨。12月15日，国家体育总局副局长冯建中主持召开竞赛工作会议，强调各单位要坚持安全第一的原则，针对最新的天气预报信息做好应对措施，注意调整对天气比较敏感的赛事尤其是户外项目的赛程；要以人为本，做好运动员防滑防寒防伤工作，关心技术官员、工作人员和志愿者，注意防寒防冻。12月16日，在寒潮袭击下，温度一降再降，广州最低温度降至4.9℃。竞赛中心盛赞广州亚运气象服务中心为比赛的顺利举行提供了准确及时、温馨周到的气象服务。

针对各项赛事对气象服务的不同需求，打破常规思路，为赛事量身定做精细化、个性化、特色化的气象服务产品，特意为运动员和教练创新设计了一张特别天气预报图，图上直观显示皮划艇赛道与即时风向的夹角，便于运动员赛时在顺风、逆风、侧风等不同风向风速条件下及时调整比赛策略，受到国际艇联赛事委员会及各国参赛运动员和教练的一致好评。

2008年9月，市气象局专门从香港引进了暑热压力指数仪，并邀请香港天文台专家给予技术指导，为教练、运动员合理安排训练和赛事指挥部科学安排比赛提供了有力保障，为马术比赛提供了精细、周到的预报服务。

附　录

附录一　广州市气象灾害防御规定

说明： 2008 年，市政府法制办、市气象局将研究制定气象灾害防御规章提上议事日程，就气象灾害多灾种防御立法进行多次专题调研和立法论证工作。2016 年，完成了《广州市暴雨灾害防御规定》立项论证报告。2017 年起，对《广州市气象灾害防御规定（草案）》进行审议修改。2018 年 12 月，广州市政府召开第 15 届 59 次常务会议，审议并原则通过了《广州市气象灾害防御规定（草案）》。《广州市气象灾害防御规定》（穗府令第 162 号）自 2019 年 4 月 1 日起施行，为广州市首部气象领域法律规范，标志着气象灾害防御工作进入法制化、规范化、制度化的新阶段，对提升广州市防灾减灾救灾水平具有重要意义。

第一条　为了加强气象灾害的防御，避免、减轻气象灾害造成的损失，保障城市安全、人民生命财产安全，根据《中华人民共和国气象法》《气象灾害防御条例》《广东省气象灾害防御条例》以及其他有关法律、法规，结合本市实际，制定本规定。

第二条　本规定适用于本市行政区域内的气象灾害防御活动。

本规定所称气象灾害，是指台风、大风、龙卷暴雨、高温、干旱、雷电、大雾、灰霾、寒冷、道路结冰和冰雹等所造成的灾害。

第三条　市、区人民政府应当加强对气象灾害防御工作的领导，建立健全气象灾害防御工作的协调机制，将气象灾害防御工作纳入本级国民经济和社会发展规划，并将气象灾害防御工作经费纳入本级财政预算。

镇人民政府、街道办事处应当协助气象主管机构、负责应急管理工作的行政管理部门开展气象灾害防御知识宣传、信息传递、应急联络、应急处置、灾害报告和灾情调查等工作。

居民委员会、村民委员会在气象主管机构和有关行政管理部门的指导下，做好气象灾害防御知识宣传和气象灾害应急演练等气象灾害防御工作。

第四条　市气象主管机构负责本市行政区域内灾害性天气的监测、预报预警以及气象灾害防御指导等工作，并组织实施本规定。

区气象主管机构负责本行政区域内灾害性天气的监测、预报预警以及气象灾害防御指导等工作。未设立气象主管机构的，区人民政府应当指定具体的职能部门负责本行政区域的气象灾害防御等工作。

负责发展改革、教育、民政、人力资源和社会保障、规划、自然资源、海洋、生态环境、住房、城乡建设、交通运输、水务、渔业、农业农村、林业、园林、卫生健康、应急管理、公安、城市管理和综合执法、文化广电旅游、海事、港务、工业和信息化等工作的行政管理部门应当按照本规定，配合做好气象灾害防御工作。

第五条 市、区人民政府应当将气象灾害防御的应急响应、联动机制和预警信息发布以及防雷减灾工作纳入市、区安全生产责任制考核，并将考核结果予以通报。

区人民政府应当通过综合减灾示范社区创建以及考核工作机制，提升社区防灾减灾救灾能力。

第六条 市、区人民政府应当组织气象主管机构，负责发展改革、工业和信息化、教育、公安、民政、人力资源和社会保障、规划、自然资源、海洋、生态环境、住房、城乡建设、城市管理和综合执法、交通运输、水务、农业农村、林业、园林、卫生健康、文化广电旅游、渔业、海事、港务、应急管理等工作的行政管理部门以及水文、通信、民航、电力、地铁等单位建立健全气象灾害信息共享机制，建设气象灾害大数据和灾害管理综合信息系统，并纳入政府信息共享平台。

气象主管机构应当依法开放气象信息数据接口，通过政府信息共享平台整合、交换和共享气象信息。前款规定的部门和单位应当及时提供水旱灾害、城乡积涝、环境污染、地质灾害、交通监控、农业灾害、森林火险、电网故障等与气象灾害有关的信息，以及对大气、水文、环境、生态、海洋等进行监测的信息和其他基础信息。

第七条 气象主管机构应当定期在学校、社区、气象灾害防御重点单位等开展气象灾害防御知识宣传；利用世界气象日、全国防灾减灾日、科技周和安全生产月等活动，向社会宣传普及气象灾害防御知识，提高公众气象灾害防御的意识和能力。

负责教育工作的行政管理部门应当将气象灾害防御知识纳入学生培训教材；督促学校开展气象灾害防御知识教育，提高学生避险、避灾、自救、互救的应急能力。

负责城乡建设工作的行政管理部门应当督促施工单位将气象灾害防御知识纳入建设工地工人安全培训，并将气象灾害防御纳入日常管理和应急演练。

负责应急管理工作的行政管理部门应当将气象灾害防御知识纳入社区居民防灾减灾宣传内容，将气象灾害纳入应急救灾演练内容。

第八条 气象主管机构应当会同负责规划工作的行政管理部门编制气象设施和气象探测环境保护专项规划，报本级人民政府批准后实施并依法纳入城乡规划。气象设施和气象探测环境保护专项规划经批准公布后，因情况变化确需变更的，应当按照原审批程序履行报批手续。

气象主管机构应当按照相关质量标准和技术要求配备气象设施，设置必要的防护装置，建立安全管理制度，并在气象设施附近显著位置设立保护标志，标明保护要求。

第九条 市、区人民政府应当组织气象主管机构和负责发展改革、规划、自然资源、海洋、交通运输、水务、生态环境、住房、城乡建设、农业农村、渔业、林业、园林、应急管理、工业和信息化等工作的行政管理部门，编制本级气象灾害防御规划和应急预案。气象灾害防御规划和应急预案的具体编制工作由气象主管机构负责。

气象主管机构应当会同负责教育、交通运输、水务、应急管理、住房、城乡建设、文化广电旅游等工作的行政管理部门，编制行业气象灾害防御指引并公布、发放。

第十条 气象主管机构应当会同负责规划、自然资源、交通运输、水务、住房、城乡建设、应急管理、港务、农业农村、林业、园林、文化广电旅游等工作的行政管理部门，根据气象灾害分布情况、易发区域、主要致灾因子和气象灾害风险评估结果等因素划定气象灾害风险区划，确定气象灾害防御重点区域，建立气象灾害风险阈值库，报请本级人民政府批准后向社会公布。

第十一条 本市实行灾害性天气风险预判通报制度。

台风、暴雨等灾害性天气可能对本市产生较大影响，但尚未达到气象灾害预警信号发布标准时，市气象主管机构应当将风险预判信息提前向负责水务、交通运输、教育、港务、住房、城乡建设、海事、渔业、农业农村、规划、自然资源、海洋、林业、园林、公安等工作的行政管理部门以及防汛指挥机构通报。有关单位应当提前采取防御措施，做好应急预案启动准备。

第十二条 气象主管机构所属气象台站应当以镇（街）为单位分区域制作动态实时的灾害性天气警报和气象灾害预警信号，提升短时临近预报预警能力。

针对气象因素可能引发的城市积涝、道路拥堵、空气污染、健康损害和地质灾害等，气象主管机构应当会同负责水务、交通运输、生态环境、卫生健康、规划、自然资源等工作的行政管理部门开发影响预报和风险预警产品，引导社会公众科学防御。

第十三条 灾害性天气警报和气象灾害预警信号由市、区气象主管机构所属气象台站通过市、区突发事件预警信息发布系统统一向社会发布。其他组织或者个人不得向社会发布灾害性天气警报和气象灾害预警信号。

市、区突发事件预警信息发布系统分别由市、区气象主管机构负责建设、运行和管理，实现与国家、省突发事件预警信息发布系统对接，并与各类信息传播渠道实现互联互通。

第十四条 在气象灾害易发区、人口居住密集区、水系干流、内涝积滞点、地质灾害易发区域、饮用水水源保护区、石油化工区、交通枢纽、大型活动场所以及对气象灾害防御有特殊作用的岛屿等区域，气象主管机构应当按照统一标准增设气象灾害监测站点，建设应急移动气象灾害监测设施。

气象主管机构应当会同负责农业农村工作的行政管理部门在大型农业园区等增设农业气象观测站，对农业气象灾害进行监测、预报预警。

第十五条 市人民政府应当根据气象灾害防御需要，设立公益性气象广播电台、电视频道，完善气象灾害预警信息传播途径。区人民政府应当根据实际需要，建设信号接收辅助设施，确保气象广播电台、电视频道正常播放。

各级人民政府应当建设辖区内的有线广播、预警大喇叭、电子显示装置等气象灾害预警信息接收设施，实现与突发事件预警信息发布系统的有效衔接；加强学校等特殊场所和通信、广播、电视盲区以及偏远地区气象灾害预警信息接收终端建设，因地制宜，利用多种方式及时将气象灾害预警信息传达可能受影响的群众。

村民委员会、居民委员会应当协助上级人民政府及有关行政管理部门做好气象灾害预警信息接收设施建设，并负责气象灾害预警信息接收设施的日常维护和管理。

新建、改建、扩建的学校、公园、旅游景点、机场、港口、码头、车站、高速公路、城市主干道等公共工程项目应当配套建设气象灾害预警信息传播设施。城市主干道交通信息动态发布牌等设施应当增设气象灾害预警信息传播功能。

第十六条 气象主管机构应当会同负责文化广电旅游、工业和信息化、交通运输等工作的行政管理部门建立气象灾害预警信息传播机制。负责文化广电旅游、工业和信息化、交通运输等工作的行政管理部门应当充分利用广播、电视、报纸、通信、网络等媒体以及公共交通工具加强气象灾害预警信息的传播。

前款所列媒体应当及时、准确、无偿播发或者刊载气象灾害预警信息，并标明发布时间和发布单位。广播、电视台应当安排专门的播出时段，传播适时气象灾害监测、预警信息；台风黄色、橙色、红色或者暴雨红色预警信号生效后，广播、电视台应当不间断滚动播出气象灾害预警信号、灾害性天气实况和防御指引等。电视台播出气象灾害预警信号时，应当在电视屏幕持续显示相应等级的预警信号图标，并以字幕形式播发预警内容。

电信、移动、联通等通信运营商应当确保气象信息传递和救灾通信线路畅通，建立气象灾害预警信息快速播发的绿色通道，通过手机短信等方式向受灾区域内的手机用户播发气象灾害预警信息。

社区、村气象信息员、网格员，学校、医院、车站、码头、建筑工地等单位的气象灾害应急联系人应当将接收到的气象灾害预警信息及时在其管理区域内传播。

第十七条 气象主管机构应当会同负责交通运输、海事、港务、海洋、渔业等工作的行政管理部门加强港口、航运河道、航线、锚地、避风港、海岛等海洋气象监测站点、涉海预警信息发布渠道和接收设施建设，建立健全船舶停航、码头停工的预警、会商、联动机制。

负责海事、港务等工作的行政管理部门应当按照各自职责向社会发布恶劣天气条件下船舶禁限航规定，并公布临时紧急避风锚地；督促旅游客船、游艇等船舶配备气象灾害预警信息接收设施，新建、改建和扩建码头配套建设气象信息采集、传输以及气象灾害预警信息接收设施。

负责海事、港务等工作的行政管理部门发布恶劣天气条件下船舶禁限航规定后，应当加大现场监督执法力度，发现违规出航船舶的，应当及时纠正。

第十八条 相关行政管理部门应当按照以下规定做好台风、大风灾害的防御工作：

（一）负责城乡建设工作的行政管理部门应当指导房屋建筑和市政基础设施工地的施工企业开展防风避险工作，监督检查建筑工地落实防风避险工作情况；发现施工设施存在安全隐患时，应当督促施工单位予以加固或者拆除。

（二）负责城市管理和综合执法工作的行政管理部门应当督促有关管理单位、业主加强户外广告和招牌的检查和加固。

（三）负责林业和园林工作的行政管理部门应当加强对树木、设施的排查，及时加固或者清除存在安全隐患的树木、设施等，督促市政公园及时暂停开放并做好已入园游客的安全防护工作。

（四）负责交通运输工作的行政管理部门应当协调公路客运站场、地铁、公交站场等交通运输机构，适时调整或者取消车次，妥善安置滞留旅客，及时组织修复受灾中断的公路和相关交通设施。

（五）负责港务、海事、海洋、渔业等工作的行政管理部门应当加强海堤、避风港、避风锚地等防御设施的建设、维护和管理，督促船舶和海上作业人员避风避险。

台风、大风预警信号生效期间，户外广告牌、玻璃幕墙、龙门吊以及塔吊等大型设备、集装箱堆场、摆放物、堆放物、树木的所有权人或者管理人，应当采取措施避免脱落、坠落；建筑工地的施工单位应当加强防风安全管理，设置必要的警示标识，加固脚手架、围挡等临时设施。

台风黄色以上预警信号生效期间，公众应当根据气象灾害预警信号以及防御指引，减少或者停止户外活动，远离临时建筑、危险房屋、广告牌、大树、架空线路、铁塔、变压器等区域。

第十九条 有关行政管理部门应当按照以下规定做好暴雨灾害的防御工作：

（一）市、区气象主管机构应当会同负责城乡建设、水务等工作的行政管理部门编制暴雨强度公式，报同级人民政府批准后公布实施。负责水务工作的行政管理部门在进行新建、改建城市排水工程设计时，其雨水管网的工程设计排水量应当结合当地的暴雨强度公式进行计算。

（二）负责水务工作的行政管理部门应当会同气象主管机构，负责城乡建设、公安、交通运输、城市管理和综合执法、教育等工作的行政管理部门，以及水文、电力、通信等单位制定暴雨应急预案，建立城市排水防涝预测预警、会商分析、应急值守、险情报告、交通管制、人员疏散等应急管理工作机制。

（三）负责水务、住房、城乡建设、公安、交通运输等工作的行政管理部门应当按照各自职责全面排查城市交通干道、低洼地带、桥梁道路涵洞、危旧房屋、建筑工地等重点部位，建立内涝黑点台账，对经常出现积涝的地区进行整治，及时疏通排水管网，确保排水畅通。负责水务工作的行政管理部门应当督促水库、河道、堤防、涵闸、泵站等管理单位加强巡查，重点监视堤围险段、病险水库等重要部位，及时处置险情、灾情。

（四）负责规划、城乡建设等工作的行政管理部门应当根据暴雨风险区划，指导农村居民做好房屋选址、建设等暴雨灾害防御措施，避免因暴雨引发山洪、山体滑坡、泥石流等灾害造成人员伤亡和财产损失。

公共场所供用电设施产权和维护单位应当加强供用电设施检查和维护，并对处在易涝点范围内的供用电设施及配电箱设置合理高度，预防发生漏电、故障断电情形。

第二十条 市负责水务工作的行政管理部门接到暴雨预警信号后，应当及时对易涝区域的排水设施和中心城区的主要公共排水设施进行检查；发现堵塞的应当及时疏通，并指导企业、事业单位和居民做好防涝、排涝工作；内涝险情发生时，及时启动并组织实施内涝抢险工作预案，派出抢险救援队伍、紧急疏通淤塞排水管道、启用应急排涝设备抽排雨水。

暴雨预警信号生效期间，电力单位应当加强产权所属供电线路的巡查，发现异常情况或者险情及时处理，防止发生触电险情。公共场所供用电设施产权和维护单位应当对存在漏电风险的供用电设施加强巡查，避免因供用电设施绝缘破损、漏电保护配置不当等引发触电险情，紧急情况时可以切断电源，及时消除安全隐患。

暴雨预警信号生效期间，排水设施运营单位应当做好排水管网和防涝设施的运行检查与维护，保持排水通畅；在立交桥、低洼路段等易涝点以及打开的雨水井盖周边设置警示标识或者采取安全措施，并根据实际情况增加排水设施。

第二十一条 负责工业和信息化、水务等工作的行政管理部门应当会同电力、供水单位制定电网运营监控和电力调配方案、供水应急预案，保障高温预警信号生效期间居民生活用电、用水。

高温预警信号生效期间，用人单位应当依照《广东省高温天气劳动保护办法》有关规定，减轻劳动者工作强度，减少或者停止安排户外作业，保障劳动者身体健康和生命安全。

第二十二条 气象主管机构应当会同负责交通运输、生态环境等工作的行政管理部门建立健全机场、高速公路、航道、渔场、码头、人口密集区域等重要场所和交通要道的大雾、灰霾监测等设施。负责交通运输、生态环境等工作的行政管理部门应当为气象主管机构开展工作提供条件和便利。

大雾、灰霾预警信号生效期间，负责交通运输、港务、海事、海洋、渔业等工作的行政管理部门应当加强船舶运行的科学调度和安全运行，必要时海事部门可以采取停航、停运等措施。公众应当根据气象灾害预警信号以及防御指引减少户外活动，避免在交通干线等地方停留；呼吸疾病患者避免外出。

第二十三条 气象主管机构和负责民政、农业农村等工作的行政管理部门应当在寒冷天气来临前，引导公众做好防寒保暖准备，指导农业、渔业、畜牧业等行业采取防寒、防霜冻、防冰冻等措施。

寒冷预警信号生效期间，相关行政管理部门和单位应当按照以下规定做好寒冷灾害的防御工作：

（一）负责民政工作的行政管理部门应当开放应急庇护场所和救助站，做好困难人员以及流浪人员的防寒防冻措施。

（二）负责农业农村工作的行政管理部门应当指导果农、菜农和水产养殖户采取防寒措施，做好牲畜、家禽和水生动物的防寒防冻工作。

（三）负责卫生健康工作的行政管理部门应当做好寒冷所引发疾病的救治和应对工作。

（四）负责林业和园林工作的行政管理部门应当组织实施古树名木、古树后续资源的防寒防冻措施。

道路结冰预警信号生效期间，车辆驾驶员应当根据气象灾害预警信号以及防御指引采取防冻防滑措施，保障行驶安全。

第二十四条 雷电防护装置的安装和维护应当依照《气象灾害防御条例》《广东省气象灾害防御条例》的有关规定执行。

下列场所和项目的雷电防护装置的设计审核和竣工验收，由区气象主管机构或者区人民政府指定的具体职能部门负责。未经设计审核或者设计审核不合格的，不得施工；未经竣工验收或者竣工验收不合格的，不得交付使用：

（一）油库、气库、弹药库、化学品仓库和烟花爆竹、石化等易燃易爆建设工程和场所；

（二）雷电易发区内的矿区、旅游景点或者投入使用的建（构）筑物、设施等需要单独安装雷电防护装置的场所；

（三）雷电风险高且没有防雷标准规范、需要进行特殊论证的大型项目。

房屋建筑、市政基础设施、公路、水路、铁路、民航、水利、电力、核电、通信等建设工程的主管部门，负责相应领域内建设工程的防雷监督管理。

第二十五条 台风黄色、橙色、红色以及暴雨红色预警信号生效时，托儿所、幼儿园、特殊教育学校、中小学校以及中等职业学校应当停课，并利用网络、手机短信等方式将停课信息告知学生或者家长：

（一）所在区域台风黄色、橙色、红色预警信号生效时，全天停课。

（二）所在区域暴雨红色预警信号于 6 时至 8 时生效时，上午停课。

（三）所在区域暴雨红色预警信号于 11 时至 13 时生效时，下午停课。

按照前款规定停课的，学生停止上学；已在上学、放学途中的学生应当就近到安全场所暂避。学校应当开放校舍，保障在校以及校车上学生的安全。

学校应当告知教职员工、学生获取气象灾害预警信号和停课信息的渠道。学生及其家长可以通过广播、电视、气象主管机构官方网站等渠道获取气象灾害预警信号和停课信息。

第二十六条 放学时段遇暴雨橙色以上、雷雨大风橙色以上预警信号生效时，所在区域内的托儿所、幼儿园、特殊教育学校、中小学校以及中等职业学校应当延迟放学。

延迟放学期间，学校应当开放校舍，保障在校学生安全，并及时将延迟放学信息通知学生和家长；在确保安全情况下方可安排学生回家，但有家长接送的除外。

第二十七条 台风黄色、橙色、红色预警信号解除或者降级至蓝色以下以及暴雨红色预警信号解除或者降级后，负责教育工作的行政管理部门应当通知学校做好复课准备。学校收到复课准备通知后，可以结合实际情况决定是否复课；决定复课的，应当及时将复课信息通知学生或者家长。

学生和家长可以通过广播、电视、网络等渠道留意台风、暴雨预警信号发布信息；收到台风、暴雨预警信号解除或者降级信息后，及时做好上学准备。

第二十八条 用人单位在与劳动者签订劳动合同时，应当依照《中华人民共和国劳动合同法》的有关规定，约定台风、暴雨、高温、灰霾等气象灾害发生时的工作安排等劳动保护事项。

台风黄色、橙色、红色或者暴雨红色预警信号生效期间，除必需在岗的工作人员外，用人单位应当根据工作地点、工作性质、防灾避灾需要等情况安排工作人员推迟上班、提前下班或者停工，并为在岗工作人员以及因天气原因滞留单位的工作人员提供必要的避险措施。

第二十九条 气象主管机构所属的气象台站应当及时向本级人民政府和有关行政管理部门报告灾害性天气预报、警报情况和气象灾害预警信息。

市、区人民政府应当根据灾害性天气警报、气象灾害预警信号和气象灾害应急预案启动标准，及时启动相应应急预案，并向社会公布。

应急响应启动后，气象主管机构，负责水务、应急管理、公安、住房、城乡建设、交通运输、教育等工作的行政管理部门应当根据应急处置工作需要进行会商，研究采取相应应急联动措施。其他各有关部门应当按照各自职责做好应急响应相关工作。

第三十条 市、区人民政府根据气象灾害应急处置的需要，除依照《广东省气象灾害防御条例》的有关规定采取相应的应急处置措施外，还可以采取下列应急处置措施：

（一）决定停产、停工、停课、停业、停市。

（二）组织具有特定专长的人员参加应急救援和处置工作。

（三）依法临时征用房屋、运输工具、通信设备和场地等。

（四）法律、法规规定的其他应急处置措施。

第三十一条 大型群众性活动的主办者或者承办者应当将气象安全影响因素纳入应急预案，并根据气象信息调整活动时间、活动方案等或者采取相应的应急处置措施，确保活动安全。

第三十二条 违反本规定第十三条第一款规定，其他组织或者个人擅自向社会发布灾害性天气警报、气象灾害预警信号的，由气象主管机构依照《气象灾害防御条例》的有关规定，责令改正，给予警告，可以处 5 万元以下的罚款；构成违反治安管理行为的，由公安机关依法给予处罚。

第三十三条 违反本规定，有关单位有下列行为之一的，由市、区人民政府，气象主管机构或者负责文化广电旅游、教育、工业和信息化等工作的行政管理部门责令改正；情节严重的，对直接负责的主管人员和其他直接责任人员依法给予处分；构成违反治安管理行为的，由公安机关依法给予处罚；构成犯罪的，依法追究刑事责任：

（一）违反本规定第十六条第二款、第三款规定，广播、电视、报纸、网络等媒体或者通信运营单位未向公众传播气象灾害预警信息的。

（二）违反本规定第二十条第二款规定，电力单位未排查产权所属供电线路并发生触电险情的。

（三）违反本规定第二十条第三款规定，排水设施运营单位未做好排水管网和防涝设施检查和维护或者未在易涝点、打开的雨水井盖周边设置警示标识或者采取安全措施的。

（四）违反本规定第二十五条第一款规定，托儿所、幼儿园、特殊教育学校、中小学校以及中等职业学校未停课的。

（五）违反本规定第二十六条第一款规定，托儿所、幼儿园、特殊教育学校、中小学校以及中等职业学校未延迟放学的。

（六）违反本规定第三十一条规定，大型群众性活动的主办者或者承办者未采取应急处置措施的。

第三十四条 违反本规定第二十四条第二款规定，雷电防护装置未经设计审核或者设计审核不合格施工的，或者未经竣工验收、竣工验收不合格交付使用的，由气象主管机构依照《气象灾害防御条例》的有关规定，责令停止违法行为，处5万元以上10万元以下的罚款；有违法所得的，没收违法所得；给他人造成损失的，依法承担赔偿责任。

第三十五条 气象主管机构和其他有关行政管理部门的工作人员在气象灾害防御工作中玩忽职守、徇私舞弊、滥用职权的，由其任免机关依法对直接负责的主管人员和其他直接责任人员给予通报批评、处分；构成犯罪的，依法追究刑事责任。

第三十六条 本规定自2019年4月1日起施行。

附录二　广州市气象灾害应急预案

说明：根据《气象部门应急预案管理实施办法》（气发〔2014〕68号），气象灾害应急预案至少每5年修订一次。2009年1月14日，广州市政府首次印发《广州市气象灾害应急预案》（穗府办〔2009〕1号），其后分别在2014年、2018年、2022年进行修订。目前正在实施版本是2022年3月18日印发的穗气〔2022〕69号文。

1　总则

1.1　编制目的

加强我市气象灾害监测、预报、预警等工作，建立健全气象灾害应急体系和运行机制，提高气象灾害防范处置能力，最大程度减轻或者避免气象灾害造成的人民群众生命财产损失。

1.2 编制依据

依据《中华人民共和国突发事件应对法》《中华人民共和国气象法》《中华人民共和国防洪法》《人工影响天气管理条例》《中华人民共和国防汛条例》《中华人民共和国抗旱条例》《森林防火条例》《气象灾害防御条例》《国家突发公共事件总体应急预案》《国家气象灾害应急预案》《广东省突发事件应对条例》《广东省气象灾害防御条例》《广东省气象灾害预警信号发布规定》《广东省气象灾害防御重点单位气象安全管理办法》《广东省突发事件现场指挥官制度实施办法（试行）》《广东省气象灾害应急预案》《广州市突发事件预警信息发布管理规定》《广州市应急抢险救灾工程管理办法》《广州市突发事件总体应急预案》等有关法律法规及有关规定，结合本市实际，制定本预案。

1.3 适用范围

本预案适用于发生于我市行政区域的气象灾害防御和应急处置工作。

气象因素引发水旱灾害、地质灾害、海洋灾害、森林火灾等其他灾害，适用有关应急预案的规定。

1.4 工作原则

（1）两个坚持，三个转变。坚持以防为主、防抗救相结合，坚持常态减灾和非常态救灾相统一，努力实现从注重灾后救助向注重灾前预防转变，从应对单一灾种向综合减灾转变，从减少灾害损失向减轻灾害风险转变。

（2）生命至上、人民至上。把保障人民群众的生命财产安全作为首要任务和应急处置工作的出发点，全面加强应对气象灾害的应急体系建设，最大限度减少灾害损失。

（3）预防为主、科学高效。实行工程性和非工程性措施相结合，提高气象灾害监测预警能力和防御标准。充分利用现代科技手段，做好各项应急准备，提高应急处置能力。

（4）预警先导，部门联动。根据气象灾害监测、预报、预警信息，按气象灾害影响程度和范围，有关部门按照职责和预案，做好应急响应的各项准备工作。应急响应启动后，加强部门联动。

（5）依法规范、协调有序。依照法律法规和相关职责，做好气象灾害的防范应对工作。加强各区、各有关单位信息沟通，建立协调配合机制，实现资源共享，确保气象灾害防范应对工作规范有序、运转协调。

2 组织体系

2.1 市气象灾害应急指挥部及其职责

市人民政府成立市气象灾害应急指挥部（以下简称指挥部），统一领导和指挥全市气象灾害防御和应急处置工作。

总指挥：分管副市长。

副总指挥：市政府分管副秘书长、市气象局局长、市应急管理局局长。

成员：市委宣传部，市发展改革委、市教育局、市科技局、市工业和信息化局、市公安局、市民政局、市财政局、市人力资源社会保障局、市规划和自然资源局、市生态环境局、市住房城乡建设局、市交通运输局、市水务局、市农业农村局、市商务局、市文化广电旅游局、市卫生健康委、市应急管理局、市市场监管局、市城市管理综合执法局、市港务局、市林业园林局，市气象局，广州供电局，广州海事局，广州警备区，武警广州支队，市消防救援支队，广州市广播电视台，中国电信广州分公司，中国移动广州分公司，中国联通广州分公司，中国铁塔广州分公司，广州地铁集团，市水投集团，市公交集团，广州白云国际机场，中国铁路广州局集团有限公司（以下简称广铁集团）等单位分管负责人。

指挥部各成员单位根据气象灾害应急响应级别，做好气象灾害防御和应急处置工作。

2.2 指挥部办公室及其职责

指挥部办公室设在市气象局，办公室主任由市气象局分管副局长兼任。办公室主要职责：负责指挥部日常工作，组织气象灾害监测、预报和预警工作，进行气象灾害趋势会商，分析研判气象灾害影响程度和范围，并及时向指挥部汇报；根据指挥部决定，启动、变更或终止气象灾害应急响应；组织协调成员单位间信息共享，召开年度联席会议、联合新闻发布会；组织指挥部成员单位联络员、工作人员培训，参加、筹划、组织和评估有关的气象灾害事件应急演习；组织开展气象灾害风险调查和重点隐患排查，检查指导各区、市有关部门落实各项应急准备措施。

2.3 专家组及其职责

市气象部门成立气象灾害应急专家组，完善相关咨询机制，为气象灾害防御和应急处置工作提供技术支持。

2.4 基层气象灾害应急指挥机构及其职责

各区、镇人民政府（街道办事处）建立健全相应的气象灾害应急指挥机构，负责辖区内气象灾害防御与应急处置工作，组织制定、公布和实施气象灾害应急预案，开展气象灾害应急演练和宣传教育等工作，健全区、镇（街）、村（居）三级的气象灾害应急联动机制。市有关单位进行指导。

2.5 应急协调联动

在市突发事件应急委员会统一指挥下，气象灾害应急指挥部与各专项指挥部间建立统一的应急响应启动发布机制，指挥部成员单位间建立完善信息共享、应急联动机制。

2.6 应急责任人

各成员单位要明确并定期向指挥部办公室报送本部门（单位）气象灾害防御应急责任人及其相关信息，责任人有变动时及时更新。应急责任人要及时获取气象灾害预警信息及其他相关信息，组织调动本部门（单位）按照本预案规定的职责开展应急工作，及时向应急指挥部办公室报送应急工作开展情况和灾情，共同开展灾后调查，接受相关培训等。

各区、镇人民政府（街道办事处）应建立相应的应急责任人制度，对其所辖的村（居）指定气象信息员，做好管理，开展相关培训等。信息员协助当地气象主管机构开展本区域气象灾害防御、气象预警信息传播、气象应急处置、气象灾害调查上报、气象科普宣传等工作。

3 应急准备

3.1 开展气象灾害风险隐患排查

市气象局会同有关单位建立健全市气象灾害风险隐患排查评估机制。开展气象灾害风险隐患排查，掌握灾害风险隐患底数，探索建立风险隐患“一张图”；开展气象灾害风险评估与区划，识别各类气象灾害高风险区域，编制精细化气象灾害风险地图，建立精细可用的基层气象防灾减灾数据库。

3.2 开展气象灾害风险隐患整治

气象、教育、工业和信息化、民政、规划和自然资源、住房城乡建设、交通运输、水务、农业农村、文化广电旅游、卫生健康、应急管理、城市管理、港务、林业和园林、海事、电力等行业管理部门深入开展气象灾害风险隐患的分析研判，做好行业内气象灾害防御重点单位的督查，对排查出来的气象灾害风险隐患做好风险管控和隐患整治。

气象灾害防御重点单位应当根据易造成影响的气象灾害种类，建立灾害风险防控机制，加强防风、防涝、防雷等工程设施建设，提高经营场所、设施设备、生产工具、机械装置等的防灾抗灾能力，根据《广东省气象灾害防御重点单位气象安全管理办法》，做好气象灾害防御责任人职责履行、预案编制、预报预警信息接收等防御工作，落实安全生产“一线三排”工作机制，制定气象灾害防御“一张表”。

3.3 制订防御气象灾害的具体措施

各区、镇人民政府（街道办事处）应当参照气象灾害预警信号中的防御指引，结合当地情况，制定防御具体措施，主动防范化解气象灾害风险。

区人民政府发展改革、教育、工业和信息化、公安、民政、财政、规划和自然资源、生态环境、住房城乡建设、交通运输、水务、农业农村、文化广电旅游、卫生健康、应急管理、港务、林业和园林、广播电视、海事、电力、通信等部门和单位的应当针对不同种类、不同级别的预警信号制订本部门的防御措施，指导行业做好防范工作。

4 风险和情景构建

市气象局会同有关单位建立健全市气象灾害风险评估机制，定期组织风险评估，明确气象灾害防范和应对目标。参照《广东省气象灾害防御条例》《广东省气象灾害预警信号发布规定》，构建台风、暴雨、高温、寒冷、大雾、干旱、灰霾、雷雨大风、道路结冰等 9 种气象灾害事件的常见应急情景。各区、各有关单位应结合实际，参照构建本地、本系统的应急情景。

4.1 台风灾害风险和情景

台风带来的强风、暴雨和风暴潮，影响海陆空交通、港口码头和建筑工地安全，造成树木和户外广告招牌倒塌伤人和城市内涝等灾害。应急情景如下：

（1）基础设施：电力、通信、能源等设备损毁或传输线路、管道损坏造成电力、通信、能源等传输中断；地下车库、下沉式隧道等被水淹浸，造成车辆损失，威胁生命安全。

（2）交通：道路、城市轨道、铁路、地铁等交通受阻，飞机航班延误或取消，大量乘客滞留，应急救灾物资运输受阻。

（3）洪涝和地质灾害：强降水可能造成江河洪水、城乡内涝、山洪暴发，引发崩塌、滑坡、泥石流等地质灾害；风暴潮可能造成海水倒灌、海堤溃决等。

（4）水上作业：近海海域、珠江口、江河等水上作业船舶、航行船舶安全受到严重威胁，甚至引发重大安全事故，造成设施损毁、人员伤亡。

（5）生产安全：企业厂房、围墙倒塌，供电变电站、塔吊、龙门吊及其他大型设备等损毁可能引发生产安全事故及次生、衍生灾害；户外广告招牌、电线塔（杆）等被风吹倒，可能造成人员伤亡事故。

（6）农林业：农作物倒伏减产甚至绝收，养殖业遭受损失。

（7）教育：学校停课，可能影响重要考试；在校或路途师生安全受到威胁。

（8）旅游：破坏旅游景观、旅游设施，旅游人员安全受到威胁，造成游客滞留。

（9）园林绿化：城乡景观受到破坏，园林树木出现倒伏、断枝，给行人过路车辆、供电线路带来威胁。

4.2 暴雨灾害风险和情景

强降水可能造成局地洪涝灾害和城市内涝，也可能引起山体滑坡、泥石流等次生灾害，可给工农业生产及市民的工作、生活和生命财产安全带来极大危害。应急情景如下：

（1）基础设施：电力、通信等设施设备或传输线路、管道损毁造成电力、通信等传输中断；地下车库、下沉式隧道等被水淹浸，造成车辆损失，威胁生命安全。

（2）交通：道路、城市轨道、铁路、地铁等交通受阻，飞机航班延误或取消，大量乘客滞留，应急救灾物资运输受阻；上下班高峰期与暴雨灾害叠加影响，大面积内涝水浸，低洼地铁站进水，城市交通瘫痪。

（3）洪涝和地质灾害：强降水可能造成江河洪水、城乡内涝、山洪暴发，引发崩塌、滑坡、泥石流等地质灾害。

（4）生产安全：企业厂房、围墙倒塌，供电变电站、塔吊、龙门吊及其他大型设备等损毁可能引发生产安全事故及次生、衍生灾害；户外广告招牌、电线塔（杆）等被风吹倒，可能造成人员伤亡事故；可能引发地下管道等有限空间作业的事故。

（5）农林业：农作物、林业倒伏减产甚至绝收，养殖业遭受损失。

（6）教育：学校停课，可能影响重要考试；在校或路途师生安全受到威胁。

（7）旅游：破坏旅游景观、旅游设施，旅游人员安全受到威胁，造成游客滞留。

4.3 高温灾害风险和情景

高温热害给工农业生产、交通安全和市民的日常生活和健康带来严重影响。持续高温少雨更会引发大面积干旱，对城乡供电、供水造成极大压力，威胁能源、水资源和粮食安全等，严重时可危及人的生命。应急情景如下：

（1）供电：电网负荷增大，供电紧张，可能引发区域性停电事件。

（2）卫生健康：户外、露天工作者健康受到威胁，热射病、中暑、心脏病、高血压等患者增加，疟疾和登革热等疾病传播加剧，医院就诊量增加。

（3）交通：高温可能导致汽车驾驶员疲劳驾驶以及汽车爆胎、自燃等交通事故。

（4）生产安全：易燃、易爆危险化学品运输或存放不当可能引发安全生产事故。

（5）农林业：影响农作物产量、树木生长以及水产养殖业。可能引发森林火灾。

（6）生态环境：高温天气易加剧臭氧污染，对人体健康威胁增加。

4.4 寒冷灾害风险和情景

寒潮和强冷空气引发的大风、低温、雨雪冰冻、雨凇等灾害直接影响人体健康以及农业、林业、交通、电力等。应急情景如下：

（1）交通：路面结冰导致道路交通受阻，铁路列车晚点或停运，飞机航班延误或取消，大量乘客滞留需要安置，应急救灾物资运输受阻。

（2）供电：电力设施设备及传输线路因冰冻损坏，电煤供应紧张，造成电网垮塌，甚至引发大面积停电事件。

（3）供水：供水管道爆漏。

（4）通信：通信设施设备及传输线路因冰冻损坏，重要通信枢纽供电中断。

（5）农林牧渔业：蔬菜、粮食等作物、林木、水果和苗木被冻死，或因日照不足导致病虫害蔓延，农作物绝收；家禽、牲畜及水产品被冻死或患病。

（6）水利：温度剧烈变化导致土壤层内出现凸起和塌陷，危及水库大坝的安全。

（7）卫生健康：感冒咳嗽、发烧、关节炎、心脑血管等患者增多，医院就诊量增加；儿童、老人、流浪乞讨人员、困难群众等群体的卫生健康因寒冷受到威胁；增加因使用燃气不当导致一氧化碳中毒的风险。

4.5 大雾灾害风险和情景

大雾对交通航运、供电系统和市民的身体健康等有危害。应急情景如下：

（1）交通：能见度低可能引发道路、水上交通安全事故、飞机航班延误或取消，大量乘客滞留；山区因大雾运行受阻，大量车辆、人员、货物无法通行。

（2）供电：电网发生“污闪”事故，导致停电、断电。

（3）卫生健康：易诱发呼吸系统疾病，医院就诊量增加。

4.6 干旱灾害风险和情景

气象干旱可导致水库水位下降，江河断流，农作物减产、失收，咸潮加重，生产、生活用水困难，并带来生态环境恶化等一系列问题。应急情景如下：

（1）供水：干旱及咸潮影响，水资源严重不足，影响城乡供水。

（2）农林业：农田干裂，江河、水库、池塘、井等缺水，甚至干枯；粮食、农作物、林木等因缺水长势差，甚至干枯绝收；林木、草场植被退化，易引发森林火灾等。

（3）卫生健康：因旱灾导致的食品和饮用水卫生安全问题引发公共卫生事件。

（4）生态环境：江河补水不足导致水质变差风险增加。

4.7 灰霾灾害风险和情景

灰霾直接导致大气能见度下降，影响交通安全，造成供电系统“污闪”事故增多，还会造成市民呼吸系统患病率高、佝偻病高发、传染性病菌活性增强，若进一步严重可能产生光化学烟雾。应急情景如下：

（1）交通：低能见度可能引发道路交通安全事故；飞机航班延误或取消，大量乘客滞留。

（2）供电：电网发生“污闪”事故。

（3）卫生健康：直接影响人体健康，严重时出现呼吸困难、视力衰退、手足抽搐等现象，诱发鼻炎、支气管炎、心脑血管病、冠心病、心力衰竭等病症，医院就诊量增加。

（4）教育：影响在校师生的正常授课学习及往返学校。

（5）农业：因日照不足，影响花卉植物、农作物生长，或导致病虫害蔓延，影响作物产量。

4.8 雷雨大风灾害风险和情景

雷雨大风突发性强、破坏力大，而且可能伴随冰雹等灾害，造成房屋、临时建筑、棚架、树木和户外广告招牌倒塌伤人，航班延误或取消等。应急情景如下：

（1）基础设施：关键区域的电力、通信等设施设备或传输线路、管道损毁造成电力、通信等传输中断和自来水生产、输配中断。

（2）交通：早晚高峰繁忙时段道路、城市轨道等交通受阻，公众上班上学延误；飞机航班延误或取消，大量乘客滞留。

（3）水上作业：近海海域、珠江口、江河等水上作业船舶、航行船舶安全受到严重威胁，甚至引发重大安全事故，造成设施损毁、人员伤亡；

（4）生产安全：企业厂房、围墙倒塌，供电变电站、塔吊、龙门吊及其他大型设备等损毁可能引发生产安全事故及次生、衍生灾害；户外广告招牌、电线塔（杆）

等被风吹倒，可能造成人员伤亡事故。

（5）农林业：农作物、林木因强风折断而减产。

4.9 道路结冰灾害风险和情景

道路结冰影响人员出行及交通运输。应急情景如下：

（1）交通：路面结冰导致道路交通受阻，易引发道路交通安全事故，铁路列车晚点或停运，飞机航班延误或取消，大量乘客滞留需要安置，应急救灾物资运输受阻。

（2）电力：电力设施设备及传输线路因冰冻损坏，电煤供应紧张，造成电网垮塌，甚至引发大面积停电事件。

（3）供水：低温冰冻造成供水系统管道、设备冻裂，供水受阻。

5 监测预警

5.1 监测预报

气象部门负责组织我市行政区域内的气象灾害监测、信息收集、预报、预警和评估等工作，所属气象台站具体承担灾害性天气监测、预报、预警任务。气象部门及时向指挥部办公室、相关部门报告气象灾害监测、预警信息。

各有关单位要按照职责分工，建立和完善气象灾害监测预测预报体系，优化加密观测站网，完善市、区两级监测网络。提升气象灾害预测预报能力，建立灾害性天气事件会商机制。气象、财政、住房城乡建设、通信管理等部门要按照职责做好气象探测环境保护工作，及时报告、修复因灾损毁气象设施、通信网络设施，以确保气象观测资料的及时性、代表性、准确性。

气象部门要加快推进社会化智慧观测，借助智慧综合杆、通讯铁塔安装微型自动气象站，构建智能泛在的气象信息感知网，建设空间分辨率更高的智慧城市气象观测系统；要面向现代农业、交通、旅游、大型危化企业、大型生产企业、电力等，联合相关部门共同建设“情景式应用”行业气象观测站，市有关部门应给予支持和配合。

根据气象灾害发展情况，市气象局适时与周边市气象部门对跨区域的气象灾害进行会商以及联防。

5.2 预警信息发布

5.2.1 发布制度

气象灾害预警信息发布遵循“归口管理、统一发布、快速传播”的原则。气象灾害预警信息，由气象部门负责制作，并按规定程序报批后，按预警级别分级发布，其他任何组织、个人不得制作和向社会发布气象灾害预警信息。

市委宣传部，市应急管理局、气象局、通信运营商共同完善快速预警发布机制，电信运营商应根据应急需求对手机短信平台进行升级改造，提高预警信息发送效率，确保快速、准确发布预警信息。

5.2.2 发布内容

气象灾害预警信息内容主要包括：气象灾害的类别、预警级别、起始时间、可能影响范围、警示事项、应采取的措施和发布机关等。

5.2.3 发布途径

气象灾害预警信息发布主要包括：广播、电视、手机短信、互联网、电话、电子显示装置、农村大喇叭等途径。

必要时，通过广州市预警信息发布中心针对受影响区域的民众和决策责任人员进行靶向预警信息发布。

5.2.4 传播要求

各有关单位按照《广州市突发事件预警信发布管理规定》的落实预警信息传播工作。

各级政府、有关单位、村（居）应通过网站、短信平台、广播、政务微博、政务微信、灾害事故预警系统等渠道向本系统人员、社会公众准确、及时传播预警信息，实现预警信息全覆盖。

电视台、广播电台、网络媒体、移动媒体、户外媒体等社会媒体通过广播电视、门户网站、移动终端等渠道及时向社会公众播发气象灾害预警信息。公共场所电子显示屏、有线广播、应急广播等传播媒介的所属单位、企业或组织应落实专人负责关注预警信息发布情况，及时接收和传播气象灾害预警信息。广州地铁集团、市公交集团在管辖站场和地铁站点，通过公交、地铁车厢电子显示屏、广播、公告栏等传播气象灾害预警信息。

学校、医院、社区、工矿企业、危化品企业、建筑工地、危险房屋、旅游景点、监狱、强制隔离戒毒所等指定专人负责预警信息特别是气象灾害预警信息接收传递工作，健全工作机制，确保气象灾害预警信息在“最后一千米”有效传递。对老、幼、病、残和不熟悉本地情况的外来务工人员、危险房屋使用人等特殊人群以及通信、广播、电视盲区及偏远地区的人群，应当充分发挥基层信息员的作用，采取“走街串巷、进村入户、人紧盯人”等传统方式作为必要补充手段传递预警信息，确保预警信息全覆盖。

5.3 预警行动

各区、各有关单位要加强气象灾害预报预警信息研究，密切关注天气变化及灾害发展趋势，按照各自职责，做好有关应急准备工作，有关责任人员要立即上岗到位，组织力量深入分析、评估可能造成的影响和危害，尤其是对本地区、本单位风险隐患的影响情况，有针对性地提出预防和控制措施，落实应急救援队伍和物资，做好启动应急响应的各项准备工作。

5.4 预警解除

根据事态发展，经研判气象条件不再造成灾害影响时，由气象部门解除气象灾害预警，适时终止相关措施。

6 应急响应

气象灾害发生后，各级人民政府、各单位应按照职责分工，及时启动工作流程先行处置，以减轻灾害的危害。

6.1 信息报告

各有关单位按照职责收集和提供气象灾害发生、发展、损失以及防御等情况，要按照有关规定及时向当地政府或相应的应急指挥机构报告。

6.2 响应启动

6.2.1 响应级别

指挥部按照气象灾害程度、影响范围及其引发的次生、衍生灾害类别启动应急响应。

同时发生两种以上气象灾害且分别达到不同应急响应启动级别，按照相应灾种、相应响应级别分别启动应急响应。

发生气象灾害未达到应急响应标准，但可能或者已经造成损失和影响时，根据不同程度的损失和影响在综合评估基础上启动相应级别应急响应。

按照气象灾害及其引发的次生、衍生灾害的程度、影响范围和发展趋势，气象灾害应急响应级别由重到轻分为Ⅰ级（特别重大）、Ⅱ级（重大）、Ⅲ级（较大）、Ⅳ级（一般）。

6.2.1.1 Ⅰ级应急响应条件

气象灾害程度达到以下情况之一的，启动Ⅰ级应急响应：

（1）8 个以上区发布台风红色预警信号；

（2）6 个以上区发布全区暴雨红色预警信号，且暴雨导致城市大面积内涝，对公众和城市正常运行造成严重影响；

（3）8 个以上区发布寒冷红色预警信号，并预计寒冷将持续 2 天以上；

（4）市人民政府经过对气象灾害的发展研判，确定有必要启动的情况。

6.2.1.2 Ⅱ级应急响应条件

气象灾害程度达到以下情况之一的，启动Ⅱ级应急响应：

（1）8 个以上区发布台风橙色预警信号；

（2）6 个以上区发布全区暴雨橙色预警信号，或 3 个以上区发布全区暴雨红色预警信号；

（3）8 个以上区发布高温发布红色预警信号，并预计高温将持续或加重趋势；

（4）3 个以上区发布寒冷红色预警信号，并预计寒冷将持续或加重趋势；

（5）指挥部经过对气象灾害的发展研判，确定有必要启动的情况。

6.2.1.3 Ⅲ级应急响应条件

气象灾害程度达到以下情况之一的，启动Ⅲ级应急响应：

（1）8 个以上区发布台风黄色预警信号；

（2）9 个以上区发布全区暴雨黄色预警信号，或 3 个以上区发布全区暴雨橙色预警信号，或 1 个区发布全区暴雨红色预警信号；

（3）8 个以上区发布高温橙色预警信号，并预计高温将持续 2 天以上；

（4）8 个以上区发布寒冷橙色预警信号，并预计寒冷将持续 2 天以上；

（5）全部区发布大雾红色预警信号；

（6）全部区发布灰霾黄色预警信号，且 3 个以上区已经出现重度灰霾并预计持续 2 天以上；

（7）8 个以上区发布全区雷雨大风橙色以上预警信号，或 3 个以上区发布全区雷雨大风红色预警信号；

（8）指挥部经过对气象灾害的发展研判，确定有必要启动的情况。

6.2.1.4 Ⅳ级应急响应条件

气象灾害程度达到以下情况之一的，启动Ⅳ级应急响应：

（1）8 个以上区发布台风白色或蓝色预警信号；

（2）6 个以上区发布全区暴雨黄色预警信号，或 2 个区发布全区暴雨橙色预警信号；

（3）全部区发布高温黄色预警信号，并预计高温将持续 3 天以上；

（4）全部区发布寒冷黄色预警信号，并预计寒冷将持续 3 天以上；

（5）全部区发布大雾橙色预警信号，或 8 个以上区发布大雾红色预警信号；

（6）8 个以上区发布灰霾黄色预警信号，且可能出现重度灰霾，并预计灰霾将持续 3 天以上；

（7）8 个以上区发布全区雷雨大风黄色预警信号，或 3 个以上区发布全区雷雨大风橙色预警信号；

（8）指挥部办公室经过对气象灾害的发展研判，确定有必要启动的情况。

6.2.1.5 干旱、道路结冰应急响应条件

干旱：根据气象部门关于气象干旱监测报告、水文部门关于江河主要控制站月平均来水报告及发布的相关枯水预警、水务部门关于水库可用水量的报告和农业部门关于农作物受灾情况的报告研判；

道路结冰：发布道路结冰黄色预警信号。

干旱、道路结冰气象灾害应急响应条件以《广州市防汛防旱防风防冻应急预案》防旱、防冻应急响应条件为准。

6.2.2 响应机制

6.2.2.1 Ⅰ级响应

气象灾害达到启动Ⅰ级响应条件时，指挥部立即组织指挥部成员和专家分析研判，对气象灾害影响及其发展趋势进行综合评估，并报请市人民政府决定启动Ⅰ级应急响应，由市人民政府向各有关单位发布启动相关应急程序的命令，并报告省人民政府。

6.2.2.2 Ⅱ级响应

气象灾害程度达到启动Ⅱ级响应条件时，指挥部立即组织指挥部成员和专家分

析研判，对气象灾害影响及其发展趋势进行综合评估，由指挥部总指挥决定启动Ⅱ级应急响应，向各有关单位发布启动相关应急程序的命令。

6.2.2.3 Ⅲ级响应

气象灾害程度达到启动Ⅲ级响应条件时，指挥部办公室立即组织相关单位成员和专家分析研判，对气象灾害影响及其发展趋势进行综合评估，由指挥部副总指挥（市气象局局长）决定启动Ⅲ级应急响应，向各有关单位发布启动相关应急程序的命令。

6.2.2.4 Ⅳ级响应

气象灾害程度达到启动Ⅳ级响应条件时，指挥部办公室立即组织相关单位成员和专家分析研判，对气象灾害影响及其发展趋势进行综合评估，由指挥部办公室主任决定启动Ⅳ级应急响应，向各有关单位发布启动相关应急程序的命令。

6.3 应急联动

市、区人民政府要建立健全"政府、部门分级协调，部门、企业分级联动"的应急联动机制。市、区人民政府气象灾害应急指挥机构成员单位，特别是应急管理、教育、公安、民政、规划和自然资源、交通运输、水务、农业农村、卫生健康、林业和园林等重要行业主管部门要建立部门间应急联动机制，并积极协调、推动相关重点企业之间建立应急联动机制。

发生气象灾害，相关重点企业按照应急联动机制及时启动应急响应。必要时，由相关行业主管部门按照部门间应急联动机制协调处置，或报请本级人民政府气象灾害应急指挥机构协调解决。

6.4 任务分解

启动应急响应后，各有关单位按照各自职责，积极配合、联动，采取应急响应措施和行动，共同开展气象灾害应对工作。在应对暴雨、干旱、台风、道路结冰灾害时，由广州市防汛防旱防风总指挥部统一指挥，在我市防暴雨内涝、防风、防旱、防冻应急响应期间，各单位根据《广州市防汛防旱防风防冻应急预案》落实防御工作。针对不同气象灾害种类及其影响程度，采取相应的应急响应措施和行动，各类气象灾害分级响应措施详见附件，响应措施与《广州市防汛防旱防风防冻应急预案》的响应措施不一致时，以《广州市防汛防旱防风防冻应急预案》响应措施为准。

6.4.1 台风

（1）电力：工业和信息化部门加强电力设施检查和电网运营监控，及时排除危险、排查故障。

（2）通信：工业和信息化部门负责组织、协调各电信运营企业为应急处置提供应急通信保障。

（3）能源：工业和信息化部门负责灾区煤炭、电力、成品油的供应保障和重点物资运输协调。

（4）交通：公安部门负责道路交通疏导，协助维护交通秩序，引导应急救援车辆通行。住房城乡建设、交通运输部门负责指导协调轨道交通和地面交通运力保障乘客安全出行，保障交通干线和抢险救灾重要线路的畅通。铁路部门负责引流火车站滞留旅客，保障救援物资运输。民航部门做好航空器转场，重要设施设备防护、加固，做好运行计划调整和旅客安抚安置工作。

（5）临时安置：公安部门负责维护临时安置点秩序，做好消防、交通导引等工作。应急管理部门采取应急措施，指导并会同灾害发生地政府及相关部门调配救灾物资，及时为受灾群众提供基本生活救助，确保受灾群众有饭吃、有衣穿、有水喝、有地方住、因灾伤病得到医治。

（6）洪涝和地质灾害防御：水务部门负责组织、指导全市水利工程建设与运行管理；督促各地完成水毁水利工程的修复；组织、指导全市各大水库、江海堤围等水利工程的安全监管；对重要江河湖泊和重要水工程实施应急水量调度，指导水利突发事件应急处置工作。规划和自然资源部门负责地质灾害防治的组织、协调、指导和监督工作，做好地质灾害险情排查和提供地质灾害应急抢险的技术支撑。

（7）水上作业：农业农村部门督促所有渔业船舶到安全场所避风，海事部门指导辖区受台风影响船舶做好防台工作，加强船舶监管，防止船舶走锚造成碰撞和搁浅。交通运输、农业农村部门督促指导港口、码头加固有关设施，督促运营单位暂停运营、妥善安置滞留旅客。气象、海洋部门密切监测广州及其临近海域台风、海域风暴潮和海浪发生发展动态，及时发布预警信息。

（8）生产安全：应急管理部门督促、指导非煤矿山企业开展地下矿山、露天采场、排土场、尾矿库等重点场所，以及危险化学品仓库、油库、气库、石化等易燃易爆危险品生产设施或安置的安全隐患排查工作。住房城乡建设部门采取措施，巡查、加固城市公共服务设施，督促有关单位加固门窗、围板、棚架、临时建筑物等，指导、督促企业开展气象灾害应急管理工作。住房城乡建设、交通运输等部门按职责分工督促、指导建筑工程施工单位做好高空作业、水上作业等户外高危作业的安全保障工作。居民委员会、村镇、小区、物业等单位及时通知居民妥善安置易受台风影响的室外物品。

（9）农林业：农业、林业部门按职责指导农户、果农、林农或有关单位采取有效防台措施，减少灾害损失。卫生健康部门开展防病工作指导和评估工作。

（10）教育：教育、人力资源社会保障部门根据台风预警信号防御指引、提示，组织督促受影响地区幼儿园、学校停课或做好停课工作。

（11）旅游：文化旅游部门指导各旅行社科学安排路线、督导灾区旅游景点及时关停。

6.4.2 暴雨

（1）电力：工业和信息化部门加强电力设施检查和电网运营监控，及时排除危险、排查故障。

（2）通信：工业和信息化部门负责组织、协调各电信运营企业为应急处置提供应急通信保障。

（3）交通：公安部门负责道路交通疏导，协助维护交通秩序，引导应急救援车辆通行。住房城乡建设、交通运输部门负责指导协调轨道交通和地面交通运力疏散乘客，保障交通干线和抢险救灾重要线路的畅通。铁路部门负责疏导、运输火车站滞留旅客，保障应急救灾物资运输。民航部门做好重要设施设备防洪防渍工作。

（4）临时安置：公安部门负责维护临时安置点秩序，做好消防、交通导引等工作。应急管理部门采取应急措施，指导并会同灾害发生地政府及相关部门调配救灾物资，及时为受灾群众提供基本生活救助，确保受灾群众有饭吃、有衣穿、有水喝、有地方住、因灾伤病得到医治。

（5）洪涝和地质灾害防御：水务部门负责组织、指导全市水利工程建设与运行管理；督促各地完成水毁水利工程的修复；组织、指导全市各大水库、江海堤围等水利工程的安全监管；对重要江河湖泊和重要水工程实施应急水量调度，指导水利突发事件应急处置工作。规划和自然资源部门负责地质灾害防治的组织、协调、指导和监督工作，做好地质灾害险情排查和提供地质灾害应急抢险的技术支撑。

（6）生产安全：应急管理部门督促、指导非煤矿山企业开展地下矿山、露天采场、排土场、尾矿库等重点场所，以及危险化学品仓库、油库、气库、石化等易燃易爆危险品生产设施或装置的安全隐患排查工作。住房城乡建设部门采取措施，巡查、加固城市公共服务设施，督促有关单位加固门窗、围板、棚架、临时建筑物等，指导、督促企业开展气象灾害应急管理工作。住房城乡建设、交通运输等部门按职责分工督促、指导建筑工程施工单位做好高空作业、水上作业等户外高危作业的安全保障。居民委员会、村镇、小区、物业等单位及时通知居民妥善处置易受台风影响的室外物品。

（7）农林业：农业、林业部门按职责科学调度机具及人力，指导农户和有关农林企事业单位采取有效防灾措施，减少灾害损失。

（8）教育：教育、人力资源社会保障部门根据暴雨预警信号的防御指引、提示，组织督促受影响地区幼儿园、学校停课或做好停课准备。

（9）旅游：文化旅游部门指导各旅行社科学安排路线，督导灾区旅游景点关停。

6.4.3 高温

（1）电力：工业和信息化部门注意高温期间的电力调配及相关措施落实，保证居民和重要电力用户用电，根据高温期间电力安全生产情况和电力供需情况，制订拉闸限电方案，必要时依据方案执行拉闸限电措施；加强电力设备巡查、养护，及时排查电力故障。

（2）卫生健康：卫生健康部门采取积极应对措施，应对可能出现的高温中暑以及相关疾病。

（3）交通：公安、交通运输部门按职责做好交通安全管理，提醒车辆减速，防止因高温产生爆胎等事故。

（4）生产安全：应急管理、工业和信息化、气象部门按照各自职责适时督促、指导企业开展以易燃易爆、危险化学品、民用爆炸物品为重点的隐患排查工作，及时消除安全隐患，做好高温维护。

（5）农林渔业：农业农村、林业部门按职责指导紧急预防高温对农、水产养殖、林业的影响。

6.4.4 寒冷

（1）电力：电力管理部门指导电网公司、发电企业等按照职责分工加强电力设施检查和电网运营监控，及时排除危险、排查故障。

（2）通信：通信管理部门负责组织、协调各电信运营企业为应急处置提供应急通信保障。

（3）交通：公安部门负责道路交通疏导，协助维护交通秩序，引导应急救援车辆通行。住房城乡建设、交通运输部门负责指导协调地面交通运力疏散乘客，保障交通干线和抢险救灾重要线路的畅通。铁路部门负责疏导、运输火车站的滞留旅客，保障救援物资的交通运输。民航部门做好运行计划调整和旅客安抚安置工作。

（4）临时安置：应急管理部门采取应急措施，指导并会同灾害发生地政府及相关部门调配救灾物资，及时为受灾群众提供基本生活救助，确保受灾群众有饭吃、有衣穿、有水喝、有地方住、因灾伤病得到医治。

（5）农林牧渔业：农业农村、林业部门按职责指导果农、菜农、林农和水产养殖户采取一定的防寒和防风措施，做好牲畜、家禽、苗木和水生动物的防寒保暖工作。住房城乡建设、林业等部门组织实施国有树木、花卉等防寒措施。

（6）水利：水务部门组织开展水务工程险情排查工作，保障供水。

（7）卫生健康：卫生健康部门采取措施加强低温寒潮相关疾病防御知识宣传，组织做好医疗救治工作。

6.4.5 大雾

（1）交通：公安部门加强对车辆的指挥和疏导，维持道路交通秩序。海事部门及时发布雾航安全信息，督促船舶遵守雾航规定，加强海上安全监管。民航部门做好运行安全保障、运行计划调整和旅客安抚安置工作。

（2）电力：工业和信息化部门加强电网运营监控，采取措施尽量避免发生设备污闪故障，及时消除和减轻因设备污闪造成的影响，保障电力供应。

（3）卫生建康：卫生健康部门采取积极措施，及时应对可能出现的相关疾病，为滞留旅客提供临时医疗服务；应急管理等部门组织为滞留旅客提供送水、送食物。

6.4.6 干旱

（1）供水：规划和自然资源部门做好应急地下水资源的勘查开发工作，协助水务、应急部门启用已有地下水应急水源。水务部门协调旱情、墒情监测预警工作，合理调度水源，组织实施抗旱减灾等。气象部门加强监测，适时组织人工影响天气作业，减轻干旱影响。

（2）临时安置：应急管理部门采取应急措施，指导并会同灾害发生地政府及相关部门调配救灾物资，及时为受灾群众提供基本生活救助，确保受灾群众有饭吃、有衣穿、有水喝、有地方住、因灾伤病得到医治。

（3）农林业：农业农村、林业部门按职责指导农户、林业生产单位采取管理措施和技术手段，减轻干旱影响；加强监控，做好森林火灾预防和扑救准备工作。

（4）卫生健康：卫生健康部门会同有关单位采取措施，防范和应对旱灾导致的饮用水卫生安全问题所引发的突发公共卫生事件。

6.4.7 灰霾

（1）交通：公安部门加强对车辆的指挥和疏导，维持道路交通秩序。民航部门做好运行安全保障、运行计划调整和旅客安抚安置工作。

（2）电力：工业和信息化部门加强电网运营监控，采取措施尽量避免发生设备污闪故障，及时消除和减轻因设备污闪造成的影响，保障电力供应。

（3）卫生健康：卫生健康部门采取措施，防范和应对灰霾引起的公共卫生事件。教育、卫生健康、气象等部门积极宣传灰霾科普知识及防护应对措施。

（4）生态环境：生态环境、气象部门加强监测预报，联合开展空气质量预报、预警会商。生态环境部门协调重点工业企业落实污染减排措施并加强监管，气象部门根据天气条件适时采取人工影响天气作业。

（5）教育：教育、人力资源社会保障部门根据灰霾预警信号防御指引、提示，指导师生采取灰霾防御措施，尽量减少学生在室外活动的时间，提醒低能见度下注意交通安全；在有条件的学校安装和启用空气净化器，减少室内大气污染。

（6）农业：农业农村部门指导农户做好灰霾防御措施，确保农作物正常生长。

6.4.8 雷雨大风

（1）电力：工业和信息化部门加强电力设施检查和电网运行监控，及时排除危险、排查故障。

（2）交通：公安、住房城乡建设、交通运输部门和广州地铁集团按各职责分工强化道路的交通管控，加强下沉式隧道、路段和地铁的巡查。海事部门加强水上作业、航行船只监管，及时科学及时避风。民航要加强航班延误延伸服务。铁路部门强化车辆运行监控，科学及时避险。

（3）生产安全：应急管理、工业和信息化、住房城乡建设、气象部门按照各自职责适时督促、指导企业开展塔吊、简易厂房、棚架、临时建筑物、易燃易爆、危险化学品、民用爆炸物品等隐患排查工作，及时消除安全隐患，及时开展人员转移，做好安全防护措施。

（4）农林渔业：农业农村、林业部门按职责指导农业、林业、水产养殖采取防御措施，按要求落实有关人员、船只、人员暂停户外作业，及时避险。

（5）教育：教育部门根据预警信号防御指引、提示，组织督促受影响地区幼儿园、学校做好停课或做好停课准备。

（6）旅游：文化旅游部门指导督导 A 级旅游景区单位及时发布警示信息，适时关闭相关区域、停止营业，组织游客避险。

6.4.9 道路结冰

（1）交通：公安部门加强交通秩序维护，注意指挥、疏导行驶车辆；必要时，关闭易发生交通事故的结冰路段。交通运输部门提醒做好车辆防冻措施，提醒高速公路、高架道路车辆减速；会同有关单位及时组织力量做好道路除冰工作。民航部门做好机场、航空器除冰，保障运行安全，做好运行计划调整和旅客安抚、安置工作，必要时关闭机场。

（2）临时安置：应急管理部门采取应急措施，指导并会同灾害发生地政府及相关部门调配救灾物资，及时为受灾群众提供基本生活救助，确保受灾群众有饭吃、有衣穿、有水喝、有地方住、因灾伤病得到医治。

（3）电力：工业和信息化部门负责保障电力供应，注意电力调配及相关措施落实，加强电力设备巡查、养护，及时排查电力故障；做好电力设施设备覆冰应急处置工作。

（4）水利：水务等部门做好供水系统等防冻措施。

6.5 应急响应降级和终止

气象灾害得到有效处置后，经评估短期内灾害影响不再扩大或已减轻，气象部门发布气象灾害预警降级或解除信息，指挥部办公室提出建议，由宣布启动应急响应的机构决定降低应急响应级别或终止响应。

7 应急处置

7.1 Ⅰ级应急响应的指挥和协调

指挥部总指挥主持会商，指挥部有关成员和专家参加，分析灾情发展趋势，全面部署防御和应急处置工作。指挥部总指挥实施指挥和协调，必要时报请市主要领导坐镇指挥和协调。指挥部各成员单位主要领导要按照职能分工指挥和协调本系统相关防御和应急处置工作。各区人民政府按本级气象灾害应急预案应急响应程序做好指挥和协调工作。同时，指挥部要做好以下工作：

（1）发布市政府紧急动员令，对有关地区、有关单位提出具体防御和应急处置工作要求；

（2）督促指导有关地区、有关单位落实防御措施，做好抢险救灾工作，维护社会稳定；

（3）制定并组织实施应急救援方案，协调有关地区、有关单位提供应急保障，调度各方应急资源；

（4）组织协调有关专家和应急队伍参与应急救援；

（5）组织协调三大通信运营商做好气象灾害应急信息发布工作；

（6）做好灾情统计和新闻发布；

（7）及时向省政府和市委、市政府报告灾情、防御和应急处置工作进展情况；

（8）研究并处理其他重大事项。

7.2 Ⅱ级应急响应的指挥和协调

指挥部总指挥主持会商，指挥部有关成员和专家参加，分析灾情发展趋势，全面部署防御和应急处置工作，明确工作重点。指挥部总指挥实施指挥和协调。指挥部各成员单位主要领导按照职能分工指挥和协调本系统相关防御和应急处置工作。各区人民政府按本级气象灾害应急预案应急响应程序做好指挥和协调工作。同时，指挥部要做好以下工作：

（1）对有关地区、有关单位提出具体防御和应急处置工作要求；

（2）督促指导有关地区、有关单位落实防御措施，做好抢险救灾工作，维护社会稳定；

（3）制定并组织实施应急救援方案，协调有关地区、有关单位提供应急保障，调度各方应急资源；

（4）组织协调有关专家和应急队伍参与应急救援；

（5）组织协调三大通信运营商做好气象灾害应急信息发布工作；

（6）做好灾情统计和新闻发布；

（7）及时向省政府和市委、市政府报告灾情、防御和应急处置工作进展情况；

（8）研究并处理其他重大事项。

7.3 Ⅲ级应急响应的指挥和协调

指挥部副总指挥（市气象局局长）主持会商，指挥部有关成员和专家参加，分析灾情发展趋势。指挥部副总指挥实施指挥和协调。指挥部相关成员单位分管领导按照职能分工指挥和协调本系统相关防御和应急处置工作。各区人民政府按本级气象灾害应急预案应急响应程序做好指挥和协调工作。同时，指挥部要做好以下工作：

（1）要求有关地区、有关单位做好防御和应急处置工作；

（2）督促指导有关地区、有关单位落实防御措施，做好抢险救灾工作，维护社会稳定；

（3）必要时制定并组织实施应急救援方案，协调有关地区、有关单位提供应急保障，调度各方应急资源；

（4）必要时组织协调有关专家和应急队伍参与应急救援；

（5）做好灾情统计；

（6）及时向市委、市政府报告灾情、防御和应急处置工作进展情况；

（7）研究并处理其他重大事项。

7.4 Ⅳ级应急响应的指挥和协调

指挥部办公室主任主持会商，指挥部有关成员和专家参加，分析灾情发展趋势。指挥部办公室主任实施指挥和协调。指挥部相关成员单位按照职能分工指挥和协调本系统相关防御和应急处置工作。各区人民政府按本级气象灾害应急预案应急响应程序做好指挥和协调工作。同时，指挥部要做好以下工作：

（1）要求有关地区、有关单位做好防御和应急处置工作；

（2）督促指导有关地区、有关单位落实防御措施；

（3）协调有关地区、有关单位提供应急保障；

（4）做好灾情统计；

（5）及时向市委、市政府报告灾情、防御和应急处置工作进展情况；

（6）研究并处理其他重大事项。

7.5 现场处置

气象灾害现场应急处置，由指挥部统一组织，实行现场指挥官制度，各有关单位依职责参与应急处置工作，包括组织营救、伤员救治、疏散撤离和妥善安置受到威胁的人员，及时上报灾情和人员伤亡情况，分配救援任务，协调各级各类救援队伍的行动，组织通信、交通、油料、电力、供水设施的抢修和援助物资的接收与分配等。

7.6 社会动员

根据气象灾害的危险程度、影响范围、人员伤亡等情况和应急处置工作需要，市、区两级政府可动员企事业单位、社会团体、基层群众自治组织和其他力量，协助政府及有关单位做好灾害防御、紧急救援、自救互救、秩序维护、后勤保障、医疗救助、卫生防疫、恢复重建、心理疏导等工作。

8 后期处置

8.1 制订规划

受灾区人民政府要组织有关单位制订恢复重建计划，尽快组织修复被破坏的学校、医院等公益设施及交通运输、水利、电力、通信、供排水、供气、输油、广播电视等基础设施，确保受灾地区早日恢复正常的生产生活秩序。

8.2 调查评估

气象灾害应急响应结束后，履行统一领导职责的人民政府要及时组织有关单位对气象灾害应对工作进行总结，气象灾害应急指挥部办公室负责组织有关部门对气象灾害损失情况、造成灾害的原因及相关气象情况进行调查和评估，向本级人民政府和上级应急指挥机构管理部门提交评估报告。区级人民政府应当将调查评估情况向本级人民代表大会常务委员会和上一级人民政府报告。

8.3 灾情调查

气象灾害应急处置工作结束后，灾害发生地区级以上人民政府或气象灾害应急指挥机构组织气象、应急管理、规划和自然资源、住房城乡建设、水务等有关部门进行气象灾害损失情况调查。区级以上应急管理部门会同有关单位开展灾情核定工作。

8.4 征用补偿

气象灾害应急工作结束后，实施征用的市、区人民政府要按照有关规定，及时返还被征用的财产；财产被征用或者征用后毁损、灭失的，实施征用的市、区人民政府要按照国家、省和市的有关规定给予补偿。

8.5 灾害保险

鼓励公众积极参加气象灾害商业保险和互助保险。保险机构要根据灾情，主动办理受灾人员和财产的保险理赔事项。

9 信息发布

各区气象灾害应急指挥机构根据区级气象灾害应急预案相关规定负责收集、审核、发布本区的气象灾害应急响应和应急处置信息。指挥部统一汇总、审核全市气象灾害信息，适时向社会发布。

加强信息发布和舆论引导，主动向社会发布气象灾害相关信息和应对工作情况。必要时，组织召开新闻发布会，统一向社会公众发布相关信息。加强舆情收集分析，及时回应社会关切，澄清不实信息，正确引导社会舆论，稳定公众情绪。

10 能力建设

10.1 通信与信息保障

建立指挥部与各成员单位反应快速、稳定可靠的应急通信系统，确保应急处置通信畅通；在抢险救灾现场建立和配置移动式气象监测站和流动气象服务台，为现场抢险救灾提供气象服务支持；有关单位加强对重要通信设施、传输线路和技术装备的日常管理和维护，配置备份系统，建立健全紧急保障措施。

10.2 应急支援与保障

加强城市应急工程设施建设。组织实施气象灾害防护工程建设和应急维护，规划应急避护场所和相关配套工程建设，完善应急避护场所的标识。加强现场救援和抢险装备建设，建立信息数据库以及维护、保养和调用等制度，确保应急处置调用及时、抢险到位。

指挥部负责组建和管理气象灾害防灾减灾专业队伍。公安、市政、卫生健康、交通、消防、武警部队、广州警备区等部门积极做好气象灾害抢险救援工作。

10.3 技术储备与保障

建立市气象灾害应急专家咨询机制，成立专家组，负责对气象灾害成因及其趋势进行分析、预测和评估；对气象灾害应急处置工作进行技术指导；参与对气象灾害应急处置专业技术人员和管理人员的培训；指导公众开展应急知识教育和应急技能培训。

10.4 资金保障

各有关部门负责编制气象灾害应急处置工作经费预算，纳入同级财政部门预算管理，确保专款专用。各级财政部门按规定做好相关资金拨付及监督管理工作。

10.5 物资保障

根据我市不同区域气象灾害的种类、频率和特点，按照实物储备与商业储备相结合、生产能力与技术储备相结合、政府采购与政府补贴相结合的方式，分区域、分部门合理储备一定数量的应急物资，配备必要的应急救援装备。气象部门应当配备气象应急保障车、气象观测专用无人机、移动自动气象站等气象装备。

鼓励和引导社区、企事业单位、社会团体、基层群众自治组织和居民家庭储备基本应急物资和生活必需品。鼓励公民、法人和其他组织为应对气象灾害提供物资捐赠和支持。

10.6 避护场所保障

各级人民政府要根据防御气象灾害的需要，指定或建设适度的应急避护场所，明确有关责任人，完善应急避护场所维护管理办法和开放关闭程序，确保紧急情况下安全、有序使用应急避护场所。

10.7 技术保障

建立广州市应急指挥决策辅助系统行业数据定期更新机制，各成员单位通过广州市应急指挥决策辅助系统数据管理后台（OPT）定期更新基础数据，完善应急指挥决策辅助系统“行业+气象”专题，完善灾情数据个例库和丰富应急预案，并优化数据共享渠道，实现资料部门共享更加顺畅，做好气象灾害应急处置技术保障。

11 监督管理

11.1 预案演练

指挥部负责组织本预案应急演练，各成员单位根据演练情景设置和职责分工配合做好演练工作。

11.2 宣教培训

各级人民政府及宣传、教育、气象等单位应当充分利用广播、电视、互联网、报纸等各种媒体，加大对气象灾害应急工作、防御知识的宣传、培训力度。指挥部会同教育、科技等有关部门做好气象灾害防御宣传教育工作，提升公众气象灾害预防、避险、避灾、自救、互救能力。

11.3 责任与奖惩

对在气象灾害防御和应急处置工作中做出突出贡献的先进集体和个人按照有关规定给予表扬和奖励；对玩忽职守、失职、渎职的有关单位和个人，要依据有关规定严肃追究责任，构成犯罪的，依法追究刑事责任。

12 附则

12.1 名词术语

本预案有关数量表述，“以上”含本数，“以下”不含本数。

气象灾害是指由于台风、暴雨、高温、寒冷、大雾、干旱、灰霾、雷雨大风、道路结冰等天气气候事件影响，造成人员伤亡、财产损失和重大社会影响等的灾害。

台风是指生成于西北太平洋和南海海域的热带气旋，其带来的大风、暴雨等灾害性天气常易引发洪涝、风暴潮、滑坡、泥石流等灾害。

暴雨是指 24 小时内累积降水量达 50 毫米以上，或 12 小时内累积降水量达 30 毫米以上的降水，可能引发洪涝、滑坡、泥石流等灾害。

高温是指日最高气温在 35℃以上的天气现象，可能对农业、电力、人体健康等造成危害。

寒冷是指强冷空气的突发性侵袭活动带来的大风、降温等天气现象，可能对农业、交通、人体健康、能源供应等造成危害。

大雾是指空气中悬浮的微小水滴或冰晶使能见度显著降低的天气现象，可能对交通、电力、人体健康等造成危害。

干旱是指长期无雨或少雨导致土壤和空气干燥的天气现象，可能对农牧业、林业、水利以及人畜饮水等造成危害。

干旱等级：特旱是指基本无土壤蒸发，地表植物干枯、死亡；重旱是指土壤出现较厚的干土层，地表植物萎蔫、叶片干枯，果实脱落；中旱是指土壤表面干燥，地表植物叶片白天有萎蔫现象。

灰霾是指大量极细微的干尘粒等气溶胶均匀地浮游在空中，水平能见度＜ 10 千米，相对湿度≤ 90% 的空气普遍浑浊天气现象，排除降水、沙尘暴、扬沙、浮尘、烟幕、吹雪、雪暴等天气现象造成的视程障碍，对人体健康、交通与生态环境等造成危害。

灰霾等级：重度灰霾是指能见度＜ 2 千米；中度灰霾是指 2 千米≤能见度＜ 3 千米；轻度灰霾是指 3 千米≤能见度＜ 5 千米。

雷雨大风是指雷暴并伴有降雨和大风的天气现象，期间平均风力达 6 级或阵风达 8 级以上。雷雨大风突发性强、破坏力大，而且可能伴随冰雹等灾害，可能造成房屋、临时建筑、棚架、树木和户外广告招牌倒塌伤人等危害。

道路结冰：是指由于低温，雨、雪、雾在道路冻结成冰的天气现象，可能对交通、电力、通信设施等造成危害。

12.2 预案解释

本预案由市人民政府组织修订，由市气象局负责解释。

12.3 实施时间

本预案自印发之日起实施，《广州市人民政府办公厅关于印发广州市气象灾害应急预案的通知》（穗府办函〔2018〕202 号）同时废止。

附件 1

台风灾害应急响应措施

等级 部门	台风Ⅳ级应急响应	台风Ⅲ级应急响应	台风Ⅱ级应急响应	台风Ⅰ级应急响应
市委宣传部	密切关注台风动态，指导新闻媒体向公众发布台风预警信息和防御指引，提醒公众注意防灾避险	密切关注台风动态，指导新闻媒体向公众发布台风预警信息和防御指引，提醒公众注意防灾避险。密切关注舆情变化，指导做好舆论引导，宣传和弘扬社会正气	指导新闻媒体向公众发布台风预警信息和防御指引，提醒公众注意防灾避险。密切关注舆情变化，指导做好舆论引导，宣传和弘扬社会正气；负责会同有关单位做好气象灾害事件新闻发布	指导新闻媒体向公众发布台风预警信息和防御指引，提醒公众注意防灾避险。密切关注舆情变化，指导做好舆论引导，宣传和弘扬社会正气；负责会同有关单位做好气象灾害事件新闻发布。如发布“五停令”，指导新闻媒体持续不间断播报“五停”指引
市发展改革委	做好市级应急储备物资应急调拨供应的准备工作，随时准备储备粮油的应急调拨供应	配合做好市级应急储备物资的应急调拨供应工作	进一步配合市级应急储备物资的应急调拨供应工作	调动各方力量，全面配合开展灾时市级应急储备物资的应急调拨供应工作
市工业和信息化局	协调通信运营企业做好应急抢险的通信保障工作；指导协调督促供电部门组织排查供电线路和设施	协调通信运营企业做好应急抢险的通信保障工作；协调灾时油品的应急调拨供应工作	协调通信运营企业做好应急抢险的通信保障工作；进一步协调灾时油品的应急调拨供应工作	协调通信运营企业做好应急抢险的通信保障工作；全面实施开展灾时油品的应急调拨供应工作
市教育局	密切关注台风动态，督促管辖范围内各级各类学校做好防风措施，提醒学校做好停课的准备工作；督促危险地区学校做好安全防护，做好转移安置的准备工作	通知发布台风黄色预警信号区域内管辖范围内各级各类学校实行停课，指导做好学校和在校学生防台风安全工作；督促、指导危险地区学校做好安全防护和转移安置的准备工作，视情协助开展转移	核查管辖范围内各级各类学校的停课情况、防台风措施落实情况；根据台风影响范围和程度，适时通知危险区域内高等院校停课；协助地方政府开展危险地区在校师生的转移安置工作	核查、统计全市各级各类学校停课情况、防台风措施落实情况；全力协助地方政府开展危险地区在校师生的转移安置工作；如发布“五停令”，通知全市范围内高等院校停课

续表

部门＼等级	台风Ⅳ级应急响应	台风Ⅲ级应急响应	台风Ⅱ级应急响应	台风Ⅰ级应急响应
市公安局	做好公共场所的巡查工作，密切关注社会治安稳定情况，维护社会治安秩序；做好交通疏导和管制工作；提供视频监控实时图像共享，及时向市防总提供道路水浸点信息	加大公共场所巡查力度，维护区域治安秩序，防止谣言蔓延，打击造谣传谣行为，打击违法犯罪活动，保障灾区、抢险地带和重要部位社会稳定；协调抢险救灾道路交通的疏导和管制工作，保障三防相关车辆的优先通行	加大公共场所巡查力度，维护区域治安秩序，防止谣言蔓延，打击造谣传谣行为，指导及时处理虚假消息，严厉打击违法犯罪活动，保障灾区、抢险地带和重要部位社会稳定；加强抢险救灾道路交通的疏导和管制工作，保障三防相关车辆的优先通行；指导、协助应急抢险车辆和避险车辆的停放	全面实施公共场所、灾害重点区域、受灾区及危险区的治安保障管理工作，加大警力投入开展治安救助工作，严厉打击造谣传谣行为，指导及时处理虚假消息，全力打击违法犯罪活动，保障灾区、抢险地带和重要部位社会稳定；全力做好道路交通的疏导和管制工作，保障三防相关车辆的优先通行，协助交通部门实行因灾封路工作
市民政局	指导、督促市、区民政部门检查辖内养老服务机构、儿童福利和未成年人救助保护、救助管理等相关机构落实防御措施情况，督促做好机构内老人、儿童、未成年人、受助流浪乞讨人员的防风宣传	指导、督促市、区民政部门检查辖内养老服务机构、儿童福利和未成年人救助保护等相关机构、救助管理机构防御措施的落实；协助危险地区民政服务机构内人员的转移和安置工作	进一步核查危险地区所辖机构人员的转移和安置工作情况；视情组织指导开展台风灾害的捐助工作	指导、督促市、区民政部门全力做好辖内民政服务机构内服务对象的防风安全工作
市财政局			统筹安排和及时拨付救灾补助资金；协调争取上级资金支持	各司其职，各负其责，服从市委、市政府和指挥部的统一指挥调度

续表

部门＼等级	台风Ⅳ级应急响应	台风Ⅲ级应急响应	台风Ⅱ级应急响应	台风Ⅰ级应急响应
市人力资源和社会保障局	组织、督促管辖范围内技工学校、职业培训机构、考核鉴定机构和就业训练等相关机构做好安全防范措施	组织、督促管辖范围内技工学校、职业培训机构、考核鉴定机构和就业训练等相关机构做好安全防范措施，检查防风安全宣传工作情况	核查危险区域和受灾地区管辖范围内技工学校、职业培训机构、考核鉴定机构和就业训练等相关机构安全防范措施落实情况；根据台风影响范围和程度，适时通知危险区域内管辖范围内技工学校、职业培训机构、考核鉴定机构和就业训练等相关机构停课；根据台风影响范围和程度，适时通知危险区域内用人单位停工	如发布“五停令”，通知管辖范围内技工学校、职业培训机构、考核鉴定机构和就业训练等相关机构停课和管辖范围内的用人单位停工
市规划和自然资源局	提供地质灾害相关信息，做好地质灾害调查、监测，与气象部门联合发布地质灾害气象风险预警	密切关注台风带来的暴雨动态，加强地质灾害群测群防工作，加强地质灾害隐患点的监测；组织、调配专家和专业技术队伍提供地质灾害应急抢险救灾的技术支撑；协助地方政府做好地质灾害易发区群众的转移工作	密切关注台风带来的暴雨动态，加强地质灾害群测群防工作，进一步加强地质灾害隐患点的监测；监测到或接到地质灾害灾情、险情报告后，组织、调配专家和专业技术队伍赶赴现场提供地质灾害应急抢险救灾的技术支撑；协助地方政府做好地质灾害易发区群众的转移工作	密切关注台风带来的暴雨动态，全力开展地质灾害群测群防工作和地质灾害隐患点的监测工作；加大人力、物力投入，组织、调配专家和专业抢险队全力为地质灾害抢险救灾工作提供技术支撑；协助地方政府全力做好地质灾害易发区群众的转移工作
市生态环境局	加强危险区域的环境信息监测，发生因台风灾害引发的突发生态环境事件，立即报告市防总，同步开展应急处置和应急监测		加强危险区域环境信息监测，发生因台风灾害引发的突发生态环境事件，立即报告市防总，同步加大人力、物力投入和组织专家赶赴现场，开展应急处置和应急监测	加强危险区域环境信息监测，发生因台风灾害引发的突发生态环境事件，立即报告市防总，同步加大人力、物力投入和组织专家赶赴现场，全面开展应急处置和应急监测

续表

等级 部门	台风Ⅳ级应急响应	台风Ⅲ级应急响应	台风Ⅱ级应急响应	台风Ⅰ级应急响应
市住房城乡建设局	密切关注台风动态，督促在建工地做好防风措施，重点做好塔吊、板房、深基坑、高支模、棚架等隐患的防风安全措施；督促物业服务企业做好防风宣传和安全措施，重点做好防高空坠物、防车库进水、防树木绿植倒伏等安全措施；督促市政照明设施管理单位做好防风措施，做好照明设施安全隐患排查整改，督查照明用电安全；督促老旧房屋管理单位做好防风安全措施，根据台风影响的范围和程度，协助地方政府做好人员转移工作；指导临江、临河的物业服务企业准备好专业挡水板、充填式拦水坝、辅助沙包、抽水机等装备，积极做好应对突发事件的措施	检查管辖范围内在建工地、地下车库、空调室外机支架、小区树木绿植、市政照明设施、老旧房屋等管理单位的防御台风措施；通知台风黄色及以上预警信号区域内在建工地暂时停工，并切断危险电源，做好安全防护，督促施工人员到安全场所避风；协助地方政府做好危险区域老旧房屋人员转移工作；指导、督促临江、临河的物业服务企业做好防水浸应急措施	检查核实在建工地的停工情况，及时督促未停工工地立即停工；协助地方政府做好管辖范围内在建工地、老旧房屋等群众的转移和救援工作；专业抢险队投入抢险救灾工作；密切关注临江、临河的物业小区受灾情况，必要时及时协调开展转移工作	全力协助地方政府做好管辖范围内在建工地、老旧房屋等群众的转移工作；进一步核实在建工地的全面停工情况；密切关注临江、临河的物业小区受灾情况，及时协调开展救援工作；加大人力、物力投入，专业抢险队全力抢险救灾；如发布“五停令”，督促本行业内在建工地、单位、企业等全部停工
市交通运输局	督促协调各区交通运输部门、主要公路客运站运营单位、公交运营单位等做好预警信息和防御指引播报；协调各区和相关单位做好应急运力保障；组织开展对危险区域的主要交通道路及附属设施进行隐患排查，及时整改	督促协调各区交通运输部门、主要公路客运站运营单位、公交运营单位等做好预警信息和防御指引播报；协调各区和相关单位进一步做好应急运力保障；协助公安交警部门做好道路交通运输疏导工作；专业抢险队做好准备，及时派出做好损毁路段、站场等的抢修抢险工作	督促协调各区交通运输部门、主要公路客运站运营单位、公交运营单位等做好预警信息和防御指引播报，如有调整或取消车次等信息及时告知公众，妥善安置滞留旅客；协调各区和相关单位视情增派应急运力；协助公安交警部门进一步做好道路交通运输疏导工作；视情增派专业抢险队及时做好损毁路段、站场等的抢修抢险工作	督促协调各区交通运输部门、主要公路客运站运营单位、公交运营单位等做好预警信息和防御指引播报，如有调整或取消车次等信息及时告知公众，妥善安置滞留旅客；如发布“五停令”，指导协调地铁公司、各公交公司科学开展停运工作；协助公安交警部门全力做好道路交通运输疏导工作

续表

等级 部门	台风Ⅳ级应急响应	台风Ⅲ级应急响应	台风Ⅱ级应急响应	台风Ⅰ级应急响应
市水务局	对市属水务工程做好监控，掌握工程的运行状况，适时预泄预排，按调度方案实行水量调度工作；指导、督促已建和在建水务工程管理单位做好防风安全措施；做好台风带来暴雨的防御工作，做好低洼易涝区域的巡查，及时清理排水管网，保障排水通畅；水务专业抢险队待命，做好抢险救灾准备	对市属水务工程做好监控，掌握工程的运行状况，按调度方案实行水量调度工作，适时预泄预排并及时向下游地区发出预警；检查已建和在建水务工程的防风安全措施，在建水务工程暂停作业，加固或拆除有危险的施工设施等，切断施工电源，安排做好人员撤离；做好台风带来暴雨的防御工作，加强低洼易涝区域的巡查，发现积水开展抽排，并做好警示标识设置；专业抢险队待命，做好抢险救灾准备	加强对市属水务工程的监控和调度，掌握工程的运行状况，适时预泄预排并及时向下游地区发出预警；督促、检查在建水务工程的停工情况，协助地方政府做好危险区域在建和已建水务工程相关人员的转移工作；进一步做好台风带来暴雨的防御工作，加强巡查低洼易涝区和积水路段，组织开展抽排确保排水畅通，督促排水管网运营单位在积水区域设置警示标识，及时转移易积水路段和区域的人员；组织做好出险或可能出险工程的应急处置工作，专业抢险队投入抢险救灾工作，协助地方政府做好危险区域的人员转移工作	做好市属水务工程的监控和调度，保障水务工程和城市安全，第一时间向下游地区发出预警；核查在建水务工程停工情况，核查危险区域水务工程相关人员的转移情况；全力做好台风带来暴雨的防御工作，全力做好防内涝工作；专业抢险队全力做好抢险救灾，协助地方政府做好危险区域的人员转移工作
市农业农村局	指导、督促各级农业农村部门协助农业从业者做好防风措施，对未成熟的农作物进行安全防护，对已成熟的农作物实行抢收，疏通农田排水沟渠，加固生产棚架设施、畜禽栏舍、鱼塘堤坝、临时工棚等，做好农业生产各项防台风暴雨措施；当发布台风蓝色及以上预警时，督促渔船归港、渔排人员上岸避风，明令禁止台风期间渔船出航作业	检查渔船归港、渔排人员上岸避风情况，指导落实农业防御措施	进一步核查落实渔船全部归港、渔排人员全部上岸避风情况，指导落实农业防御措施	保障渔船全部归港、渔排人员全部上岸避风；全面指导落实农业防御措施

续表

等级 部门	台风Ⅳ级应急响应	台风Ⅲ级应急响应	台风Ⅱ级应急响应	台风Ⅰ级应急响应
市林业和园林局	做好巡查工作，发现异常及时报告；督促管辖范围内森林、湿地、自然保护地、绿地、绿化带、公园、景区、水库、山塘等做好防风安全措施；组织对管辖范围内的低洼地带、山体水库、边坡、用电设备、大型游乐设施、特种设备、临时搭建工棚等隐患点的排查、整改；当发布台风蓝色及以上预警时，通知、督促管辖范围内滨海公园、景点停止营业，及时疏散游客和工作人员撤离；开展树木风险隐患排查工作，及时修剪、加固树木	做好巡查工作，发现异常及时报告；检查管辖范围内森林、湿地、自然保护地、绿地、绿化带、公园、景区、水库、山塘等的防风安全措施；当发布台风黄色及以上预警时，通知、督促管辖范围内市内其他公园、景点等停止营业，及时疏散园内游客和工作人员；做好绿化抢险工作，及时处置对市民人身和交通等具有较大危害的倾斜倒伏树木	加密做好巡查工作，发现异常及时报告；进一步检查管辖范围内森林、湿地、自然保护地、绿地、绿化带、公园、景区、水库、山塘等防御措施的落实情况和关闭情况；加强巡查，做好绿化抢险工作，及时处置对市民人身和交通等具有较大危害的倾斜倒伏树木；专业抢险队投入抢险救灾工作	全力做好巡查工作，发现异常及时报告；专业抢险队全力投入抢险救灾工作，做好绿化抢险工作，及时处置对市民人身和交通等具有较大危害的倾斜倒伏树木
市卫生健康委	督促、指导各医疗卫生机构落实防御措施，做好加固、防护等措施；督促医院、卫生院、急救站等各医疗卫生机构做好准备，随时投入紧急医学救援工作、卫生防疫工作；开展相关防病知识的宣传	组织医疗卫生机构做好准备，及时进入灾区进行紧急医学救援工作；针对常见传染病做好防治监督，及时宣传相关防病知识；做好卫生防疫和疫情控制，指导开展与卫生防病相关的环境消杀、生活饮用水消毒等工作，并做好传染病风险、病媒生物密度和生活饮用水卫生风险评估	组织医疗卫生机构深入灾区，及时对伤员进行紧急医学救援工作；针对常见传染病做好防治监督，加大防病知识的宣传力度；进一步开展卫生防疫和疫情控制，做好灾区传染病疫情和饮用水监测，指导开展与卫生防病相关的环境消杀、生活饮用水消毒等工作，并进行消杀效果评估	加大人力、物力投入，全力开展紧急医学救援、卫生防疫和疫情控制，做好医疗救助保障

续表

等级 部门	台风Ⅳ级应急响应	台风Ⅲ级应急响应	台风Ⅱ级应急响应	台风Ⅰ级应急响应
市城市管理综合执法局	指导属地城管部门督促户外广告招牌设置人对设施采取维修、加固、拆除等防风安全措施；组织、指导垃圾收集和处理相关设施等实施加固、拆除、防护等防风安全措施；督促各区城管部门做好城市市政道路路面及边线排水口垃圾杂物清理防御准备，及时清理垃圾中转站的垃圾，做好路边垃圾桶、垃圾中转站的防风加固措施；组织、指导对城镇燃气设施进行隐患排查，并及时整改	指导督促属地城管部门组织开展户外广告招牌巡查，发现问题及时整改；开展垃圾收集和处理相关设施等的巡查，发现问题及时整改；督促各区城管部门做好城市市政道路路面及边线排水口垃圾杂物清理防御准备，落实路边垃圾桶、垃圾中转站的防风加固措施；专业抢险队做好准备，随时开展城镇燃气设施的抢险救灾工作	必要时，关闭水淹和低洼路段设施电源，在危险区域设置警戒线或警示牌；专业抢险队做好城镇燃气设施的抢险救灾工作	专业抢险队全力开展城镇燃气设施的抢险救灾工作
市文化广电旅游局	密切关注台风动态，指导A级旅游景区根据实际情况调整开放时间，并及时对外公布；指导A级旅游景区做好防相关设施加固、防高空坠落及防水浸等工作；当发布台风蓝色及以上预警时，指导A级旅游景区及时做好停业和人员安全撤离	指导A级旅游景区落实防台风工作，当发布台风黄色及以上预警时，及时停业并协助当地政府做好人员安全撤离	统计A级旅游景区关停情况、防御措施落实情况，指导A级旅游景区对滞留园区的游客给予必要救助，协助当地政府做好游客的安全转移工作	指导A级旅游景区对滞留园区的游客和旅游从业者给予必要的救助，协助当地政府做好安全转移工作

续表

等级 部门	台风Ⅳ级应急响应	台风Ⅲ级应急响应	台风Ⅱ级应急响应	台风Ⅰ级应急响应
市应急管理局	加强24小时带班值班，密切关注台风动态，接收雨水情、工情、险情等信息，及时组织召开会商会议；及时向领导汇报当前情况，向各成员单位传达领导指示；指导、督促各避险场所做好准备，随时准备开放；协调消防救援队伍等三防抢险队伍做好准备，随时投入抢险救灾、人员转移救援、抢险突击中；督促危险化学品生产、经营、存储单位及烟花爆竹经营单位等加强隐患排查，落实台风防御措施	及时向领导汇报当前情况，向各成员单位传达领导指示；及时组织召开会商会议；协调应急工作小组开展工作；视情开放避险场所，及时向公众公布临时避险场所的位置、路线等信息；指导做好避险人员管理、服务，及时给出指令发放救灾物资，妥善安置灾民；协调消防救援队伍等三防抢险队伍参与抢险突击、群众转移救援行动；检查危险化学品生产、经营、存储单位及烟花爆竹经营单位等的防风安全措施落实情况	及时向领导汇报当前情况，向各成员单位传达领导指示，及时做好向市委、市政府、省防总的信息报送；及时组织召开会商会议；协调应急工作小组开展工作；视情增开避险场所，及时向公众公布临时避险场所的位置、路线等信息；加大指导力度，做好避险人员管理、服务，协调各单位妥善安置灾民，做好灾民的救助工作；进一步协调消防救援队伍等三防抢险队伍参与抢险突击、群众转移救援行动；派出安全生产行业专家，现场监督、指导抢险救灾人员按规按章操作，保障生命安全，必要时，督促、指导管辖范围内临坡、临海、临河的企业停产撤离	及时向领导汇报当前情况，向各成员单位传达领导指示，及时做好向市委、市政府、省防总的信息报送，做好市防总、各成员单位等信息的传达和报送工作；及时组织召开会商会议；协调应急工作小组开展工作；做好参与联合值守单位人员的接待，接收联合值守单位填报的信息；视情增开避险场所，及时向公众公布临时避险场所的位置、路线等信息；全力做好避险人员管理、服务，全力协调各单位妥善安置灾民，全力做好灾民的救助工作；全力协调消防救援队伍等三防抢险队伍参与抢险突击、群众转移救援行动；视情增派安全生产行业专家，现场监督、指导抢险救灾人员按规按章操作，保障生命安全，如发布“五停令”，督促管辖范围内企业实行停工；如发布“五停令”，督促各单位及时开展“五停令”的宣发工作，督促各成员单位、有关部门等按“五停令”要求，科学开展五停

续表

等级 部门	台风Ⅳ级应急响应	台风Ⅲ级应急响应	台风Ⅱ级应急响应	台风Ⅰ级应急响应
市港务局	密切关注台风动态，组织、指导、督促管辖范围内港航企业做好防风安全措施，对港口集装箱、起重设备等进行加固、防护、防冲等安全措施；督促各港航单位做好预警信息和防御指引的播报	视情通知所辖港区关闭，通知港口企业做好防护措施后及时撤离；督促各港航单位做好预警信息和防御指引的播报；协助协调三防抢险应急救灾物资运输工作；协助海事部门做好水上交通运输疏导工作，必要时，协助海事部门进行危险河道内的封航	进一步核查检查管辖范围内港航企业防风措施的落实情况；督促所辖港区关闭，协助、督促管辖范围内港口企业撤离；加密锚地巡查管理，注意船舶走锚等情况，发现异常及时处置，确保锚地船只安全；督促各港航单位做好预警信息和防御指引的播报，如有调整或取消轮船等信息及时告知公众，妥善安置滞留旅客；协助海事部门做好水上交通运输疏导工作，协助海事部门进行危险河道内的封航	全面实施所辖港区关闭和港口企业撤离；督促各港航单位做好预警信息和防御指引的播报，如有调整或取消轮船等信息及时告知公众，妥善安置滞留旅客；协助海事部门全力做好水陆交通运输疏导工作，进行危险河道内的封航
市气象局	将台风中心位置、强度、移动方向、速度等台风信息和会商分析意见报告指挥部	继续对台风发展趋势提出具体分析和预报意见，及时报告市委、市政府，必要时派技术骨干到指挥部会商	继续对台风发展趋势提出具体分析和预报意见，及时报告市委、市政府，派出技术骨干到指挥部会商	服从市委、市政府和指挥部的统一指挥调度

续表

等级 部门	台风Ⅳ级应急响应	台风Ⅲ级应急响应	台风Ⅱ级应急响应	台风Ⅰ级应急响应
广州供电局	组织、督促电力线路、设备、设施的隐患排查和整改，落实加固、防护等防风措施；密切关注党政机关、三防指挥机构和医院、供水、供气、通信等民生保障部门的电力线路、设备、设施安全，保障重点部门的电力供应；密切关注台风动态，及时向用户发出防御指引，指导用户台风期间注意用电安全；专业抢险队做好准备，随时投入抢险中	检查电力线路、设备、设施的防风措施，做好电力线路、设备、设施的巡检，及时消除易受台风威胁的供电设施安全隐患，及时开展抢修复电工作，保障电力供应；及时切断危险区域电源，在高压电塔、变电站附近设置警示标志；重点关注党政机关、三防指挥机构和医院、供水、供气、通信等民生保障部门的线路、设备、设施安全，做好重点部门的电力供应；专业抢险队紧急开展抢修复电工作，保障电力供应	进一步检查电力线路、设备、设施的防风措施，加大对电力线路、设备、设施的巡检力度，及时进行加固，及时消除易受台风威胁的供电设施安全隐患；检查危险区域电源是否切断，在高压电塔、变电站等危险区域设置警示标志；做好电力调配，重点保障抢险救灾现场用电以及党政机关、三防指挥机构和医院、供水、供气、通信等民生保障部门的电力供应；专业抢险队加强开展抢修复电工作，保障电力供应	全力做好电力调配，重点做好党政机关、三防指挥机构和医院、供水、供气、通信等民生保障部门的电力保障；专业抢险队全力开展抢修复电工作，保障电力供应

续表

等级 部门	台风Ⅳ级应急响应	台风Ⅲ级应急响应	台风Ⅱ级应急响应	台风Ⅰ级应急响应
市水投集团	指导、督促职责范围内已建和在建供排水、滨水土地及其附属水利设施等涉水工程做好防风安全措施，开展三防安全隐患和整改工作；组织开展职责范围内供水管网及设施的巡查，做好紧急供水的准备，密切关注党政机关、三防指挥机构和医院、供电、供气、通信等民生保障部门的供水情况；组织开展职责范围内排水管网的排水防涝调度的准备；集结专业抢险队，做好抢险救灾准备	检查职责范围内已建和在建供排水、滨水土地及其附属水利设施等涉水工程，核查防风安全措施的落实情况；加强监控和巡视，做好职责范围内紧急供水调度和水资源调配，做好供水保障，重点做好党政机关、三防指挥机构和医院、供电、供气、通信等民生保障部门的供水保障；密切关注江河水位变化，及时开展职责范围内排水管网的调度；专业抢险队做好准备，随时投入到抢险救灾工作中	进一步检查管辖范围内已建和在建供水、污水处理、滨水土地及其附属水利设施，核查防风安全措施的落实情况；进一步加强监控和巡视，做好职责范围内紧急供水调度和水资源调配，紧急调度水源，做好供水保障，重点做好党政机关、三防指挥机构和医院、供电、供气、通信等民生保障部门的供水保障；密切关注江河水位变化，进一步做好职责范围内排水管网的调度；发生职责范围内供水、排水等突发状况，及时投入专业抢险队进行抢险救灾工作	紧急调配水源，全力保障职责范围内灾区用水的水质安全、水量充足，重点做好党政机关、三防指挥机构和医院、供电、供气、通信等民生保障部门的供水保障；结合江河水位全力做好职责范围内排水管网的调度；专业抢险队全力做好职责范围内供水、排水突然状况的抢险救灾工作
广州海事局	密切关注台风和辖区海上船舶动态，及时向辖区水域船舶播发气象灾害预报预警信息，督促船舶及时到安全水域避风；督促船只做好防护措施；合理安排船舶防台锚地，维护水上交通秩序	密切关注台风和辖区海上船舶动态，加密向辖区水域船舶播发气象灾害预报预警信息，督促船舶及时到安全水域避风，核查船舶在港情况，督促在港船舶做好防护措施；对进入锚地的船舶实施交通组织，除进入锚地或到港外防台避风外，所有船舶停止航行；密切关注海上险情，及时开展应急处置工作	密切关注辖区海上船舶动态，加密向辖区水域船舶播发气象灾害预报预警信息，督促船舶及时到安全水域避风，核查船舶在港情况；进一步督促船舶做好防护措施；做好水上交通管制工作，密切关注在港船舶防风状态。协调救助力量，做好海上险情应急处置工作	核实船舶在港情况，密切关注在港船舶防风状态；全面实施水上交通管制，如发布“五停令”，做好水上交通停运工作；协调救助力量，全力做好海上险情应急处置工作

续表

等级 部门	台风Ⅳ级应急响应	台风Ⅲ级应急响应	台风Ⅱ级应急响应	台风Ⅰ级应急响应
广州警备区	组织、协调驻穗解放军、预备役部队和民兵等做好准备，随时投入抢险救灾、人员转移救援、抢险突击中	调动驻穗解放军、预备役部队和民兵等迅速参加抢险救灾中；协助地方政府进行群众转移、救援行动；在专家的指导下做好重点部位的防护、开展被台风损毁工程的抢险突击	进一步调动驻穗解放军、预备役部队和民兵投入抢险救灾行动；协助地方政府进行群众转移、救援行动；在专家的指导下做好重点部位的防护、开展被台风损毁工程的抢险突击	全面调动驻穗解放军、预备役部队和民兵全力投入抢险救灾行动；全力协助地方政府进行群众转移、救援行动；在专家的指导下全力做好重点部位的防护、开展被台风损毁工程的抢险突击
武警广州支队	组织、协调武警部队做好准备，随时投入抢险救灾、人员转移救援、抢险突击中	部队迅速参加抢险救灾中；协助地方政府进行群众转移、救援行动；在专家的指导下做好重点部位的防护、开展被台风损毁工程的抢险突击	进一步调动武警部队投入抢险救灾行动；协助地方政府进行群众转移、救援行动；在专家的指导下做好重点部位的防护、开展被台风损毁工程的抢险突击	全面调动武警部队全力投入抢险救灾行动；全力协助地方政府进行群众转移、救援行动；在专家的指导下全力做好重点部位的防护、开展被台风损毁工程的抢险突击
市消防救援支队	组织、协调消防救援队伍做好准备，随时投入抢险救灾、人员转移救援、抢险突击中	调动消防救援队伍迅速参加抢险救灾中；协助地方政府进行群众转移、救援行动；在专家的指导下做好重点部位的防护、开展被台风损毁工程的抢险突击	进一步调动消防救援队伍投入抢险救灾行动；协助地方政府进行群众转移、救援行动；在专家的指导下做好重点部位的防护、开展被台风损毁工程的抢险突击	全面调动驻消防救援队伍全力投入抢险救灾行动；全力协助地方政府进行群众转移、救援行动；在专家的指导下全力做好重点部位的防护、开展被台风损毁工程的抢险突击

续表

等级 部门	台风Ⅳ级应急响应	台风Ⅲ级应急响应	台风Ⅱ级应急响应	台风Ⅰ级应急响应
广州市广播电视台	接到市气象台提供的台风预警信息 15 分钟内，电视台各频道挂出相应的台风预警信号图标。			
	电视台各频道每 30 分钟滚动播出预警信息字幕 1 次，电台各频率新闻时段每 15 分钟播报 1 次预警信息	电视台各频道在 06:30—08:30 不间断播报预警信息字幕，其他时段每 15 分钟播报一次，电台各频率在新闻时段每 10 分钟播报 1 次预警信息，非新闻时段每 15—30 分钟插播一次	各主要频道不间断播出预警信息字幕，电台各频率在预警信号发布后 15 分钟内直播最新情况，新闻时段高密度播报预警信息，非新闻时段每 5—10 分钟插播一次	电视台各频道不间断播出预警信息字幕，电台各频率现场直播最新情况
中国电信广州分公司、中国移动广州分公司、中国联通广州分公司	通过预警信息快速发布专用通道，准确、及时向所属用户发送预警信息和防御指引；做好通信线路、基站设施设备等的防风措施，及时采取加固、防护措施	通过预警信息快速发布专用通道，准确、及时向所属用户发送预警信息和防御指引；核查通信线路、基站设施设备等的防风措施，及时做好受损通讯设施的抢修	通过预警信息快速发布专用通道，准确、及时向所属用户发送预警信息和防御指引；进一步核查通信线路、基站设施设备等的防风措施，及时抢修受损通讯设施；根据抢险救灾需要，协调调度应急通信设施，保障通话畅通	通过预警信息快速发布专用通道，准确、及时向所属用户发送预警信息和防御指引；如发布“五停令”，第一时间向用户发送“五停”指引；全力抢修受损通讯设备，保障通话畅通
中国铁塔广州分公司	做好通信铁塔（杆塔）、基站机房（机柜）、动力配套等设施设备的防风措施，及时采取加固、防护措施	核查通信铁塔（杆塔）、基站机房（机柜）、动力配套等设施设备的防风措施，及时做好受损通信设施的抢修	进一步核查通信铁塔（杆塔）、基站机房（机柜）、动力配套等设施设备的防风措施，及时抢修受损通信设施；根据抢险救灾需要，协调调度应急通信设施，保障通话畅通	全力抢修受损通信铁塔（杆塔）、基站机房（机柜）、动力配套等设施设备，保障通话畅通

续表

等级 部门	台风Ⅳ级应急响应	台风Ⅲ级应急响应	台风Ⅱ级应急响应	台风Ⅰ级应急响应
广州地铁集团	做好地铁站点及线路相关设施的加固工作，注意做好地铁口处防雨水倒灌、杂物拦护措施；通过广播播报、显示屏发布等方式，滚动发布更新预警及防御抢险救灾信息，提示乘客关注台风情况	督促可能受影响区域在建地铁工地停工及关闭用电总闸，地铁工地危险区域人员及时撤离；巡查地铁线路隐患点，特别注意地铁高架段轨道的防风安全，注意做好地铁口处防雨水倒灌、杂物拦护措施等；通过广播播报、显示屏发布等方式，滚动发布更新预警及防御抢险救灾信息，提示乘客关注台风情况	进一步核查可能受影响区域在建地铁工地停工及关闭用电总闸情况，撤离地铁工地危险区域人员；加大巡检及隐患排查整改力度，重点关注地铁高架段等轨道防风安全，加强地铁站点及线路相关设施的防台风加固工作，检查地铁口处防雨水倒灌、杂物拦护措施；通过广播播报、显示屏发布等方式，滚动发布更新预警及防御抢险救灾信息，提示乘客关注灾害性天气情况，调整运力疏散滞留人员，保护和疏导滞留乘客；视情调整地铁运营计划，通过微信、微博、网站、手机软件及站点内电子显示屏、公告栏、广播等方式，提前向公众公布	采取多种措施，防护地铁口、高架段、在建地铁工地等地铁线路及附属设施的安全；视情停运地铁高架段，通过微信、微博、网站、手机软件及站点内电子显示屏、公告栏、广播等方式，提前向公众公布，并做好滞留乘客的疏导工作；如发布“五停令”，在交通运输部门的指导下，科学实行地铁停运

续表

部门 \ 等级	台风Ⅳ级应急响应	台风Ⅲ级应急响应	台风Ⅱ级应急响应	台风Ⅰ级应急响应
广州白云国际机场	通过广播播报、显示屏发布等方式，在白云机场及时发布预警信息和防御指引，及时更新抢险救灾信息；密切关注台风动态，做好白云机场设施的加固、防护工作	通过广播播报、显示屏发布等方式，在白云机场滚动发布预警信息和防御指引，及时更新抢险救灾信息；密切关注台风动态，检查白云机场防风措施的落实情况	通过广播播报、显示屏发布等方式，在白云机场滚动发布预警信息和防御指引，及时更新抢险救灾信息；密切关注台风动态，适时调整或取消航班，及时告知公众，妥善安置滞留旅客	通过广播播报、显示屏发布等方式，在白云机场不间断发布预警信息和防御指引，及时更新抢险救灾信息；密切关注台风动态，适时调整或取消航班，及时告知公众，妥善安置滞留旅客；如发布"五停令"，科学实行航班停运
广铁集团	通过广播播报、显示屏发布等方式，在各火车站及时发布预警信息和防御指引，及时更新抢险救灾信息，提示乘客关注台风情况；做好抢险救灾人员和物资设备的紧急铁路运输保障准备；组织落实对主要铁路线路及附属设施的防风安全措施，做好加固、防护工作	通过广播播报、显示屏发布等方式，在各火车站滚动发布预警信息和防御指引，及时更新抢险救灾信息，提示乘客关注台风情况；协助做好抢险救灾人员和物资设备的紧急铁路运输保障；检查主要铁路线路及附属设施防风安全措施的落实情况；组织开展管辖范围内铁路桥涵的抢险和渍涝排除工作	通过广播播报、显示屏发布等方式，在各火车站滚动发布预警信息和防御指引，及时更新抢险救灾信息，提示乘客关注台风情况；视情协调管辖范围铁路运营计划，通过微信、微博、网站等方式，及站点内广播播报、显示屏发布等方式，及时向公众公布，并采取有效措施疏导、安抚滞留乘客，协助做好因灾滞留旅客的安全转移工作；协助做好抢险救灾人员和物资设备的紧急铁路运输保障；投入人力、物力，加快做好损毁铁路抢修工作、管辖范围内铁路桥涵的抢险和渍涝排除工作	通过广播播报、显示屏发布等方式，在各火车站不间断发布预警信息和防御指引，及时更新抢险救灾信息，提示乘客关注台风情况；协调管辖范围内铁路运营计划，通过微信、微博、网站等方式，及站点内广播播报、显示屏发布等方式，及时向公众公布；采取有效措施疏导、安抚滞留乘客，协助做好因灾滞留旅客的安全转移工作；全力做好损毁铁路抢修工作、管辖范围内铁路桥涵的抢险和渍涝排除工作；如发布"五停令"，科学实行铁路停运

备注：响应措施以《广州市防汛防旱防风防冻应急预案》的防风应急响应措施为准。

附件 2

暴雨灾害应急响应措施

等级／部门	暴雨Ⅳ级应急响应	暴雨Ⅲ级应急响应	暴雨Ⅱ级应急响应	暴雨Ⅰ级应急响应
市委宣传部	密切关注暴雨发展态势，指导新闻媒体向公众发布暴雨预警信息和防御指引，提醒公众注意防灾避险	密切关注暴雨发展态势，指导新闻媒体向公众发布暴雨预警信息和防御指引；密切关注舆情变化，指导做好舆论引导，宣传和弘扬社会正气	指导新闻媒体及时发布最新灾害预警信息，提醒公众及时避险；密切关注舆情变化，做好舆论引导，保持社会民心稳定，指导抢险救灾中涌现出的好人好事的宣传报道	指导新闻媒体及时发布灾害预警信息和防御指引；做好舆论引导，指导加强抢险救灾中涌现出的好人好事的宣传报道，保持社会民心稳定
市发展改革委	做好市级应急储备物资应急调拨供应的准备工作	根据暴雨内涝的范围和程度，配合做好市级应急储备物资的应急调拨供应工作	根据暴雨内涝的范围和程度，进一步配合市级应急储备物资的应急调拨供应工作	全面配合开展灾时市级应急储备物资的应急调拨供应工作
市工业和信息化局	协调通信运营企业做好应急抢险的通信保障工作；指导协调供电部门组织排查供电线路和设施	协调通信运营企业做好应急抢险的通信保障工作；协调灾时油品的应急调拨供应工作	协调通信运营企业做好应急抢险的通信保障工作；进一步协调灾时油品的应急调拨供应工作	协调通信运营企业做好应急抢险的通信保障工作；全面实施灾时油品的应急调拨供应工作
市教育局	密切关注暴雨发展态势，指导督促管辖范围内各级各类学校做好防御措施和宣传，重点关注低洼易涝区域的学校	督促、检查管辖范围内各级各类学校做好防御措施和宣传工作	通知发布暴雨红色预警信号区域内管辖范围内各级各类学校停课，并做好在校师生的安全防护；根据暴雨内涝的范围和程度，适时通知发布暴雨红色预警信号的区域内受威胁的高等院校停课	核查、统计管辖范围内各级各类学校停课情况；协助地方政府开展危险地区在校师生的转移安置工作

续表

部门＼等级	暴雨Ⅳ级应急响应	暴雨Ⅲ级应急响应	暴雨Ⅱ级应急响应	暴雨Ⅰ级应急响应
市公安局	做好公共场所的巡查工作，密切关注社会治安稳定情况，维护社会治安秩序；做好交通疏导和管制工作，重点关注低洼易涝区的交通秩序；提供视频监控实时图像共享，及时向市防总提供道路水浸点信息	加大公共场所巡查力度，维护区域治安秩序，防止谣言蔓延，打击造谣传谣行为，打击违法犯罪活动，保障灾区、抢险地带和重要部位社会稳定；协调抢险救灾道路交通的疏导和管制工作，特别是低洼易涝区的交通秩序，保障三防相关车辆的优先通行；指导、协助低洼易涝区域抢险救灾车辆和避险车辆的停放	加大公共场所巡查力度，维护区域治安秩序，防止谣言蔓延，打击造谣传谣行为，指导及时处理虚假消息，严厉打击违法犯罪活动，保障灾区、抢险地带和重要部位社会稳定；加强抢险救灾道路交通的疏导和管制工作，重点关注危险区域附近道路交通秩序，保障三防相关车辆的优先通行；指导、协助低洼易涝区抢险救灾车辆和避险车辆的停放	全面实施公共场所、灾害重点区域、受灾区及危险区的治安保障管理工作，加大警力投入开展治安救助工作，严厉打击造谣传谣行为，指导及时处理虚假消息，全力打击违法犯罪活动，保障灾区、抢险地带和重要部位社会稳定；全力做好道路交通的疏导和管制工作，指导、协助抢险救灾车辆和避险车辆的停放，保障三防相关车辆的优先通行，协助交通部门实行因灾封路工作
市民政局	指导、督促暴雨信号发布区域的养老服务机构、儿童福利和未成年人救助保护等相关机构做好防御措施，督促做好对老人、儿童、未成年人的宣传；指导督促暴雨信号发布区域的救助管理机构做好受助流浪乞讨人员的安全防护，对其做好宣传	指导、督促市、区民政部门密切关注低洼易涝区域养老服务机构、儿童福利和未成年人救助保护等相关机构、救助管理机构，检查各机构和机构内服务对象防御措施的落实；根据暴雨内涝的程度和范围，协助受灾地区所辖机构人员转移和安置工作	指导、督促市、区民政部门密切关注低洼易涝区域所辖机构和人员的安全，及时转移安置，对受灾区域符合救助标准的困难群众实行救助；视情组织指导开展水旱风冻灾害的捐助工作	全力做好符合救助标准的受灾群众的救助工作
市财政局			统筹安排和及时拨付救灾补助资金；协调争取上级资金支持	

续表

等级 部门	暴雨Ⅳ级应急响应	暴雨Ⅲ级应急响应	暴雨Ⅱ级应急响应	暴雨Ⅰ级应急响应
市人力资源和社会保障局	组织、督促管辖范围内技工学校、职业培训机构、考核鉴定机构和就业训练等相关机构做好安全防范措施，做好防暴雨内涝安全宣传，重点关注低洼易涝区域	组织、督促管辖范围内技工学校、职业培训机构、考核鉴定机构和就业训练等相关机构做好安全防范措施，检查防暴雨内涝安全宣传工作情况	核查危险区域和受灾地区管辖范围内技工学校、职业培训机构、考核鉴定机构和就业训练等相关机构安全防范措施落实情况；根据暴雨内涝的范围和程度，适时通知发布暴雨红色预警信号区域内受威胁的技工学校、职业培训机构、考核鉴定机构和就业训练等相关机构停课；根据暴雨内涝的范围和程度，适时通知发布暴雨红色预警信号区域内受威胁的用人单位停工	核查、统计管辖范围内相关机构停课、用人单位停工情况
市规划和自然资源局	密切关注暴雨发展态势，地质灾害监测预防责任人加强地质灾害易发区和主要隐患点的巡查、监测工作，发现问题及时报告，及时向公众发出防御提示	加强地质灾害群测群防工作，及时将监测结果通知受威胁地区政府，并报告	向地质灾害易发区发出防御指示，监测到或接到地质灾害灾情、险情报告后组织、调配专家和专业技术队伍提供地质灾害应急抢险救灾的技术支撑；协助地方政府做好地质灾害易发区群众的转移工作	加大人力、物力投入，组织、调配专家和专业抢险队全力为地质灾害抢险救灾工作提供技术支撑；协助地方政府全力做好地质灾害易发区群众的转移工作
市生态环境局	加强低洼易涝区域的环境信息监测，发生因暴雨灾害引发的突发生态环境事件，立即报告市防总，同步开展应急处置和应急监测		加强低洼易涝区域的环境信息监测，发生因暴雨灾害引发的突发生态环境事件，立即报告市防总，同步加大人力、物力投入和组织专家赶赴现场，开展应急处置和应急监测	加强低洼易涝区域的环境信息监测，发生因暴雨灾害引发的突发生态环境事件，立即报告市防总，同步加大人力、物力投入和组织专家赶赴现场，全面开展应急处置和应急监测

续表

等级 部门	暴雨Ⅳ级应急响应	暴雨Ⅲ级应急响应	暴雨Ⅱ级应急响应	暴雨Ⅰ级应急响应
市住房城乡建设局	督促管辖范围内在建工地、物业小区、老旧房屋等管理单位做好防暴雨内涝宣传、开展隐患排查和整改工作、落实防御措施	督促管辖范围内在建工地、物业小区、老旧房屋等责任单位加大力度排查安全隐患、及时整改和落实防御措施；指导、督促物业服务企业特别是临江、临河的小区，做好地下车库防水浸应急措施	根据暴雨内涝的范围和程度，通知发布暴雨红色预警信号区域内受威胁的在建工地实行停工，做好安全防护后及时撤离；根据暴雨内涝的范围和程度，协助地方政府做好危险区域管辖范围内在建工地、老旧房屋等群众的转移工作；专业抢险队投入抢险救灾工作；密切关注临江、临河的物业小区受灾情况，及时协调开展救援工作	核实、统计危险区域在建工地的停工情况；全力协助地方政府做好管辖范围内危险区域在建工地、老旧房屋等群众的转移工作；加大人力、物力投入，专业抢险队全力抢险救灾；密切关注临江、临河的物业小区受灾情况，及时协调开展救援工作
市交通运输局	督促协调各区交通运输部门、主要公路客运站运营单位、公交运营单位等做好预警信息和防御指引播报；协调各区和相关单位做好应急运力保障；组织开展对低洼易涝区域的主要交通道路及附属设施进行隐患排查，及时整改	督促协调各区交通运输部门、主要公路客运站运营单位、公交运营单位等做好预警信息和防御指引播报；协调各区和相关单位进一步做好应急运力保障；协助公安交警部门做好低洼易涝区域的道路交通运输疏导工作；专业抢险队做好准备，及时做好损毁路段、站场等的抢修抢险工作	督促协调各区交通运输部门、主要公路客运站运营单位、公交运营单位等做好预警信息和防御指引播报，如有调整或取消车次等信息及时告知公众，妥善安置滞留旅客；协调各区和相关单位视情增派应急运力；协助公安交警部门进一步做好低洼易涝区域道路交通运输疏导工作；视情增派专业抢险队及时做好损毁路段、站场等的抢修抢险工作	督促协调各区交通运输部门、主要公路客运站运营单位、公交运营单位等做好预警信息和防御指引播报，如有调整或取消车次等信息及时告知公众，妥善安置滞留旅客；协助公安交警部门全力做好道路交通运输疏导工作

续表

等级 部门	暴雨Ⅳ级应急响应	暴雨Ⅲ级应急响应	暴雨Ⅱ级应急响应	暴雨Ⅰ级应急响应
市水务局	指导城市内涝抢险应急管理工作，密切关注发布暴雨预警区域的内涝情况，做好低洼易涝区域的巡查，发现渍涝立刻组织处理；对市属水务工程做好监控，掌握工程的运行状况，适时预泄预排，按调度方案实行水量调度工作；指导、督促已建和在建水务工程管理单位做好防御措施；水务专业抢险队待命，做好抢险救灾准备	加强指导城市内涝抢险应急管理工作，密切关注发布暴雨预警区域的内涝情况，加强低洼易涝区域的巡查，发现渍涝立刻组织处理；对市属水务工程做好监控，掌握工程的运行状况，按调度方案实行水量调度工作，适时预泄预排并及时向下游地区发出预警；督促已建和在建水务工程管理单位做好防御安全措施；专业抢险队投入出险或可能出险工程的应急处置工作，协助地方政府做好水务工程人员转移工作	进一步加强指导城市内涝抢险应急管理工作，密切关注发布暴雨预警区域的内涝情况，进一步加强低洼易涝区域的巡查，发现渍涝立刻组织处理；加强对市属水务工程的监控、防护，掌握工程的运行状况，按调度方案实行水量调度，适时预泄预排并及时向下游地区发出预警；根据暴雨内涝的范围和程度，通知发布暴雨红色预警信号区域内受威胁的在建水务工程停工，加固或拆除有危险的施工设施等，切断施工电源；向受威胁地区的山洪灾害易发区发出防御指示，指导人员转移；组织做好出险或可能出险工程的应急处置工作，专业抢险队投入抢险救灾工作，协助地方政府做好危险区域水务工程人员的转移工作	全力指导开展城市内涝抢险应急管理工作，密切关注全市内涝情况，全力处理城市渍涝情况；全力做好市属水务工程的监控和调度，保障水务工程和城市安全，第一时间向下游地区发出预警；核查危险区域在建水务工程停工情况，核查危险区域水务工程相关人员的转移情况；专业抢险队全力做好抢险救灾，及协助地方政府做好危险区域水务工程人员转移工作
市农业农村局	指导、督促受暴雨威胁区域各级农业农村部门协助农业从业者做好防暴雨内涝措施，疏通农田排水沟渠，加固生产棚架设施、畜禽栏舍、鱼塘堤坝、临时工棚等，做好农业生产各项防暴雨安全措施	指导落实农业防御措施	进一步指导落实农业防御措施	全面落实农业防御措施

续表

部门＼等级	暴雨Ⅳ级应急响应	暴雨Ⅲ级应急响应	暴雨Ⅱ级应急响应	暴雨Ⅰ级应急响应
市林业和园林局	督促管辖范围内森林、湿地、自然保护地、绿地、绿化带、公园、景区、水库、山塘等做好安全措施，重点关注地质灾害易发区、低洼易涝区域；做好巡查工作，重点关注低洼易涝区，发现异常及时报告	密切关注暴雨发展态势，组织所辖公园、景区，根据实际情况及时调整开放计划，并向游客和旅游从业人员公布；做好巡查工作，发现异常及时报告；根据暴雨内涝的范围和程度，及时组织做好绿化抢险工作，及时处置对市民人身和交通等具有较大危害的倾斜倒伏树木	进一步检查管辖范围内森林、湿地、自然保护地、绿地、绿化带、公园、景区、水库、山塘等防御措施的落实情况；根据暴雨内涝的范围和程度，通知发布暴雨红色预警信号区域内受威胁的所辖公园、景区，视情采取关停措施，协助疏散危险区域公园、景区的游客和旅游从业人员；加密做好巡查工作，发现异常及时报告	检查暴雨预警信号生效区域内的所辖公园、景区的关停情况；全力做好巡查工作，发现异常及时报告
市卫生健康委	督促、指导发布暴雨预警信号区域内各医疗卫生机构落实防御措施，注意做好防水浸工作；督促医院、卫生院、急救站等医疗卫生机构做好准备，随时投入紧急医学救援工作、卫生防疫工作；开展相关防病知识的宣传	组织医疗卫生机构及时进入灾区进行紧急医学救援工作；针对涝灾常见的肠炎、痢疾、红眼病等流行性传染病，做好防治监督，及时宣传相关防病知识；做好卫生防疫和疫情控制，指导开展与卫生防病相关的环境消杀、生活饮用水消毒等工作，并做好传染病风险、病媒生物密度和生活饮用水风险评估	组织医疗卫生机构深入灾区，及时对伤员进行紧急医学救援工作；配备针对涝灾常见的肠炎、痢疾、红眼病等流行性传染病的药品，做好防治监督，加大防病知识的宣传力度；进一步开展卫生防疫和疫情控制，做好灾区传染病疫情和饮用水监测，指导开展与卫生防病相关的环境消杀、生活饮用水消毒等工作，并进行消杀效果评估	加大人力、物力投入，全力开展紧急医学救援、卫生防疫和疫情控制，做好医疗救助保障

续表

部门＼等级	暴雨Ⅳ级应急响应	暴雨Ⅲ级应急响应	暴雨Ⅱ级应急响应	暴雨Ⅰ级应急响应
市城市管理综合执法局	指导属地城管部门督促设置人对涉电户外广告招牌开展隐患排查、整改，落实做好防水浸措施；督促各区城管部门及时清理城市市政道路路面及边线排水口垃圾杂物，及时清理垃圾中转站的垃圾，对垃圾站场做好防护；组织、指导对城镇燃气设施进行隐患排查，并及时整改	指导督促属地城管部门对涉电户外广告招牌开展安全巡查；开展城镇燃气设施的安全措施巡查；督促各区城管部门及时清理城市市政道路路面及边线排水口垃圾杂物，落实垃圾中转站的防水浸措施；专业抢险队做好准备，随时开展城镇燃气设施的抢险救灾工作	专业抢险队做好城镇燃气设施的抢险救灾工作	专业抢险队全力开展城镇燃气设施的抢险救灾工作
市应急管理局	加强24小时带班值班，密切关注暴雨发展态势，接收雨水情、工情、险情等信息，及时组织召开会商会议；及时向领导汇报当前情况，向各成员单位传达领导指示；指导、督促各避险场所做好准备，随时准备开放；协调消防救援队伍等三防抢险队伍做好准备，随时投入抢险救灾、人员转移救援、抢险突击中；督促危险化学品生产、经营、存储单位及烟花爆竹经营单位等加强隐患排查，落实暴雨防御措施	及时向领导汇报当前情况，向各成员单位传达领导指示；及时组织召开会商会议；根据实际工作需要，协调应急工作小组开展工作；根据暴雨内涝的程度和范围，视情开放避险场所，及时向公众公布临时避险场所的位置、路线等信息；指导做好避险人员管理、服务，及时给出指令发放救灾物资，妥善安置灾民；协调消防救援队伍等三防抢险队伍参与抢险突击、群众转移救援行动；检查危险化学品生产、经营、存储单位及烟花爆竹经营单位等的防暴雨内涝安全措施落实情况	及时向领导汇报当前情况，向各成员单位传达领导指示；及时组织召开会商会议；根据实际工作需要，协调应急工作小组开展工作；视情增开避险场所，及时向公众公布临时避险场所的位置、路线等信息；加大指导力度，做好避险人员管理、服务，协调各单位妥善安置灾民，做好灾民的救助工作；进一步协调消防救援队伍等三防抢险队伍参与抢险突击、群众转移救援行动；派出安全生产行业专家，现场监督、指导抢险救灾人员按规按章操作，保障生命安全	及时向领导汇报当前情况，向各成员单位传达领导指示，做好信息的传达和报送工作；及时组织召开会商会议；根据实际工作需要，协调应急工作小组开展工作；视情增开避险场所，及时向公众公布临时避险场所的位置、路线等信息；全力做好避险人员管理、服务，全力协调各单位妥善安置灾民，全力做好灾民的救助工作；全力协调消防救援队伍等三防抢险队伍参与抢险突击、群众转移救援行动；视情增派安全生产行业专家，现场监督、指导抢险救灾人员按规按章操作，保障生命安全

续表

部门＼等级	暴雨Ⅳ级应急响应	暴雨Ⅲ级应急响应	暴雨Ⅱ级应急响应	暴雨Ⅰ级应急响应
市文化广电旅游局	组织、督促有关部门和企业对发布暴雨区域内特别是江边、海滨、山间等旅游景区（点）做好巡查，指导旅游景区（点）地下车库做好防水浸措施	密切关注暴雨发展态势，督促、指导有关部门和企业根据实际情况及时调整各旅游景区（点）开放计划，并向游客和旅游从业人员公布	根据暴雨内涝的范围和程度，督促、指导有关部门和企业对发布暴雨红色预警信号区域内受威胁的旅游景区（点）视情采取关停措施，协助疏散危险区域旅游景区（点）的游客和旅游从业人员	核查、统计全市旅游景区（点）的关停情况
市港务局	组织、指导管辖范围内港航企业做好防御措施；督促各港航单位做好预警信息和防御指引的播报	督促各港航单位做好预警信息和防御指引的播报；协助协调三防抢险应急救灾物资运输工作；协助海事部门做好水上交通运输疏导工作，必要时，协助海事部门进行危险河道内的封航	督促各港航单位做好预警信息和防御指引的播报，如有调整或取消轮船等信息及时告知公众，妥善安置滞留旅客；协助海事部门做好水上交通运输疏导工作，协助海事部门进行危险河道内的封航	督促各港航单位做好预警信息和防御指引的播报，如有调整或取消轮船等信息及时告知公众，妥善安置滞留旅客；协助海事部门全力做好水陆交通运输疏导工作，进行危险河道内的封航
市气象局	加强监测预报，及时发布相关防御指引，并向指挥部通报降雨情况。通过短信、网站、微博等渠道发布降雨实况	加强监测预报，及时发布学校停课等相关防御指引，并向指挥部通报降雨情况。通过短信、网站、微博等渠道发布降雨实况	加密预报频次，借助新闻媒体播报气象灾害信息，并及时向指挥部和指挥部各成员单位报送预报结果	

续表

等级 部门	暴雨Ⅳ级应急响应	暴雨Ⅲ级应急响应	暴雨Ⅱ级应急响应	暴雨Ⅰ级应急响应
广州供电局	组织、督促电力线路、设备、设施的隐患排查和整改，落实加固、防护等防御措施，密切关注低洼易涝区域的供电安全；密切关注党政机关、三防指挥机构和医院、供水、供气、通信等民生保障部门的电力线路、设备、设施安全，保障重点部门的电力供应；密切关注暴雨发展态势，及时向用户发出防御指引，指导用户暴雨期间注意用电安全；专业抢险队做好准备，随时投入抢险中	检查电力线路、设备、设施的防御措施，做好电力线路、设备、设施的巡检，密切关注低洼易涝区域的供电安全，及时消除暴雨威胁的供电设施安全隐患；根据暴雨内涝的范围和程度，及时切断危险区域电源，在高压电塔、变电站附近设置警示标示；重点关注党政机关、三防指挥机构和医院、供水、供气、通信等民生保障部门的线路、设备、设施安全，做好重点部门的电力供应；专业抢险队紧急开展抢修复电工作，保障电力供应	进一步检查电力线路、设备、设施的防御措施，加大对电力线路、设备、设施的巡检力度，及时进行加固，密切关注低洼易涝区域的供电安全，及时消除受暴雨威胁的供电设施安全隐患；根据暴雨内涝的范围和程度，检查危险区域电源是否切断，在高压电塔、变电站等危险区域设置警示标志；做好电力调配，重点保障抢险救灾现场用电以及党政机关、三防指挥机构和医院、供水、供气、通信等民生保障部门的电力供应，紧急调派应急发电车、发电机等参与抢险救灾；专业抢险队加强开展抢修复电工作，保障电力供应	全力做好电力调配，重点做好党政机关、三防指挥机构和医院、供水、供气、通信等民生保障部门的电力保障；专业抢险队全力开展抢修复电工作，保障电力供应
市水投集团	指导、督促职责范围内已建和在建供排水、滨水土地及其附属水利设施等涉水工程做好防暴雨安全措施，开展三防安全隐患排查和整改工作；组织开展职责范围内供水管网及设施的巡查，做好紧急供水的准备，密切关注党政机关、三防指挥机构和医院、供电、供气、通信等民生保障部门的供水情况；根据暴雨内涝的程度和范围，及时开展职责范围内排水管网的排水防涝调度；集结专业抢险队，做好抢险救灾准备	检查职责范围内已建和在建供排水、滨水土地及其附属水利设施，核查防暴雨安全措施的落实情况；加强监控和巡视，做好职责范围内紧急供水调度和水资源调配，做好供水保障，重点做好党政机关、三防指挥机构和医院、供电、供气、通信等民生保障部门的供水保障；密切关注江河水位变化，及时开展职责范围内排水管网的调度	进一步检查职责范围内已建和在建供排水、滨水土地及其附属水利设施，核查防暴雨内涝安全措施的落实情况；进一步加强监控和巡视，做好职责范围内紧急供水调度和水资源调配，紧急调度水源，做好供水保障，重点做好党政机关、三防指挥机构和医院、供电、供气、通信等民生保障部门的供水保障；密切关注江河水位变化，进一步做好职责范围内排水管网的调度；发生职责范围内供水、排水等突发状况，及时投入专业抢险队进行抢险救灾工作	紧急调配水源，全力保障职责范围内灾区用水的水质安全、水量充足，重点做好党政机关、三防指挥机构和医院、供电、供气、通信等民生保障部门的供水保障；结合江河水位全力做好职责范围内排水管网的调度；专业抢险队全力做好职责范围内供水、排水突然状况的抢险救灾工作

续表

等级 部门	暴雨Ⅳ级应急响应	暴雨Ⅲ级应急响应	暴雨Ⅱ级应急响应	暴雨Ⅰ级应急响应
广州海事局	密切关注暴雨和辖区海上船舶动态，及时向辖区水域船舶播发暴雨灾害预报预警信息，做好海上险情应急处置工作			
广州警备区	每组织、协调驻穗解放军、预备役部队和民兵等做好准备，随时投入抢险救灾、人员转移救援、抢险突击中	调动驻穗解放军、预备役部队和民兵等迅速参加抢险救灾中；协助地方政府进行群众转移、救援行动；在专家的指导下做好重点部位的防护、开展被暴雨损毁工程的抢险突击	进一步调动驻穗解放军、预备役部队和民兵投入抢险救灾行动；协助地方政府进行群众转移、救援行动；在专家的指导下做好重点部位的防护、开展被暴雨损毁工程的抢险突击	全面调动驻穗解放军、预备役部队和民兵全力投入抢险救灾行动；全力协助地方政府进行群众转移、救援行动；在专家的指导下全力做好重点部位的防护、开展被暴雨损毁工程的抢险突击
武警广州支队	组织、协调武警部队做好准备，随时投入抢险救灾、人员转移救援、抢险突击中	调动武警部队迅速参加抢险救灾中；协助地方政府进行群众转移、救援行动；在专家的指导下做好重点部位的防护、开展被暴雨损毁工程的抢险突击	进一步调动武警部队投入抢险救灾行动；协助地方政府进行群众转移、救援行动；在专家的指导下做好重点部位的防护、开展被暴雨损毁工程的抢险突击	全面调动武警部队全力投入抢险救灾行动；全力协助地方政府进行群众转移、救援行动；在专家的指导下全力做好重点部位的防护、开展被暴雨损毁工程的抢险突击
市消防救援支队	组织、协调消防救援队伍做好准备，随时投入抢险救灾、人员转移救援、抢险突击中	调动消防救援队伍迅速参加抢险救灾中；协助地方政府进行群众转移、救援行动；在专家的指导下做好重点部位的防护、开展被暴雨损毁工程的抢险突击	进一步调动消防救援队伍投入抢险救灾行动；协助地方政府进行群众转移、救援行动；在专家的指导下做好重点部位的防护、开展被暴雨损毁工程的抢险突击	全面调动消防救援队伍全力投入抢险救灾行动；全力协助地方政府进行群众转移、救援行动；在专家的指导下全力做好重点部位的防护、开展被暴雨损毁工程的抢险突击

续表

等级 / 部门	暴雨Ⅳ级应急响应	暴雨Ⅲ级应急响应	暴雨Ⅱ级应急响应	暴雨Ⅰ级应急响应
广州市广播电视台	电视台挂出暴雨预警信号图标，同时持续滚动播出预警信息和防御指引字幕，及时播报暴雨信息和防暴雨提示；电台每10分钟播报1次暴雨信息和防暴雨提示；在市委宣传部的指导下，开展全市防灾抗灾和抢险救灾宣传报道、新闻发布工作，正面引导三防抢险救灾舆论，宣传和弘扬社会正气	电视台挂出暴雨预警信号图标，同时持续滚动播出预警信息和防御指引字幕，及时播报暴雨信息和防暴雨提示；电台每10分钟播报1次暴雨信息和防暴雨提示；在市委宣传部的指导下，开展全市防灾抗灾和抢险救灾宣传报道、新闻发布工作，正面引导三防抢险救灾舆论，宣传和弘扬社会正气	电视台挂出暴雨预警信号图标，同时持续滚动播出预警信息和防御指引字幕，及时播报暴雨信息和防暴雨提示；电台每10分钟播报1次暴雨信息和防暴雨提示；在市委宣传部的指导下，开展全市防灾抗灾和抢险救灾宣传报道、新闻发布工作，正面引导三防抢险救灾舆论，宣传和弘扬社会正气	电视台挂出暴雨预警信号图标，同时持续滚动播出预警信息和防御指引字幕，及时播报暴雨信息和防暴雨提示；电台每10分钟播报1次暴雨信息和防暴雨提示；出现重大险情时，连续播放重大险情群众安全转移预警信息；在市委宣传部的指导下，开展全市防灾抗灾和抢险救灾宣传报道、新闻发布工作，正面引导三防抢险救灾舆论，宣传和弘扬社会正气
中国电信广州分公司、中国移动广州分公司、中国联通广州分公司	通过预警信息快速发布专用通道，准确、及时向所属用户发送预警信息和防御指引；做好通信线路、基站设施设备等的防暴雨内涝措施，及时采取加固、防护措施，重点关注低洼内涝区域	通过预警信息快速发布专用通道，准确、及时向所属用户发送预警信息和防御指引；核查通信线路、基站设施设备等的防暴雨内涝措施，及时做好受损通讯设施的抢修	通过预警信息快速发布专用通道，准确、及时向所属用户发送预警信息和防御指引；进一步核查通信线路、基站设施设备等的防暴雨内涝措施，及时抢修受损通讯设施；根据抢险救灾需要，协调调度应急通信设施，保障通话畅通	通过预警信息快速发布专用通道，准确、及时向所属用户发送预警信息和防御指引；全力抢修受损通讯设备，保障通话畅通
中国铁塔广州分公司	做好通信铁塔（杆塔）、基站机房（机柜）、动力配套等设施设备防暴雨内涝措施，及时采取加固、防护措施，重点关注低洼内涝区域	核查通信铁塔（杆塔）、基站机房（机柜）、动力配套等设施设备防暴雨内涝措施，及时做好受损通信设施的抢修	进一步核查通信铁塔（杆塔）、基站机房（机柜）、动力配套等设施设备防暴雨内涝措施，及时抢修受损通信设施；根据抢险救灾需要，协调调度应急通信设施，保障通话畅通	全力抢修受损通信铁塔（杆塔）、基站机房（机柜）、动力配套等设施设备，保障通话畅通

续表

等级 部门	暴雨Ⅳ级应急响应	暴雨Ⅲ级应急响应	暴雨Ⅱ级应急响应	暴雨Ⅰ级应急响应
广州地铁集团	组织、督促受暴雨威胁区域在建地铁工地做好防暴雨安全措施；做好受暴雨威胁区域地铁站点及线路相关设施的加固工作，注意做好地铁口处防倒灌措施；通过广播播报、显示屏发布等方式，滚动发布更新预警及防御抢险救灾信息	巡查地铁线路隐患点，注意做好地铁口处防倒灌措施等，密切关注低洼易涝区地铁口的水浸情况；通过广播播报、显示屏发布等方式，滚动发布更新预警及防御抢险救灾信息	根据暴雨内涝的范围和程度，通知发布暴雨红色预警信号区域内受威胁的地铁在建工地实行停工，关闭用电总闸后及时撤离；加大巡检及隐患排查整改力度，检查地铁口处防倒灌措施，注意低洼易涝区地铁口附近的水浸情况，及时做好乘客出站的秩序维护工作；通过广播播报、显示屏发布等方式，滚动发布更新预警及防御抢险救灾信息；视情调整地铁运营计划，通过微信、微博、网站、手机软件及站点内电子显示屏、公告栏、广播等方式，提前向公众公布	采取多种措施，防护暴雨区域内的地铁口、高架段、在建地铁工地等地铁线路及附属设施的安全；核查、统计地铁在建工地停工情况；注意低洼易涝区地铁口附近的水浸情况，及时做好乘客出站的秩序维护工作；视情调整地铁运营计划，通过微信、微博、网站、手机软件及站点内电子显示屏、公告栏、广播等方式，提前向公众公布，并做好滞留乘客的疏导工作
中国铁路广州局集团有限公司	通过广播播报、显示屏发布等方式，在各火车站发布预警信息和防御指引，及时更新抢险救灾信息；采取有效措施疏导、安抚因暴雨内涝滞留于火车站的乘客，协助做好因灾滞留旅客的安全转移工作；做好损毁铁路抢修工作、管辖范围内铁路桥涵的抢险和渍涝排除工作	通过广播播报、显示屏发布等方式，在各火车站发布预警信息和防御指引，及时更新抢险救灾信息；采取有效措施疏导、安抚因暴雨内涝滞留于火车站的乘客，协助做好因灾滞留旅客的安全转移工作；做好损毁铁路抢修工作、管辖范围内铁路桥涵的抢险和渍涝排除工作		通过广播播报、显示屏发布等方式，在各火车站发布预警信息和防御指引，及时更新抢险救灾信息；采取有效措施疏导、安抚因暴雨内涝滞留于火车站的乘客，协助做好因灾滞留旅客的安全转移工作；做好损毁铁路抢修工作、管辖范围内铁路桥涵的抢险和渍涝排除工作

续表

等级 部门	暴雨Ⅳ级应急响应	暴雨Ⅲ级应急响应	暴雨Ⅱ级应急响应	暴雨Ⅰ级应急响应
广州白云国际机场	通过所管辖范围的电子显示屏等及时播出和更新预警信息，适时调整或取消航班，妥善安置滞留旅客，保障因灾受阻旅客的人身和财产安全			尽快恢复被毁坏空港和有关设施，保障相关区域交通通畅；为抢险救援人员、物资和人员疏散提供运输保障

备注：响应措施以《广州市防汛防旱防风防冻应急预案》的防暴雨内涝应急响应措施为准。

附件 3

高温灾害应急响应措施

等级 部门	高温Ⅳ级应急响应	高温Ⅲ级应急响应	高温Ⅱ级应急响应
市教育局	指导学校做好高温防御工作，避免午后高温时段户外教学活动	指导、督促学校做好高温防御工作，避免午后高温时段户外教学活动	指导、督促学校做好高温防御工作，停止高温时段非必要的户外教学活动
市公安局	加强交通安全宣传，提醒驾驶员做好车辆性能自检，减少车辆因高温造成自燃、爆胎等情况	加强交通安全宣传，提醒驾驶员做好车辆性能自检，减少车辆因高温造成自燃、爆胎等情况；同时，加强道路巡检，及时处置路面各类自燃、爆胎车辆事故	公安消防部门特别注意因电器超负荷引起火灾的危险，告诫市民注意防火
市民政局	指导做好高温预防工作，注意防暑降温	指导、督促市、区民政部门督促各民政服务机构做好民政系统高温预防工作，注意防暑降温，对特殊群体采取必要的防暑应对措施	指导、督促市、区民政部门加强对辖内养老服务机构、儿童福利和未成年人救助保护机构等相关机构的监督检查，督促采取必要措施防暑降温

续表

部门＼等级	高温Ⅳ级应急响应	高温Ⅲ级应急响应	高温Ⅱ级应急响应
市人力资源和社会保障局	加强劳动安全监察，提醒企业采取防暑降温措施	加强劳动安全监察，查处高温下不采取防暑降温措施强行工作的企业	在高温时段根据情况发出停工建议
市住房城乡建设局	提醒建筑、施工等露天作业场所要采取有效防暑措施	督促建筑、施工等露天作业场所要采取有效防暑措施，防止发生人员中暑	督促各建筑施工单位合理安排户外作业，建议停止户外和高空作业
市交通运输局	提醒各交通物流企业、单位采取防暑降温保护措施	加强指导和组织各交通物流企业、单位，采取防暑降温保护措施	提示道路作业单位合理安排户外作业，运输易燃易爆物品的车辆应采取防护措施
市林业和园林局	提醒各市政公园加强植物和森林树木的防暑防晒保护措施	加强各市政公园植物和森林树木的防暑防晒保护措施	督促所管辖的市政公园做好已入园游客的防暑防晒工作
市卫生健康委	宣传中暑救治常识	指导有关单位落实防暑降温卫生保障措施	做好有关人员（尤其是老弱病人和儿童）因中暑引发其他疾病的防护措施
市城市管理综合执法局	提醒户外作业人员应采取防暑降温措施	户外作业人员应采取防暑降温措施	户外作业人员应采取必要防护措施
市文化广电旅游局	提醒本市 A 级旅游景区、星级酒店和旅行社加强监管，采取防暑降温措施	加强监管本市 A 级旅游景区、星级酒店和旅行社，督促采取防暑降温措施	采取措施，建议部分户外旅游项目暂时停止开放
市应急管理局	指导各有关单位，应对高温引发的安全生产事故，核定和报告灾情		
市气象局	加强监测预报，及时发布高温预警信号及相关防御指引		
广州供电局	加强监控电力设备负载情况，做好应对准备	注意防范因用电量过高，电线、变压器等电力设备负载大而引发故障	根据高温期间电力安全生产情况和电力供需情况，制订拉闸限电方案，必要时依据方案执行拉闸限电措施
市水务局 市水投集团	采取措施保障生产和生活用水		采取紧急措施保障生产和生活用水
其他各成员单位	密切关注高温灾害的监测、预报和预警，根据各自职责，组织、指导行业内相关防御高温灾害工作		

附件 4

寒冷灾害应急响应措施

部门 \ 等级	寒冷Ⅳ级应急响应	寒冷Ⅲ级应急响应	寒冷Ⅱ级应急响应	寒冷Ⅰ级应急响应
市应急管理局	当市三防总指挥部预计或达到启动防冻应急响应时，主持召开会商会议，研判天气的发展态势，部署防寒工作；密切关注气温的监测、预报和预警；督促做好防寒工作；视情派出督导检查工作组加强指导受灾区防寒救灾工作			
市发展改革委	做好市级救灾物资应急调拨供应；必要时，依职能履行申请救灾款项，支持救灾连续供给需要			
市教育局	组织对管辖范围内各级各类学校开展防寒保暖和出行安排等宣传教育工作			
市工业和信息化局	协调通信运营企业做好应急抢险的通信保障工作			
市公安局	协助维护火车站、汽车站、机场等重要交通运输场所秩序，加强全市道路交通疏导和车辆分流，保障运送救援物资、人员车辆畅通，必要时实施交通管制，协助组织做好群众撤离和转移工作			
市民政局	督促指导养老服务机构、儿童福利和未成年人救助保护机构等相关机构做好老人、儿童、未成年人的防冻措施；督促指导救助管理机构做好受助流浪乞讨人员的安全防护，对生活无着的流浪乞讨人员实行救助			
市人力资源和社会保障局	引导外来务工人员有序返乡和人员疏导工作，必要时，动员外来务工人员留在本市过春节，协调相关单位指导企业做好务工人员的日常生活和文娱活动安排			
市交通运输局	牵头协调和组织全市应急运力，做好重点人员和重点物资的疏运，协助交警、海事等部门做好辖区道路、水路保畅通工作；组织实施所属道路除冰和路面养护工作，协助交警等单位做好滞留在所属道路上的司机和旅客的基本生活安置			
市水务局	负责因雨雪冰冻可能引发的水利工程次生灾害的防御，督促、协调相关供水企业开展供水管网的抢修，保障供水			
市农业农村局	指导相关企业、农户和养殖户做好农林作物、畜牧及养殖业的防冻保生产工作，做好技术指导服务			
市文化广电旅游局	协助有关部门做好景区内的动植物的防冻措施，对野外、山区等景区做好管理，限制游客和旅游从业人员进入			

续表

部门 \ 等级	寒冷Ⅳ级应急响应	寒冷Ⅲ级应急响应	寒冷Ⅱ级应急响应	寒冷Ⅰ级应急响应
市卫生健康委	做好雨雪冰冻天气大范围人员滞留的医疗救护与疾病防治工作			
市城市管理综合执法局	组织做好燃气设备的防冻措施，开展对燃气管网的巡查工作，发现问题及时抢修，保障全市供气			
市林业和园林局	组织做好对全市林业的防冻措施，做好技术指导服务，减少雨雪冰冻灾害对园林植物的损毁			
市气象局	加强监测预报，及时发布寒冷预警信号及相关防御指引			
广州供电局	加强重点线路巡查，及时组织线路除冰，抢修受损的电力线路，保障电网的安全运行，最大限度地满足抢险救援和居民生活的用电需要			
市水投集团	及时组织人员开展供排水管网的巡查工作，及时抢修受损管线，保障全市供排水安全			
广州地铁集团	通过显示屏、网站、微信、短信等方式滚动向公众发布地铁的运营和滞留人员情况，做好滞留人员的疏散和安置工作；提供地铁线路运营情况的电话、网络查询服务			
中国电信广州分公司、中国移动广州分公司、中国联通广州分公司	做好道路结冰预警信息和防御指引的短信发送工作，提醒市民做好防冻保暖和出行安排；协助通信部门提供通信保障，组织做好通信线路、基站设施设备等的防冻措施			
中国铁塔广州分公司	提供通信保障，组织做好通信铁塔（杆塔）、基站机房（机柜）、动力配套等设施设备的防冻措施			
中国铁路广州局集团有限公司、白云机场	通过网站、微信、显示屏、短信等方式滚动向公众发布机场、车站的运营和滞留人员情况，发送提醒信息；做好滞留人员的疏散和安置工作；提供航班、车次的电话、网络查询服务，避免出行旅客大量聚集在机场、车站			
广州市广播电视台	密切关注气温和灾情的监测、预报和预警，做好道路结冰预警信息和防御指引，提醒市民做好防冻保暖和出行安排			
其他各成员单位	密切关注气温和灾情的监测、预报和预警，根据各自职责，组织、指导行业内相关防御寒冷灾害工作			

附件 5

大雾灾害应急响应措施

部门＼等级	大雾Ⅳ级应急响应	大雾Ⅲ级应急响应
市公安局	通过各种渠道向驾驶员发布相关路况信息，注意能见度变化	通过各种渠道向驾驶员发布相关路况信息，提醒途经盘山、临水及崎岖道路时自觉放慢行驶速度，开启雾灯、近光灯及尾灯等，预防交通事故的发生
市交通运输局	及时发布大雾安全通知，督促公路客运站场、地铁、公交站场等部门做好运行安全保障、运行计划调整和旅客安抚安置工作	
市应急管理局	指导各有关单位，应对大雾引发的安全生产事故，核定和报告灾情	
市港务局	加强港口安全监督，适时调整或暂停运营，将相关信息及时告知公众，并妥善安置滞留旅客	
市气象局	加强监测预报，及时发布大雾预警信号及相关防御指引	
广州供电局	加强电网运营监控，采取措施尽量避免发生设备“污闪”故障，及时消除和减轻因设备“污闪”造成的影响	
广州海事局	提醒船舶及人员目前的天气状况，并告知需要采取的安全措施	及时发布雾航安全通知，督促船舶遵守雾航规定，加强海上安全监管
广州市广播电视台	接到市气象台提供的大雾预警信息，电视台各频道挂出相应的大雾预警信号图标。及时跟踪报道预警和预测、交通路况等信息	
广州白云国际机场	及时发布雾航安全通知，做好运行安全保障、运行计划调整和旅客安抚安置工作	
其他各成员单位	密切关注大雾灾害的监测、预报和预警，根据各自职责，组织、指导行业内相关防御大雾灾害工作	

附件 6

干旱灾害应急响应措施

部门 \ 等级	干旱应急响应
市应急管理局	加强值班，组织防旱抗旱会商会议，对旱情发展趋势进行研判，做出防旱抗旱工作部署；视情派出督导检查工作组加强指导受灾区防旱救灾工作
市水务局	做好市管水库蓄水情况的监测、分析和预测以及信息报送工作；指导各区做好水库蓄水情况的监测、分析和预测以及信息报送工作；做好抗旱水源的调度和运行管理工作，做好蓄水保水工作；必要时启动补水方案，做好灌区调水和水库调节补水；督促、指导、协调供水企业对高耗水行业实施用水限制，按照先保证生活用水，再保证农业、工业用水的原则进行调配；灾情严重时，组织适量抽取水库死库容，打井、挖泉、建蓄水池，协调备用水源水库提供应急供水；与市规划和自然资源局协调，必要时组织设置临时抽水泵站在江河沟渠内抽水，开挖输水渠道等应急开源措施
市委宣传部	做好节约用水、计划用水、保护水源及防止水污染的宣传工作，动员社会各方面力量支援抗旱救灾工作
市农业农村局	做好推广农业节水生产，指导旱区农民减少农田浸灌用水，控制水量消耗，必要时组织农户调整种植结构，并为其提供耐旱种子、种苗、化肥等生产资料；与市水务局协调，视情开启电力排灌泵站抽水灌田，做好农作物的保苗工作；做好农业节水宣传，尽量减少农田浸灌用水，稻田保湿保苗，控制水量消耗
市卫生健康委	协助防范应对旱灾导致的饮用水卫生安全问题及其引发的突发公共卫生事件
市气象局	加强监测预报，及时发布干旱预警信号及相关防御指引，并视情及时进行人工增雨作业
广州供电局	组织做好抗旱用电保障，落实国家有关农灌电价政策，确保抗旱工作顺利实施
广州市广播电视台	做好节约用水、计划用水、保护水源及防止水污染的宣传工作，动员社会各方面力量支援抗旱救灾工作
其他各成员单位	密切关注旱情动态，根据各自职责，组织人力、物力，做好抗旱救灾准备工作

备注：响应措施以《广州市防汛防旱防风防冻应急预案》的防旱应急响应措施为准。

附件 7

灰霾灾害应急响应措施

等级 / 部门	灰霾Ⅳ级应急响应	灰霾Ⅲ级应急响应
市工业和信息化局、市生态环境局、市应急管理局	对纳入《广州市重污染天气应急预案》规定的重污染天气黄色预警期间工业企业停产限产名单的企业实施停产限产措施，持排污许可证的有关单位应及时根据重污染天气停产限产措施情况执行排污许可证中“特殊情况下许可限值”等相关内容。减排 SO_2、PM、NO_x：确保安全生产的前提下，按照广东省工业炉窑分级管控清单，对涉工业炉窑重点行业加强厂区内保洁力度和无组织排放管控，首先停产产能落后企业，对 C 级企业有计划地实施生产调整和大宗物料错峰运输，减少污染物排放。强化对涉工业锅炉及炉窑重点排放企业等应急监管企业停、限产措施落实情况及污染治理设施运行情况的监督监测，确保污染管控措施落实到位。减排挥发性有机物（VOCs）：对包装印刷、制鞋、家具制造、人造板制造、工业涂装、电子元件制造、橡胶和塑料制品等使用溶剂型涂料、油墨、胶粘剂等高 VOCs 含量原辅材料，且采用低温等离子、光催化、光氧化等低效治理技术的企业首先实施限产或停产措施，强化对涉 VOCs 重点监管企业等应急监管企业停、限产措施落实情况及污染治理设施运行情况的监督监测，确保污染管控措施落实到位。责令未完成 VOCs 排放控制整改工作的企业停止涉 VOCs 工序，VOCs 排放重点企业和区域停止各类开停车、放空作业	对纳入《广州市重污染天气应急预案》规定的重污染天气橙色预警期间工业企业停产限产名单的企业实施停产限产措施，持排污许可证的有关单位应及时根据重污染天气停产限产措施情况执行排污许可证中“特殊情况下许可限值”等相关内容。减排 SO_2、PM、NO_x：确保安全生产的前提下，按照广东省工业炉窑分级管控清单，对涉工业炉窑重点行业加强厂区内保洁力度和无组织排放管控，首先停产产能落后企业，对 B 级和 C 级企业有计划地实施生产调整和大宗物料错峰运输，减少污染物排放。强化对涉工业锅炉及炉窑重点排放企业等应急监管企业停、限产措施落实情况及污染治理设施运行情况的监督监测，确保污染管控措施落实到位。减排 VOCs：对包装印刷、制鞋、家具制造、人造板制造、工业涂装、电子元件制造、橡胶和塑料制品等使用溶剂型涂料、油墨、胶粘剂等高 VOCs 含量原辅材料的企业首先实施限产或停产措施，制造涂料、油墨、胶粘剂企业涉 VOCs 排放工序实施限产或停产措施。制药、农药等不能立即停产的化工企业提前调整发酵罐、反应罐、提取罐等生产设备投用比例，降低生产负荷。强化对涉 VOCs 重点监管企业等应急监管企业停、限产措施落实情况及污染治理设施运行情况的监督监测，确保污染管控措施落实到位。责令未完成 VOCs 排放控制整改工作的企业停止涉 VOCs 工序；VOCs 排放重点企业和区域停止各类开停车、放空作业。飞机、船舶和机动车等维修企业减少喷涂作业

续表

部门 \ 等级	灰霾Ⅳ级应急响应	灰霾Ⅲ级应急响应
市教育局	建议相关区域内中小学停止户外运动及相关教学活动	
市公安局、市交通运输局	引导市民尽量乘坐公共交通工具出行，减少小汽车上路行驶	
市住房城乡建设局	除市政基础设施和公共设施等重点项目外，其他建设工程停止土石方开挖、拆除施工、余泥渣土建筑垃圾清运，暂停含有挥发性有机溶剂的喷涂和粉刷等作业。施工工地洒水降尘频次每日至少增加 1 次，加强停止施工和洒水降尘执法检查	
市城市管理综合执法局	适当增加重点监控道路洒水作业频次；加强巡查执法力度，禁止露天烧烤等无油烟净化设施的污染行为	适当增加重点监控道路洒水作业频次；散装建筑材料、工程渣土、建筑垃圾运输车停止上路行驶；加强巡查执法力度，禁止露天烧烤等无油烟净化设施的污染行为
市应急管理局	指导各有关单位，应对灰霾引发的安全生产事故，核定和报告灾情	
市港务局、广州海事局	发布进入广州市港区和航道的船舶使用低硫燃料，靠岸船舶尽量采用岸电的行动指引信息	易产生扬尘污染的物料码头停止作业，并采取措施有效防止扬尘，加强监管；发布进入广州市港区和航道的船舶使用低硫燃料，靠岸船舶尽量采用岸电的行动指引信息
市气象局	启动灰霾加密观测通报，通报广州国家基本气象站 $PM_{2.5}$、PM_{10}、能见度、相对湿度、灰霾等级、消光系数以及首要污染物及其浓度等实况数据	
广州市广播电视台	加大各类市民健康提示和建议性减排措施的宣传，如提醒儿童、老年人和患有心脏病、呼吸系统疾病等易感人群应当留在室内，减少户外运动，倡导公众及大气污染物排放单位自觉采取措施，减少污染物排放等	
其他各成员单位	密切关注灰霾灾害的监测、预报和预警，根据各自职责，组织、指导行业内相关防御灰霾灾害工作	

附件 8

雷雨大风灾害应急响应措施

等级 / 部门	雷雨大风Ⅳ级应急响应	雷雨大风Ⅲ级应急响应
市教育局	通知学校停止室外活动，待雷雨大风天气过后才可以室外活动或离校	
市住房城乡建设局	雷雨大风天气下，提醒、督促施工单位按有关安全规范做好防御工作，必要时停止户外作业	
市交通运输局	向雷雨大风发生地域的公路客运站场、公交站场发出停止户外高空作业的通知	
市水务局	指导有关单位开展低洼易涝区、积水路段等区域的积水抽排；督促排水管网运营单位及时疏通淤堵的市政排水管网，确保排水顺畅	
市城市管理综合执法局	按有关安全规定督促做好隐患排查和防御工作，必要时停止户外作业	
市应急管理局	协调各有关单位，指导预防雷雨大风引发的安全生产事故，核定和报告灾情	
市港务局	向雷雨大风发生地域的港口码头发出停止户外高空作业的通知	
市气象局	加强监测预报，及时发布雷雨大风预警信号及其防御指引	
广州白云国际机场	提示航空公司做好飞机安全起降	
其他各成员单位	密切关注雷雨大风灾害的监测、预报和预警，根据各自职责，组织、指导行业内相关防御雷雨大风灾害工作	

附件 9

道路结冰灾害应急响应措施

等级 部门	道路结冰应急响应
市应急管理局	加强值班，主持召开会商会议，研判天气的发展态势，部署抗冻工作；密切关注气温和海水温度的监测、预报和预警；督促做好防冻工作；视情派出督导检查工作组加强指导受灾区防冻救灾工作
市发展改革委	做好市级救灾物资应急调拨供应；必要时，向上级部门申请救灾款物，保障救灾款物的连续供给
市教育局	组织对管辖范围内各级各类学校开展防冻保暖和出行安排等宣传教育工作
市工业和信息化局	协调通信运营企业做好应急抢险的通信保障工作
市公安局	协助维护火车站、汽车站、机场等重要交通运输场所秩序，加强全市道路交通疏导和车辆分流，保障运送救援物资、人员车辆畅通，必要时实施交通管制，协助组织做好群众撤离和转移工作
市民政局	督促指导养老服务机构、儿童福利和未成年人救助保护机构等相关机构做好老人、儿童、未成年人的防冻措施，督促指导救助管理机构做好受助流浪乞讨人员的安全防护，对生活无着的流浪乞讨人员应救尽救
市人力资源社会保障局	引导外来务工人员有序返乡和人员疏导工作，必要时，动员外来务工人员留在本市过春节，协调相关单位指导企业做好务工人员的日常生活和文娱活动安排
市住房城乡建设局	负责城镇房屋、在建工地等防御雨雪冰冻灾害的指导、监督和管理
市交通运输局	牵头协调和组织全市应急运力，做好重点人员和重点物资的疏运，协助交警、海事等部门做好辖区道路、水路保畅通工作；组织实施所属道路除冰和路面养护工作，协助交警等单位做好滞留在所属道路上的司机和旅客的基本生活安置
市水务局	负责因雨雪冰冻可能引发的水利工程次生灾害的防御，督促、协调相关供水企业开展供水管网的抢修，保障供水
市农业农村局	指导相关企业、农户和养殖户做好农林作物、畜牧及养殖业的防冻保生产工作，做好技术指导服务

续表

等级 部门	道路结冰应急响应
市文化广电旅游局	协助有关部门做好景区内的动植物的防冻措施，对野外、山区等景区做好管理，限制游客和旅游从业人员进入
市卫生健康委	做好雨雪冰冻天气大范围人员滞留的医疗救护与疾病防治工作
市市场监管局	组织开展价格监督检查，密切关注物价波动情况，稳定市场价格
市城市管理综合执法局	组织做好燃气设备的防冻措施，开展对燃气管网的巡查工作，发现问题及时抢修，保障全市供气
市林业和园林局	组织做好对全市林业的防冻措施，做好技术指导服务，减少雨雪冰冻灾害对园林植物的损毁
市气象局	加强低温天气的监测、预报和预警工作，及时向市防总报告
广州供电局	加强重点线路巡查，及时组织线路除冰，抢修受损的电力线路，保障电网的安全运行，最大限度地满足抢险救援和居民生活的用电需要
市水投集团	及时组织人员开展供排水管网的巡查工作，及时抢修受损管线，保障全市供排水安全
广州地铁集团	通过显示屏、网站、微信、短信等方式滚动向公众发布地铁的运营和滞留人员情况，做好滞留人员的疏散和安置工作；提供地铁线路运营情况的电话、网络查询服务
中国电信广州分公司、中国移动广州分公司、中国联通广州分公司	做好道路结冰预警信息和防御指引的短信发送工作，提醒市民做好防冻保暖和出行安排；协助通信部门提供通信保障，组织做好通信线路、基站设施设备等的防冻措施
中国铁塔广州分公司	提供通信保障，组织做好通信铁塔（杆塔）、基站机房（机柜）、动力配套等设施设备的防冻措施

续表

部门 \ 等级	道路结冰应急响应
中国铁路广州局集团有限公司、广州白云国际机场	通过网站、微信、显示屏、短信等方式滚动向公众发布机场、车站的运营和滞留人员情况，发送提醒信息；做好滞留人员的疏散和安置工作；提供航班、车次的电话、网络查询服务，避免出行旅客大量聚集在机场、车站
广州市广播电视台	密切关注气温和灾情的监测、预报和预警，做好道路结冰预警信息和防御指引，提醒市民做好防冻保暖和出行安排
其他各成员单位	密切关注气温和灾情的监测、预报和预警，根据各自职责，组织、指导行业内相关防御雨雪冰冻工作

备注：响应措施以《广州市防汛防旱防风防冻应急预案》的防冻应急响应措施为准。

附件 10

应急响应级别表

灾种 \ 级别	Ⅰ级响应	Ⅱ级响应	Ⅲ级响应	Ⅳ级响应
台风	8个以上区发布台风红色预警信号	8个以上区发布台风橙色预警信号	8个以上区发布台风黄色预警信号	8个以上区发布台风白色或蓝色预警信号
暴雨	6个以上区发布全区暴雨红色预警信号，且暴雨导致城市大面积内涝，对公众和城市正常运行造成严重影响	6个以上区发布全区暴雨橙色预警信号，或3个以上区发布全区暴雨红色预警信号	9个以上区发布全区暴雨黄色预警信号，或3个以上区发布全区暴雨橙色预警信号，或1个区发布全区暴雨红色预警信号	6个以上区发布全区暴雨黄色预警信号，或2个区发布全区暴雨橙色预警信号

续表

级别 灾种	Ⅰ级响应	Ⅱ级响应	Ⅲ级响应	Ⅳ级响应
高温		8 个以上区发布高温红色预警信号，并预计高温将持续或加重趋势	8 个以上区发布高温橙色预警信号，并预计高温将持续 2 天以上	全部区发布高温黄色预警信号，并预计高温将持续 3 天以上
寒冷	8 个以上区发布寒冷红色预警信号，并预计寒冷将持续 2 天以上	3 个以上区发布寒冷红色预警信号，并预计寒冷将持续或加重趋势	8 个以上区发布寒冷橙色预警信号，并预计寒冷将持续 2 天以上	全部区发布寒冷黄色预警信号，并预计寒冷将持续 3 天以上
大雾			全部区发布大雾红色预警信号	全部区发布大雾橙色预警信号，或 8 个以上区发布大雾红色预警信号
灰霾			全部区发布灰霾黄色预警信号，且 3 个以上区已经出现重度灰霾并预计持续 2 天以上	8 个以上区发布灰霾黄色预警信号，且可能出现重度灰霾，并预计灰霾将持续 3 天以上
雷雨大风			8 个以上区发布全区雷雨大风橙色以上预警信号，或 3 个以上区发布全区雷雨大风红色预警信号	8 个以上区发布全区雷雨大风黄色预警信号，或 3 个以上区发布全区雷雨大风橙色预警信号
干旱	根据气象部门关于气象干旱监测报告、水文部门关于江河主要控制站月平均来水报告及发布的相关枯水预警、水务部门关于水库可用水量的报告和农业部门关于农作物受灾情况的报告，经研判后启动防旱应急响应			
道路结冰	发布道路结冰黄色预警信号			

备注：干旱、道路结冰灾害应急响应条件和级别以《广州市防汛防旱防风防冻应急预案》防旱、防冻应急响应条件和级别为准。

附录三　广州市公众应对主要气象灾害指引（2019 年修订）

说明：2015 年 7 月 27 日，首次出台《广州市公众应对主要气象灾害指引》(穗气〔2015〕100 号)，在《指引》中规定有效期 3 年；其后在 2019 年进行修订，将原 3 年有效期改为 5 年。目前正在实施版本是 2019 年 5 月 9 日印发的穗气〔2019〕83 号文。

为了加强气象灾害的防御，避免、减轻台风、暴雨、高温等主要气象灾害造成的损失，提升公众防灾抗灾、自救互救意识和能力，完善公众应对气象灾害的主动响应机制，保障人民生命和财产安全，根据《广东省气象灾害防御条例》《广东省气象灾害预警信号发布规定》《广东省教育厅　广东省气象局关于建立教育系统应对台风　暴雨停课安排工作机制的通知》《广东省气象灾害防御重点单位气象安全管理办法》《广州市气象灾害应急预案》(2018 年修订）和《广州市突发事件预警信息发布管理规定》(2018 年修订）及《广州市气象灾害防御规定》等有关规定，结合我市实际，对《广州市公众应对主要气象灾害指引》进行修订。

一、预警信号发布遵循“属地管理”原则

本指引所指的气象灾害预警信号由各区气象部门发布，未设气象机构的区（越秀、天河）的气象灾害预警信号由广州市气象台发布。公众和有关单位应根据当地气象部门发布的台风、暴雨等气象灾害预警信号及相应指引做好防御工作。

二、台风预警信号及应对指引

台风预警信号分五级，分别以白色、蓝色、黄色、橙色和红色表示。

（一）台风白色预警信号

图标：

含义：48 小时内将受台风影响。

应对指引：

1. 进入台风注意状态，警惕台风对当地的影响。

2. 注意通过气象信息传播渠道（广播、电视、报纸、电话、手机短信、传真、网站、微信、微博、电子显示屏、甚高频智能大喇叭和信息接收机、手机“停课铃”APP 等）了解台风最新情况，做好防台风准备。

（二）台风蓝色预警信号

图标：

含义：24 小时内将受台风影响，平均风力可达 6 级以上，或者阵风 8 级以上；或者已经受台风影响，平均风力为 6～7 级，或者阵风 8～9 级并将持续。

应对指引：

1. 进入台风戒备状态，做好防台风准备。

2. 注意了解台风最新消息和政府及有关部门防御台风通知。

3. 加固门窗和板房、铁皮屋、围板、棚架、广告牌等临时搭建物，妥善安置室外搁置物和悬挂物。检查电路、炉火、煤气等设施是否安全。

4. 处于海边、低洼地区、危房、简易工棚等危险区域的人员做好转移准备。

5. 高空、港口、露天大型活动等区域的室外工作人员应注意操作安全，视情况暂停活动和作业。

6. 海上和滩涂养殖、海上作业人员应当适时撤离，船舶应当及时回港避风或者采取其他避风措施。

7. 相关应急处置部门和抢险单位应当密切监视灾情，做好应急抢险救灾工作。

（三）台风黄色预警信号

图标：

含义：24 小时内将受台风影响，平均风力可达 8 级以上，或者阵风 10 级以上；或者已经受台风影响，平均风力为 8～9 级，或者阵风 10～11 级并将持续。

应对指引：

1. 进入台风防御状态，公众应密切关注台风最新消息和政府及有关部门发布的防御台风通知。

2. 中等职业学校、中小学校、特殊教育学校、幼儿园、托儿所应当停课。学生家长应当指导学生、儿童停止上学（园）；未启程上学的学生、儿童不必到学校、幼儿园上课；上学、放学途中的学生、儿童应当就近到安全场所暂避，或者在安全的情况下回家。已到学校（园）（含校车上、寄宿）的学生、儿童应服从校（园）方安排，学校、幼儿园应确保校舍、园区开放，妥善安置在校（含校车上、寄宿）学生，保障在学校（园）学生、儿童的安全，在确保安全的情况下安排学生、儿童离校（园）回家。

台风黄色预警信号解除或降级至蓝色以下预警信号后，负责教育工作的行政管理部门应当通知学校做好复课准备。学校可以根据实际情况决定是否复课，决定复课的学校，应及时将复课信息通知学生或家长。学生、家长要留意最新预警信号和学校复课的通知。

3. 应当关紧门窗，妥善安置室外搁置物和悬挂物，尽量避免外出；处于危险地带和危房中的人员应当及时撤离，确保留在安全场所。必须切断危险电源。

4. 停止户外集体活动，参加活动的人员应服从安排，及时疏散、撤离或到安全场所避风。停止高空等户外作业。

5. 室外人员应远离大树、广告牌等可能发生危险的区域，远离架空线路、电杆、铁塔和变压器等高压电力设备及被风吹倒的电杆、电线，避免在室外逗留。如有需要，可选择最近的临时避难场所，或就近到安全场所暂避。

6. 滨海浴场、景区、公园、游乐场应当适时停止营业，关闭相关区域，组织人员避险。

7. 海上和滩涂养殖、海上作业人员应当撤离，回港避风船舶不得擅自离港，并做好防御措施。

8. 除抢险救灾、医疗及保障公众基本生活必需的公共交通、供水、供电、燃气供应等（下同）特殊行业必须在岗的工作人员以外，用人单位应当根据工作地点、工作性质和防灾避灾需要等情况安排工作人员推迟上班、提前下班或者停工，并为在岗工作人员以及因天气原因滞留单位的工作人员提供安全的避风场所。

9. 机场、轨道交通、高速公路、港口码头等可能受到影响，经营管理单位应当采取措施，保障安全；公众前往时应先咨询相关信息。

10. 相关应急处置部门和抢险单位工作人员应密切监视灾情，做好应急抢险救灾工作。

（四）台风橙色预警信号

图标：

含义：12 小时内将受台风影响，平均风力可达 10 级以上，或者阵风 12 级以上；或者已经受台风影响，平均风力为 10 ～ 11 级，或者阵风 12 级以上并将持续。

应对指引：

1. 进入台风紧急防御状态，公众应密切关注台风最新消息和政府及有关部门发布的防御台风通知。

2. 中等职业学校、中小学校、特殊教育学校、幼儿园、托儿所应当停课。学生家长应当指导学生、儿童停止上学（园）；未启程上学的学生、儿童不必到学校、幼儿园上课；上学、放学途中的学生、儿童应当就近到安全场所暂避，或者在安全的情况下回家。已到学校（园）（含校车上、寄宿）的学生、儿童应服从校（园）方安排，学校、幼儿园应确保校舍、园区开放，妥善安置在校（含校车上、寄宿）学生，保障在学校（园）学生、儿童的安全，在确保安全的情况下安排学生、儿童离校（园）

回家。

台风橙色预警信号解除或降级至蓝色以下预警信号后，负责教育工作的行政管理部门应当通知学校做好复课准备。学校可以根据实际情况决定是否复课，决定复课的学校，应及时将复课信息通知学生或家长。学生、家长要留意最新预警信号和学校复课的通知。

3. 公众避免外出，确保留在安全场所。

4. 室内人员继续留在安全场所，并检查防风安全情况，如紧固门窗，有条件的可在玻璃窗加贴胶纸等，尽量不要靠近门窗，以防玻璃碎裂伤人；必须切断危险电源。

5. 停止室内大型集会，应在确保安全的前提下立即疏散人员。

6. 除特殊行业必须在岗的工作人员外，用人单位应当根据工作地点、工作性质和防灾避灾需要等情况，安排工作人员推迟上班、提前下班或者停工，并为在岗工作人员以及因天气原因滞留单位的工作人员提供安全的避风场所。

7. 滨海浴场、景区、公园、游乐场、旅游景点应当停止营业，迅速组织人员避险。

8. 室外人员应就近到安全场所暂避，不要在临时建筑、广告牌、铁塔、大树等附近避风。不要待在楼顶，特别是要远离危险房屋和活动房屋。车辆应就近寻找安全场所停放。

9. 处于水上作业、海上和滩涂养殖、危房、低洼、靠近山边房屋、病险水库下游、简易工棚等可能发生危险区域的人员，必须撤离到安全场所暂避。

10. 高空、港口等区域的室外作业人员应停止作业；加固港口设施，落实船舶防御措施，防止走锚、搁浅和碰撞。在港停泊船舶上的值班人员应当加强自我防护，并按有关规定操作。

11. 机场、轨道交通、高速公路、港口码头等可能受到影响，经营管理单位应当采取措施，保障安全；公众前往时应先咨询相关信息。

12. 相关应急处置部门和抢险单位工作人员应当加强值班，密切监视灾情，转移危险地带和危房中的人员到安全场所暂避。

特别提示：当台风中心经过时风力会减少或静止一段时间，应当保持戒备和防御，以防台风中心经过后强风再袭。

（五）台风红色预警信号

图标：

含义：12 小时内将受或者已经受台风影响，平均风力可达 12 级以上，或者已达 12 级以上并将持续。

应对指引：

1. 进入台风特别紧急防御状态，公众应高度关注台风最新消息和政府及有关部门发布的防御台风通知。

2. 中等职业学校、中小学校、特殊教育学校、幼儿园、托儿所应当停课。学生家长应当指导学生、儿童停止上学（园）；未启程上学的学生、儿童不必到学校、幼儿园上课；上学、放学途中的学生、儿童应当就近到安全场所暂避，或者在安全的情况下回家。已到学校（园）（含校车上、寄宿）的学生、儿童应服从校（园）方安排，学校、幼儿园应确保校舍、园区开放，妥善安置在校（含校车上、寄宿）学生，保障在学校（园）学生、儿童的安全，在确保安全的情况下安排学生、儿童离校（园）回家。

台风红色预警信号解除或降级至蓝色以下预警信号后，负责教育工作的行政管理部门应当通知学校做好复课准备。学校可以根据实际情况决定是否复课，决定复课的学校，应及时将复课信息通知学生或家长。学生、家长要留意最新预警信号和学校复课的通知。

3. 公众切勿外出，确保留在安全场所。

4. 室内人员继续留在安全场所，并检查防风安全情况，如紧固门窗，有条件的可在玻璃窗加贴胶纸等，不要靠近门窗，以防玻璃碎裂伤人；必须切断危险电源。

5. 停止室内大型集会，应在确保安全的前提下立即疏散人员。

6. 建议用人单位停工（特殊行业除外），并为滞留人员提供安全的避风场所。

7. 滨海浴场、景区、公园、游乐场、旅游景点停止营业。

8. 室外人员应就近到安全场所暂避，不要在临时建筑、广告牌、铁塔、大树等附近避风。不要待在楼顶，特别是要远离危险房屋和活动房屋。车辆应就近寻找安全场所停放。

9. 处于水上作业、海上和滩涂养殖、危房、低洼、靠近山边房屋、病险水库下游、简易工棚等可能发生危险区域的人员，必须撤离到安全场所暂避。

10. 高空、港口等区域的室外作业人员应停止作业；加固港口设施，落实船舶防御措施，防止走锚、搁浅和碰撞；在港停泊船舶上的值班人员应当加强自我防护，并按有关规定操作。

11. 机场、轨道交通、高速公路、港口码头等可能受到影响，经营管理单位应当采取措施，保障安全；公众前往时应先咨询相关信息。

12. 相关应急处置部门和抢险单位工作人员应当加强值班，密切监视灾情，转移危险地带和危房中的人员到安全场所暂避。

特别提示：当台风中心经过时风力会减小或者静止一段时间，应当保持戒备和防御，以防台风中心经过后强风再袭。

三、暴雨预警信号及应对指引

暴雨预警信号分三级，分别以黄色、橙色、红色表示。

（一）暴雨黄色预警信号

图标：

含义：6 小时内本地将有暴雨发生，或者已出现明显降雨，且降雨将持续。

应对指引：

1. 进入暴雨防御状态，关注暴雨最新消息。

2. 中等职业学校、中小学校、特殊教育学校教职员工应关注暴雨预警信息，以便天气突然恶化时及时应对。上学时间段内所在区域的学生及其家长认为有必要延迟上学时，可以延迟上学，并及时告知学校；学校对因此延迟上学的学生不作迟到和旷课处理；暴雨黄色预警信号解除，且学生及其家长认为安全时，学生应当及时上学。

3. 处于低洼易涝区、危房、边坡等可能发生危险区域的人员，应采取必要的安全措施。

4. 驾驶人员应注意道路积水和交通阻塞，确保安全。

5. 检查农田、鱼塘排水系统，降低易淹鱼塘水位。

6. 室外作业人员做好防雨、防陷措施，或到安全场所暂避。

7. 地铁、地下商场、地下车库、地下通道、地下室等地下设施的管理单位应做好排水防涝工作。

8. 相关应急处置部门和抢险单位工作人员应密切监视灾情，做好应急抢险救灾工作。

特别提示：暴雨预警信号解除后，河道周边和危险边坡等次生灾害易发区域的人员仍应注意加强安全防范。

（二）暴雨橙色预警信号

图标：

含义：在过去的 3 小时，本地降雨量已达 50 毫米以上，且降雨将持续。

应对指引：

1. 进入暴雨紧急防御状态，密切关注暴雨最新消息。

2. 上学时间段内所在区域的中等职业学校、中小学校应当延迟上学，学生家长应当指导学生延迟上学；上学、放学途中的学生应就近到安全场所暂避；在校学生应服从校方安排，学校应保障在校（含校车上、寄宿）学生的安全，在确保安全情况下，方可让学生回家。特殊教育学校学生不必到学校上课，托儿所、幼儿园的儿童不必到园。暴雨橙色预警信号解除，且学生及其家长认为安全时，学生应当及时上学。

3. 室内人员应及时采取防御措施，关闭和紧固门窗，防止雨水侵入室内。一旦室外积水漫进屋内，应及时切断电源总开关，防止触电伤人。

4. 室外人员应远离低洼易涝区、危房、边坡、简易工棚、挡土墙、河道、水库等可能发生危险的区域。远离架空线路、电杆、斜拉铁线、铁塔和变压器等高压电力设备，及被水浸泡的电箱、电线、路灯及公交站牌等带电设施，远离排水口；避免涉水穿越水浸区域，远离被水浸或裸露的电线，以防触电。

5. 行驶车辆应绕开积水路段及下沉式立交桥，避免穿越水浸道路，避免将车辆停放在低洼易涝等危险区域。

6. 对低洼地段室外供用电设施采取安全防范措施。

7. 地铁、地下商场、地下车库、地下通道、地下室等地下设施的管理单位应做好排水防涝工作。

8. 机场、轨道交通、高速公路、港口码头等可能受到影响，经营管理单位应当采取措施，保障安全；公众前往时应先咨询相关信息。

9. 相关应急处置部门和抢险单位应当加强值班，密切监视灾情，对积水地区实行交通疏导和排水防涝；转移危险地带和危房中的人员到安全场所暂避。

10. 注意防范暴雨可能引发的内涝、山洪、滑坡、泥石流等灾害。

（三）暴雨红色预警信号

图标：

含义：在过去的 3 小时，本地降雨量已达 100 毫米以上，且降雨将持续。

应对指引：

1. 进入暴雨特别紧急防御状态，高度关注暴雨最新消息和政府及有关部门发布的防御暴雨通知。

2. 6:00—8:00 和 11:00—13:00 暴雨红色预警信号生效时，所在区域的中等职业学校、中小学校、特殊教育学校、幼儿园、托儿所分别上午和下午停课，都无需等待教育行政部门的通知，学生家长应当指导学生停止上学。未启程上学的学生、儿童不必到学校、幼儿园上课；上学、放学途中的学生、儿童应当就近到安全场所暂避，或者在安全的情况下回家。已到校（园）学生、儿童服从校（园）安排，学校、幼儿园应确保校舍、园区开放，妥善安置在校（含校车上、寄宿）学生，应保障在校（园）（含校车上、寄宿）学生、儿童的安全，应在确保安全的情况下，方可安排学生、儿童回家。

暴雨红色预警信号解除或降级至橙色以下预警信号后，负责教育工作的行政管理部门应当通知学校做好复课准备。学校可以根据实际情况决定是否复课，决定复课的学校，应及时将复课信息通知学生或家长。学生、家长要留意最新预警信号和学校复课的通知。

3. 室内人员应立即采取防御措施，关闭和紧固门窗，防止雨水侵入室内。一旦室外积水漫进屋内，应及时切断电源总开关，防止触电伤人。

4. 处于危险地带的工作（作业）人员（特殊行业除外）应停止作业，立即转移到安全的地方暂避。处于低洼易涝区、危房、边坡、简易工棚、地下空间、挡土墙、河道、水库等可能发生危险区域的人员应立即撤离、转移到安全场所暂避，并切断低洼地带有危险的电源，对低洼地段室外供用电设施采取安全防范措施。

5. 除特殊行业的工作人员外，用人单位应当根据工作地点、工作性质和防灾避灾需要等情况，安排工作人员推迟上班、提前下班或者停工，并为滞留单位的工作人员提供必要的安全避险场所或者采取相应的安全措施。

6. 停止室外作业和活动，人员应当留在安全场所暂避。

7. 室外人员应密切关注暴雨和交通信息，远离低洼易涝区、危房、边坡、简易工棚、挡土墙、河道、水库和易发生滑坡、泥石流等危险区域。远离架空线路、电杆、斜拉铁线、铁塔和变压器等高压电力设备，及被水浸泡的电箱、电线、路灯及公交站牌等带电设施，远离排水口；避免涉水穿越水浸区域，远离被水浸或裸露的电线，以防触电。

8. 行驶车辆应当绕开积水路段及下沉式立交桥，避免穿越水浸道路，避免将车辆停放在低洼易涝等危险区域，如遇严重水浸等危险情况应立即弃车逃生。

9. 地铁、地下商场、地下车库、地下通道、地下室等地下设施的管理单位应做好排水防涝工作。

10. 机场、轨道交通、高速公路、港口码头等可能受到影响，经营管理单位应当采取措施，保障安全，公众前往时应先咨询相关信息。

11. 相关应急处置部门和抢险单位应当严密监视灾情，做好暴雨及其引发的内涝、山洪、滑坡、泥石流等灾害应急抢险救灾工作。

四、高温预警信号及应对指引

高温预警信号分三级，分别以黄色、橙色、红色表示。

（一）高温黄色预警信号

图标：

含义：天气闷热，24 小时内最高气温将升至 35℃或者已达到 35℃以上。

应对指引：

1. 天气闷热，注意做好防暑降温准备工作。

2. 高温条件下作业和白天需要长时间进行户外露天作业的人员应当采取必要的防护措施，避免长时间户外或者高温条件下作业。

（二）高温橙色预警信号

图标：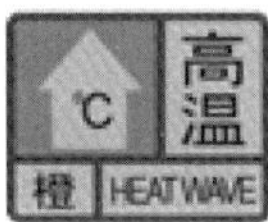

含义：天气炎热，24 小时内最高气温将要升至 37℃以上或者已经达到 37℃以上。

应对指引：

1. 做好防暑降温工作，如有需要，可到开放的避暑场所防暑降温；高温时段尽量避免户外活动，暂停户外露天作业。

2. 注意防范因电线、变压器等电力设备负载过大而引发火灾。

3. 注意作息时间，保证睡眠，必要时准备一些常用的防暑降温药品。

4. 有关单位落实防暑降温保障措施，提供防暑降温指导，有条件的地区开放避暑场所。

5. 有关部门应当加强食品卫生安全监督检查。

（三）高温红色预警信号

图标：

含义：天气酷热，24 小时内最高气温将升至 39℃以上。

应对指引：

1. 采取有效措施防暑降温，如有需要，可到开放的避暑场所防暑降温，白天尽量减少户外活动。

2. 对老、弱、病、幼、孕人群采取保护措施。

3. 要特别注意防火，注意防范因电线、变压器等电力设备负载过大而引发火灾。

4. 除特殊行业外，停止户外露天作业。

5. 注意作息时间，保证睡眠，准备好一些常用的防暑降温药品。

6. 有关单位按照职责采取防暑降温应急措施，有条件的地区开放避暑场所。

五、寒冷预警信号及应对指引

寒冷预警信号分三级，分别以黄色、橙色、红色表示。

（一）寒冷黄色预警信号

图标：

含义：预计因冷空气侵袭，当地气温在24小时内急剧下降10℃以上，或者日平均气温维持在12℃以下。

应对指引：

1. 关注寒冷天气最新信息和政府及有关部门发布的防御寒冷通知。

2. 注意做好防寒和防风工作，适时添衣保暖；对热带作物及水产养殖品种应采取一定的防寒和防风措施。

（二）寒冷橙色预警信号

图标：

含义：预计因冷空气侵袭，当地最低气温将降到5℃以下，或者日平均气温维持在10℃以下。

应对指引：

1. 密切关注寒冷天气最新消息和政府及有关部门发布的防御寒冷通知。

2. 公众尤其是老、弱、病、幼、孕人群做好防寒保暖工作，有必要时可到开放的避寒场所防寒保暖。

3. 做好牲畜、家禽的防寒防风，对热带、亚热带水果及有关水产养殖、农作物等种养品种采取防寒措施。

4. 高寒地区应当采取防霜冻、冰冻措施。

（三）寒冷红色预警信号

图标：

含义：预计因冷空气侵袭，当地最低气温将降到0℃以下，或者日平均气温维持在5℃以下。

应对指引：

1. 严密关注寒冷天气最新消息和政府及有关部门发布的防御寒冷通知。

2. 公众尤其是老、弱、病、幼、孕人群加强防寒保暖工作。如有需要，可到开放的避寒场所防寒保暖，尽量减少户外活动。

3. 进一步做好牲畜、家禽的防寒保暖工作。

4. 农业、林业、水产业、畜牧业、交通运输、供电等部门应当采取防寒防冻措施，尽量减少损失。

5. 相关应急处置部门和抢险单位应当做好灾害应急抢险救灾工作。

六、大雾预警信号及应对指引

大雾预警信号分三级，分别以黄色、橙色、红色表示。

（一）大雾黄色预警信号

图标：

含义：12 小时内将出现能见度小于 500 米的雾，或者已经出现能见度小于 500 米、大于等于 200 米的雾且将持续。

应对指引：

1. 驾驶人员注意安全，小心驾驶。
2. 出行要关注机场、轨道交通、高速公路、港口码头等经营管理部门最新的消息。
3. 户外活动注意安全。

（二）大雾橙色预警信号

图标：

含义：6 小时内将出现能见度小于 200 米的雾，或者已经出现能见度小于 200 米、大于等于 50 米的雾且将持续。

应对指引：

1. 驾驶人员应当控制车、船的行进速度，确保安全。
2. 机场、轨道交通、高速公路、港口码头等可能受到影响，经营管理单位应当采取措施，保障安全；公众前往时应先咨询相关信息。
3. 减少户外活动。

（三）大雾红色预警信号

图标：

含义：2 小时内将出现能见度低于 50 米的雾，或者已经出现能见度低于 50 米的雾且将持续。

应对指引：

1. 有关单位按照行业规定适时采取交通安全管制措施，如机场暂停飞机起降，轨道交通暂时停止运行、高速公路和轮渡暂时封闭或者停航等。

2. 各类机动交通工具采取有效措施保障安全。

3. 驾驶人员采取合理行驶方式，并尽快寻找安全停放区域停靠。

4. 避免户外活动。

5. 机场、轨道交通、高速公路、港口码头等可能受到影响，经营管理单位应当采取措施，保障安全，公众前往时应先咨询相关信息。

6. 相关应急处置部门和抢险单位工作人员应密切监视灾情，做好应急抢险救灾工作。

七、灰霾天气预警信号及应对指引

灰霾天气预警信号，以黄色表示。

图标：

含义：12 小时内将出现灰霾天气，或者已经出现灰霾天气且将持续。

应对指引：

1. 驾驶人员应注意安全，小心驾驶。

2. 公众需适当防护，减少开车出行，尽可能乘坐公共交通工具出行。

3. 建议中小学校、托儿所、幼儿园适时停止户外活动。

4. 有呼吸道疾病的患者尽量避免外出，外出时可戴上口罩。

5. 尽量减少户外活动，尤其要避免在交通干线等灰霾严重的地方停留；户外活动应尽量选择公园、郊外等空气新鲜的地方。

6. 机场、高速公路、港口码头等经营管理单位采取措施，保障安全。

八、雷雨大风预警信号及应对指引

雷雨大风预警信号分三级，分别以黄色、橙色、红色表示。

（一）雷雨大风黄色预警信号

图标：

含义：6 小时内本地将受雷雨天气影响，平均风力可达 6 级以上，或者阵风 8 级以上，并伴有强雷电；或者已经受雷雨天气影响，平均风力达 6 ～ 7 级，或者阵风 8 ～ 9 级，并伴有强雷电，且将持续。

应对指引：

1. 关注雷雨大风最新消息和有关防御通知，做好防御大风、雷电工作。

2. 上学时间段内所在区域的中等职业学校、中小学校、特殊教育学校学生及其家长认为有必要延迟上学时，可以延迟上学，并及时告知学校；学校对因此延迟上学的学生，不作迟到和旷课处理。雷雨大风黄色预警信号解除，且学生及其家长认为安全时，学生应当及时上学。

3. 及时停止户外集体活动，参加活动的人员应服从安排，及时疏散、撤离或到安全场所避险。

4. 应当关紧门窗，妥善安置室外搁置物和悬挂物，尽量避免外出，留在有雷电防护装置的安全场所暂避。妥善保管易受雷击的电器设备，切断危险的电源。

5. 高空、水上、旷野等户外作业人员停止作业，危险地带人员撤离。

6. 危险地带和危房公众以及船舶，应到避风场所避风；千万不要靠近铁塔、烟囱、电线杆等高大物体，更不要躲在大树、电杆、塔吊下或到孤立的无避雷设施的棚子和小屋里避雨，出现雷电时应当关闭手机。

7. 室外人员应远离大树、广告牌等可能发生危险的区域，远离架空线路、电杆、铁塔和变压器等高压电力设备及被风吹倒的电线。如有需要，可选择最近的临时避难场所，或就近到安全场所暂避。

8. 机场、轨道交通、高速公路、港口码头等可能受到影响，经营管理单位应当采取措施，保障安全；公众前往时应先咨询相关信息。

9. 相关应急处置部门和抢险单位工作人员应密切监视灾情，做好应急抢险救灾工作。

（二）雷雨大风橙色预警信号

图标：

含义：2 小时内本地将受雷雨天气影响，平均风力可达 8 级以上，或者阵风 10 级以上，并伴有强雷电；或者已经受雷雨天气影响，平均风力为 8 ～ 9 级，或者阵风 10 ～ 11 级，并伴有强雷电，且将持续。

应对指引：

1. 进入紧急防风防雷电状态，密切关注雷雨大风最新消息和有关防御通知，迅速做好防御大风、雷电工作。

2. 上学时间段内所在区域的中等职业学校、中小学校、特殊教育学校学生应当延迟上学，学生家长应当指导学生延迟上学，并及时告知学校；学校对因此延迟上学的学生，不作迟到和旷课处理。雷雨大风橙色预警信号解除，且学生及其家长认为安全时，学生应当及时上学。

3. 立即停止户外活动和作业。

4. 应当关紧门窗，妥善安置室外搁置物和悬挂物，以免因大风侵袭坠落伤人。

5. 尽量避免外出，远离户外广告牌、棚架、铁皮屋、板房等易被大风吹动的搭建物，切勿在树下、电杆下、塔吊下躲避，应当留在有雷电防护装置的安全场所暂避。

6. 强雷雨时切勿接触任何金属物品，像天线、水管、铁丝网、金属门窗等导电的物体，尽量远离门窗、阳台、外墙壁，尽量远离各种导线和电器设备；不要使用无防雷装置或者防雷装置不完备的通讯、视听设备、家电，应拔掉电源插头，以免雷电伤人及损坏电器。

7. 户外人员应当躲入有防雷设施的坚固建筑物或者汽车内，千万不要在危旧房屋、临时建筑、广告牌、大树等附近停留。风雨过后在路上应特别注意远离危旧房屋、建筑工地、广告牌等，并须特别注意躲避掉落地面或垂向地面的各类电线。

8. 在空旷场地不要打伞，不要把农具、羽毛球拍、高尔夫球杆等扛在肩上。

9. 处于水上作业、海上和滩涂养殖、危房、低洼、靠近山边房屋、病险水库下游、简易工棚等可能发生危险区域的人员，必须撤离到安全场所暂避。

10. 公园、景区、游乐场等户外场所应当及时发出警示信息，适时关闭相关区域，停止营业，组织公众避险。

11. 在建工地应当采取防护措施，加强工棚、脚手架、井架等设施和塔吊、龙门吊、升降机等机械、电器设备的安全防护，保障公众安全。

12. 机场、轨道交通、高速公路、港口码头等可能受到影响，经营管理单位应当采取措施，保障安全；公众前往时应先咨询相关信息。

13. 相关应急处置部门和抢险单位工作人员应加强值班，密切监视灾情，做好应急抢险救灾工作。

（三）雷雨大风红色预警信号

图标：

含义：2 小时内本地将受雷雨天气影响，平均风力可达 10 级以上，或者阵风 12 级以上，并伴有强雷电；或者已经受雷雨天气影响，平均风力为 10 以上，或者阵风 12 级以上，并伴有强雷电，且将持续。

应对指引：

1. 进入特别紧急防风防雷电状态，应密切关注雷雨大风最新消息和有关防御通知，迅速做好防御大风、雷电工作。

2. 上学时间段内所在区域中等职业学校、中小学校、特殊教育学校学生应当延迟上学，学生家长应当指导学生延迟上学，并及时告知学校；学校对因此延迟上学的学生，不作迟到和旷课处理；雷雨大风红色预警信号解除，且学生及其家长认为安全时，学生应当及时上学。

3. 立即停止户外活动和作业。

4. 应当关紧门窗，妥善安置室外搁置物和悬挂物，以免因大风侵袭坠落伤人。

5. 切勿外出，远离户外广告牌、棚架、铁皮屋、板房等易被大风吹动的搭建物，切勿在树下、电杆下、塔吊下躲避，应当留在有雷电防护装置的安全场所暂避。

6. 切勿接触天线、水管、铁丝网、金属门窗、建筑物外墙，远离电线等带电设备和其他类似金属装置。不要使用无防雷装置或者防雷装置不完备的通讯、视听设备、家电等。

7. 除特殊行业的工作人员外，用人单位应当根据工作地点、工作性质和防灾避灾需要等情况，安排工作人员推迟上班、提前下班或者停工，并为滞留单位的工作人员提供必要临时安全避险场所或者采取相应的安全措施。

8. 处于水上作业、海上和滩涂养殖、危房、低洼、靠近山边房屋、病险水库下游、简易工棚等可能发生危险区域的人员，必须撤离到安全场所暂避。

9. 客船暂时停航，所有船舶暂时停止作业。加固港口设施，防止船只走锚、搁浅和碰撞。在港停泊船舶上的值班人员应当加强自我防护，并按有关规定操作。

10. 公园、景区、游乐场等户外场所应当及时发出警示信息，适时关闭相关区域，停止营业，组织公众避险。

11. 在建工地应当采取防护措施，加强工棚、脚手架、井架等设施和塔吊、龙门吊、升降机等机械、电器设备的安全防护，保障公众安全。

12. 机场、轨道交通、高速公路、港口码头等可能受到影响，经营管理单位应当采取措施，保障安全；公众前往时应先咨询相关信息。

13. 相关应急处置部门和抢险单位工作人员应加强值班，密切监视灾情，做好应急抢险救灾工作。

九、冰雹预警信号及应对指引

冰雹预警信号分二级，分别以橙色、红色表示。

（一）冰雹橙色预警信号

图标：

含义：6 小时内将出现或者已经出现冰雹，并可能造成雹灾。

应对指引：

1. 为紧急防御信号，密切注意天气变化，做好防雹准备。

2. 上学时间段内所在区域的中等职业学校、中小学校、特殊教育学校学生应当延迟上学，学生家长应当指导学生延迟上学，并及时告知学校；学校对因此延迟上学的学生，不作迟到和旷课处理；冰雹橙色预警信号解除，且学生及其家长认为安全时，学生应当及时上学。

3. 户外行人及时到安全的场所暂避。

4. 妥善安置易受冰雹影响的室外物品、车辆等。

5. 将家禽、牲畜等赶到带有顶篷的安全场所。

6. 相关应急处置部门和抢险单位随时准备启动抢险应急方案。

（二）冰雹红色预警信号

图标：

含义：2 小时内出现冰雹的可能性极大或者已经出现冰雹，并可能造成重雹灾。

应对指引：

1. 为特别紧急防御信号，密切注意天气变化，做好防雹工作。

2. 上学时间段内所在区域的中等职业学校、中小学校、特殊教育学校学生应当延迟上学，学生家长应当指导学生延迟上学，并及时告知学校；学校对因此延迟上学的学生，不作迟到和旷课处理；冰雹红色预警信号解除，且学生及其家长认为安全时，学生应当及时上学。

3. 户外行人立即到安全的场所暂避。

4. 妥善安置易受冰雹袭击的室外物品、车辆等。

5. 将家禽、牲畜等赶到带有顶篷的安全场所。

6. 相关应急处置部门和抢险单位应密切监视灾情，做好应急抢险救灾工作。

十、附则

（一）若台风和暴雨预警信号同时生效，应根据正在生效的台风、暴雨预警信号等级，参照相应的台风、暴雨预警信号发布后的应对指引，采取该级别的顶格防御措施，并以级别最高的指引为主。

（二）台风、暴雨等灾害影响期间，公众应关注气象信息传播渠道发布的预警信息，并相互转告。应服从政府及相关部门在灾害防御、抢险救灾过程中的指挥和部署。当发现险情、灾情时应及时向有关部门报告。政府有关部门应当按照职责分工和应急预案指导公众共同做好台风、暴雨等灾害的防御工作。

（三）参加高考和中考等公开考试的人员，应留意考试组织部门发出的通知，及时获知公开考试的最新安排。

（四）查询、求助及报灾方式

1. 关于水浸、洪涝灾情及防洪防风抢险救灾等问题，可向市政府防汛、防旱、防风、防冻指挥部办公室（市应急管理局）咨询、求助或报告，电话：87590388；关于应急避难场所分布及开放等问题，也可向市应急管理局咨询、求助或报告，电话：83647111；广州市应急管理局官方微博：@广州应急管理，广州应急管理微信公众号：广州应急管理，官方网站：http://www.gzajj.gov.cn/。

2. 关于天气及预警信息等相关问题，可查询市气象局，电话：12121、66619588，官方微博：@广州天气（http://weibo.com/gztq），广州天气微信公众号："广州天气"，二维码：，官方网站："广州天气"网站 http://www.tqyb.com.cn/ 和手机网站 http://www.tqyb.com.cn/pda/。

3. 关于学校是否停课或延迟上学等问题，可遵循本《指引》，根据气象部门的预警信号进行应对。本《指引》已通过广州市教育局政务网站（http://www.gzedu.gov.cn/）、政务微信（gzsjyj）、新浪微博（@广州教育）进行发布。

4. 关于交通事故、拥堵、交通管制等相关问题，可向市公安局咨询、求助或报告，电话：110、122，官方微博：@广州交警，广州交警微信公众号：gzjiaojing，官方网站（广州金盾网）：http:// www.gzjd.gov.cn/。

5. 关于公共交通运营调度情况，汽车客运站开放或关闭等相关问题，可咨询市交通运输局，电话：96900，官方微博：@广州交通，广州交通微信公众号：gzsjtw，官方网站：广州交通信息网：http://www.gzjt.gov.cn/。

6. 关于崩塌、滑坡和泥石流等地质灾害等相关事项，可咨询、求助或报告市规划和自然资源局，电话：86091422、13922416636，官方微博：@广州规划资源，政务微信：广州市规划和自然资源局，官方网站：http://www.gzlpc.gov.cn/。

7. 关于渔船回港等相关事项，可咨询、求助或报告市农业农村局，电话：86393467，官方微博：@广州三农，政务微信：广州三农，微信公众号：gh_541d9f5f914f，官方网站：http://www.gzagri.gov.cn/。

8. 关于船舶、海上作业人员避风、海上搜救等相关事项，可咨询、求助或报告广州海事局，电话：82272372，广州船舶交通管理中心微信公众平台：广州 VTS，官方网站：中华人民共和国广东海事局网站：https://www.gd.msa.gov.cn/。

9. 关于用人单位停工停业等相关问题，可咨询市人力资源和社会保障局，电话：12333，官方微博：@广州人社，广州人社微信公众号：gz-rsj，官方网站：http://www.hrssgz.gov.cn/。

10. 关于建设工地停工等相关问题，可咨询市住房城乡建设局，服务热线：12345，官方微博：@广州住房城乡建设，广州住建微信公众号：gzzfcxjs，官方网站：http://www.gzcc.gov.cn/。

11. 其他相关事宜的查询、求助或报告，可拨打市政府热线电话 12345，广州市人民政府门户网站：http://www.gz.gov.cn/。

（五）实施时间

本指引自印发之日起施行，有效期五年。

彩图索引

彩图号	内容	页码
彩图 1	2005 年 6 月 24 日，市气象局北江抗洪救灾气象服务保障现场	1
彩图 2	2005 年 7 月 19 日，市气象局业务人员冒着酷暑上街进行路面高温测量	1
彩图 3	2006 年 4 月 7 日，市气象局、市教育局联合举行学校安全气象预警系统启动仪式	2
彩图 4	2007 年 11 月 10 日，召开第八届全国少数民族传统体育运动会气象服务工作动员会	2
彩图 5	2008 年 5 月 7 日，气象保障小组在现场开展奥运火炬传递气象保障服务	3
彩图 6	2008 年 11 月 12 日，在“2010 年广州亚运会倒计时 2 周年”之际，市气象局在从化马术赛场进行气象保障应急演习	3
彩图 7	2010 年 11 月 5 日，广州亚运气象服务中心在“广州塔”上 526 米、454 米、121 米的高度布设了三套自动气象观测仪器	4
彩图 8	2010 年 11 月 18 日，市气象局为亚运赛事提供特别天气预报图，直观显示风向对水上赛道的影响	4
彩图 9	2010 年 11 月 22 日，广州亚运会竞赛总指挥部分析天气对赛事可能造成的影响	5
彩图 10	2011 年 5 月 7 日，气象部门工作人员获亚运会先进工作者表彰	5
彩图 11	2011 年 10 月 11 日，广州国家基本气象站历史资料移交萝岗观测站	6
彩图 12	2013 年 2 月 4 日，市气象局联手 @ 中国广州发布，在新浪、腾讯两大互联网平台举办名为“春节幸福回家路，广州天气伴你行”的微访谈	6
彩图 13	2013 年 8 月 13 日，首次利用广州塔发布气象预警信号，广州塔成为世界最高气象预警塔	7
彩图 14	2013 年，广州首个海洋观测站——舢板洲海洋气象观测站建成投入使用	7
彩图 15	2014 年 6 月 10 日，市气象局联合市港务局召开“广州港风球升降新规则媒体通气会”	7

续表

彩图号	内容	页码
彩图 16	2015 年 1 月 9 日，市气象局、市环保局签署空气质量预报预警合作协议	8
彩图 17	2016 年 6 月 15 日，广州国际龙舟邀请赛气象服务保障现场	8
彩图 18	2016 年 6 月 23 日，市人大代表对突发事件预警信息发布体系建设情况进行集中视察	9
彩图 19	2016 年 9 月 28 日，市气象局首次成功开展气象观测无人机试飞实验	9
彩图 20	广州市气象监测预警中心	10
彩图 21	广州市气象监测预警中心预报预警发布大厅	10
彩图 22	海珠区气象局	11
彩图 23	白云区气象局	11
彩图 24	黄埔广州国家气象观测站	12
彩图 25	花都区气象局	12
彩图 26	番禺区气象局	13
彩图 27	南沙气象探测基地	13
彩图 28	从化区气象局	14
彩图 29	增城区气象局	14

表格索引

表格号	表格名称	页码
表 1-1	2002 年市气象局机构设置一览表	14
表 1-2	2012—2017 年市气象局机构调整变化一览表	15
表 1-3	2017 年市气象局编制情况表	17
表 1-4	2017 年市气象局人员年龄结构表	18
表 1-5	2017 年市气象局人员学历结构表	18
表 1-6	2017 年市气象局人员职称情况表	19
表 1-7	2012—2017 年海珠区气象局主要负责人录	20
表 1-8	2005—2017 年荔湾区气象局筹建小组人员名录	21
表 1-9	2004—2017 年白云区气象局筹建和负责人录	22
表 1-10	2005—2017 年黄埔区（含前萝岗区）气象局筹建和负责人录	23
表 1-11	1958—2017 年花都区气象局沿革及负责人录	24
表 1-12	1959—2017 年番禺区气象局沿革及主要负责人录	25
表 1-13	2003—2017 年南沙区气象局负责人录	26
表 1-14	1958—2017 年从化区气象局沿革及负责人录	28
表 1-15	1958—2017 年增城区气象局主要负责人录	30
表 3-1	2001—2017 年广州市国家级地面气象观测站历史沿革	48
表 5-1	2017 年省、市 GIFT 精细化格点预报业务流程	68
表 5-2	2017 年市级精细化格点预报服务产品列表	68
表 5-3	2017 年县级精细化格点预报服务产品列表	69
表 5-4	2017 年中期天气预报发布内容	70
表 5-5	2014 年广州港区域划分变化表	70
表 5-6	2014 年变化后风球类别	71
表 5-7	2006—2017 年广州生活气象指数产品发展变化表	72

续表

表格号	表格名称	页码
表 5-8	2017 年全国预警信号与省、市预警信号类型对比表	77
表 6-1	2017 年广州广播电视台主要电视天气预报节目及播出时间	87
表 6-2	2005—2016 年防雷技术服务统计表	89
表 8-1	2010 年起市气象局科技委员会成员名单	113
表 8-2	2017 年市气象部门科技创新团队名单	114
表 9-1	广州 5 个国家级气象站各月多年平均降水量表	123
表 9-2	2001—2017 年广州 5 个国家级气象站年降水量极值	124
表 9-3	广州各国家级气象站年平均相对湿度	131
表 9-4	广州各国家级气象站年平均蒸发量	131
表 9-5	气候监测与诊断产品发布内容	132
表 9-6	短期气候预测发布内容	133
表 9-7	热带气旋等级划分表	134
表 9-8	降雨量级和雨量（毫米）对照一览表	137
表 9-9	广州各级暴雨日数年代际变化	137
表 9-10	广州暴雨事件影响强度等级划分标准	138
表 9-11	广州国家级气象站年平均高温日数和极端最高气温	139
表 9-12	气象干旱等级标准	142
表 9-13	2001—2017 年增城区部分类型干旱次数	142
表 9-14	广州冷害过程日数	143
表 11-1	2002 年以前市气象机构名称及主要领导变更情况表	176
表 11-2	2002—2017 年市气象局历任党组书记、局长名录	176
表 11-3	2002—2017 年市气象局历任党组成员、副局长、纪检组长及副巡视员名录	177
表 11-4	2002—2017 年市气象局正高以上职称人员名录	177
表 11-5	2002—2017 年市气象局获省部级表彰且享受省部级劳模待遇人员名录	177
表 11-6	2002—2017 年市气象局内设机构、直属单位及区气象机构主要负责人名录	178
表 11-7	2002 年市气象局筹建组人员名单	180

插图索引

插图号	插图名称	页码
图 1-1	广州市气象局办公旧址，位于越秀区福今路 6 号院内	13
图 1-2	2013 年 8 月 13 日，海珠区气象局正式挂牌成立	20
图 1-3	荔湾区气象局值班场所	20
图 1-4	2007 年 2 月 8 日，白云区气象局在海云大厦揭牌成立	21
图 1-5	2006 年 10 月 11 日，萝岗区气象局（黄埔区气象局前身）挂牌成立	22
图 1-6	20 世纪 90 年代花都区气象局业务楼	23
图 1-7	番禺区气象局旧预报室	25
图 1-8	2004 年 3 月成立南沙区气象局筹建组	26
图 1-9	从化区气象局旧办公楼	27
图 1-10	从化区气象局旧业务楼	27
图 1-11	1991 年，位于增城市荔城镇新汤村附近的办公楼	29
图 1-12	2000 年，位于荔城镇棠村的增城国家基准气候站投入使用	29
图 1-13	2016 年 5 月 21 日，市气象局，市气象学会在市气象科普教育基地联合举办年度科技活动周气象科普宣传活动	32
图 3-1	广州天气雷达站	52
图 3-2	广州国家基本气象站 CFL-16 型风廓线雷达	53
图 3-3	从化气象局回南天观测站	56
图 3-4	花都气象站生物舒适度测量仪	56
图 3-5	广州国家基本气象站（黄埔）微波辐射计	57
图 4-1	广播系统终端设备	61
图 4-2	广州市气象局高性能计算机	62
图 6-1	横渡珠江气象现场保障服务	82
图 6-2	“财富论坛”气象保障服务现场	84

续表

插图号	插图名称	页码
图 6-3	2017 年 4 月 20 日，市气象局技术人员开展地铁防雷检测	90
图 6-4	2004 年 9 月 8 日，广州大学城各校区防雷安全培训班在广东工业大学开课	90
图 7-1	2009 年 10 月 19 日，赴宁波市气象局调研立法工作	96
图 7-2	2006 年 1 月，市气象局在黄埔大道西 49 号恒城大厦一楼设立行政审批窗口	99
图 7-3	2008 年 2 月，市气象局行政审批窗口正式进驻市政务服务中心	99
图 7-4	2013 年，进行防雷安全联合执法	100
图 8-1	广州市气象局天气预报业务系统	112
图 9-1	广州年平均气温分布	120
图 9-2	广州 1 月和 7 月平均气温分布	120
图 9-3	广州月平均气温年变化	121
图 9-4	2001—2017 年广州年平均气温演变	121
图 9-5	广州≥ 10℃积温分布	121
图 9-6	2008—2017 年广州年降水量分布	122
图 9-7	广州各月降水量	123
图 9-8	2001—2017 年广州历年平均年降水量	124
图 9-9	2008—2017 年广州平均风速分布	125
图 9-10	1951—2017 年广州（五山）年平均风速逐年变化	125
图 9-11	2008—2017 年广州主导风向分布	126
图 9-12	70 米高度年平均风度和年平均风功率密度数值模拟分布	127
图 9-13	70 米高度年平均有效时数数值模拟分布	127
图 9-14	平均月日照时数及月日照百分率	128
图 9-15	2001—2017 年年总日照时数年际变化曲线	128
图 9-16	平均年日照时数分布	129
图 9-17	2001—2017 年广州各月平均太阳总辐射	130
图 9-18	广州太阳辐射年际变化曲线	130
图 9-19	相对湿度各月变化	131
图 9-20	蒸发量各月变化	132
图 9-21	2001—2017 年影响广州台风个数	134
图 9-22	1—12 月影响广州台风个数	134
图 9-23	台风影响最大日雨量、极大风速	135

续表

插图号	插图名称	页码
图 9-24	2008—2017 年平均广州逐月暴雨事件频次	138
图 9-25	2001—2017 年 5—10 月平均广州高温日数	140
图 9-26	广州年高温日数分布	140
图 9-27	广州极端高温分布	140
图 9-28	2001—2017 年广州平均年高温日数和极端最高气温	141
图 9-29	2001—2017 年广州不同等级干旱过程日数	142
图 9-30	1999—2016 年广州年平均地闪密度分布	147
图 9-31	2010—2017 年广州逐年雷灾次数及直接经济损失	147
图 10-1	2012 年市气象监测预警中心正式启用	171
图 10-2	市气象监测预警中心效果图	172
图 10-3	市气象监测预警中心实景	173
图 10-4	市突发事件预警信息发布中心实景	173
图 10-5	预报预警服务大厅	174
图 12-1	2007 年 12 月 11 日，亚运会组委会秘书处会议采纳市气象局建议，将开幕式时间确定为 2010 年 11 月 12 日	181
图 12-2	2010 年 11 月，火箭作业人员进入待命状态	183
图 12-3	2010 年，服务赛艇比赛，首创水上赛道与风向夹角图	185

编后记

2015 年，广州市委、市政府决定启动第三轮修志工作。2016 年 5 月，《广州市气象志》作为全市首批 63 部部门行业志之一启动编纂工作。广州市气象局党组高度重视，于 2016 年 9 月成立以党组书记为主任的编纂委员会，明确编纂工作阶段和主要任务，按计划推进志书编纂各项工作。2017 年 5 月，经编辑部集中讨论，并由编纂委员会审定，《广州市气象志》篇目形成；2017 年 7 月，编纂工作正式开始。

2017 年 8 月，组织《广州市气象志》编纂培训班，召集全市气象部门编纂人员进行集中培训，对志书文稿、采用资料的统一性进行明确。2017 年 10 月，在篇目的基础上明确章节、责任编纂单位及具体撰写人员名单。2018 年 4 月，倒排编纂工作计划，加快编纂工作进度。2018 年 5 月—7 月，各责任编纂单位先后上交章节文稿，其后进行统稿校对工作。2019 年 11 月，组织对志稿进行集中完善。2021 年 9 月，申请市委党史文献研究室（市人民政府地方志办公室）对《广州市气象志》进行终审，其后根据修改意见和建议进一步完善志稿。2022 年 3 月，《广州市气象志》终审复核稿报送验收，并于 4 月通过终审验收，最终付梓出版。

《广州市气象志（2001—2017）》编纂工作上下近盈二十年之期，其难者，上及天气气候，下及设备站网，中及人事变迁。2012 年 8 月，自越秀区福今路 6 号搬迁至番禺区植村工业一路 68 号，市气象局结束与省气象台合署办公，前期原始资料、档案几经辗转，或有轶散，编纂委员会及编辑部以对气象历史高度负责态度，多方走访打听，四处苦苦求索，搜寻线索，还原记忆。期间，专职编辑广泛阅读各类史料编撰书籍，吸纳整理成浅显易懂的笔记、模板等资料长编 2883 条，并对文稿反复打磨，仅志书篇目便改动 12 次，更新迭代 28 版。其中艰辛，不足为外人道也。